博碩文化

Chat GPT4

人工智慧新時代
超效率AI生活與工作實務應用

林大貴 著

剖析最新ChatGPT4工作原理與實務應用
讓你成為運用ChatGPT的專家

- 使用本書獨創的 6W1H 速查表寫 ChatGPT 提示，輕鬆創意寫作
- 搶先體驗 GPT-4 模型與插件新功能，實現 AI 超效率生活與工作
- 使用 ChatGPT Chrome 擴充，讓 ChatGPT 功能更強大
- 使用 ChatGPT 提升個人能力、知識探尋、多國語言學習
- 使用 ChatGPT 提升求職競爭力、求職全方位攻略、全能職涯顧問
- 使用 ChatGPT 提高工作生產力與效率、線上行銷、掌握商機

搶先體驗
GPT-4模型
新功能

ChatGPT 人工智慧新時代
超效率 AI 生活與工作實務應用

作　　者：林大貴
責任編輯：曾婉玲

董 事 長：陳來勝
總 編 輯：陳錦輝

出　　版：博碩文化股份有限公司
地　　址：221 新北市汐止區新台五路一段 112 號 10 樓 A 棟
　　　　　電話 (02) 2696-2869　傳真 (02) 2696-2867

郵撥帳號：17484299　　戶名：博碩文化股份有限公司
博碩網站：http://www.drmaster.com.tw
讀者服務信箱：dr26962869@gmail.com
讀者服務專線：(02) 2696-2869 分機 238、519
（週一至週五 09:30 ～ 12:00；13:30 ～ 17:00）

版　　次：2023 年 8 月初版

建議零售價：新台幣 760 元
I S B N：978-626-333-495-3（平裝）
律師顧問：鳴權法律事務所 陳曉鳴 律師

本書如有破損或裝訂錯誤，請寄回本公司更換

國家圖書館出版品預行編目資料

ChatGPT 人工智慧新時代：超效率 AI 生活與工作實
務應用 / 林大貴著 . -- 初版 . -- 新北市：博碩文化股份
有限公司 , 2023.08
　　面；　公分

ISBN 978-626-333-495-3(平裝)

1.CST: 人工智慧 2.CST: 機器學習

312.831　　　　　　　　　　　　　112007736

Printed in Taiwan

博 碩 粉 絲 團　歡迎團體訂購，另有優惠，請洽服務專線
　　　　　　　　(02) 2696-2869 分機 238、519

序言

在 21 世紀這個科技日新月異的時代，我們的生活與工作環境正經歷著翻天覆地的變化，其中人工智慧領域的突破成果無疑是最具影響力的革新。本書將帶領你探索 ChatGPT，了解如何運用到生活和工作的各個方面，提供深入淺出的實務指南。本書將一步步引領讀者探索 ChatGPT 的各種功能，幫助你迅速上手，體驗與 AI 的對話樂趣。

在提升個人競爭力方面，本書獨創 6W1H 速查表寫 ChatGPT 的提示，讓您輕鬆創作各種文件。你將學會讓 ChatGPT 扮演專家角色來提供專業建議與諮詢，並使用 ChatGPT 探索無限的知識，提升你的多國語言能力。

在提升職場競爭力方面，你將學會利用 ChatGPT 生成中英文履歷自傳、求職信、面試模擬，達成職業目標。運用 ChatGPT 提高工作生產力與效率，進行線上行銷、幫助你掌握商機。

透過 ChatGPT Chrome 擴充，讓 ChatGPT 功能更強大，你能透過語音與 ChatGPT 對話、讓 ChatGPT 幫你總結網頁文章、處理各種工作、總結 YouTube 影片內容等，與朋友分享你的對話紀錄，AIPRM 讓你輕鬆運用數千個提示範本，進一步擴展 ChatGPT 的功能。

本書將以淺顯易懂的方式，帶你了解 ChatGPT 的背後工作原理，你能更深入了解 ChatGPT 如何處理和生成文字，以及其限制和潛在應用。當人們不了解模型的限制和侷限性時，可能會誤解其能力或過度依賴其回答。透過了解 ChatGPT 原理，讓你在使用 ChatGPT 時有更多的優勢。

本書帶領您搶先體驗 GPT-4 模型新功能，GPT-4 模型回答問題的準確性、安全性、創造力、處理能力等功能大幅提升。透過 GPT-4 插件，能使用 ChatGPT 總結網頁、PDF、PPT、Word 文件、搜尋學術論文、提供住宿旅遊建議、訂餐廳、學習知識、視覺化圖形提升理解力、美股資訊全掌握，實現 AI 超效率生活與工作。

　　目前 ChatGPT 不會取代你的工作，但是比你會使用 ChatGPT 來提升生產力的人可能會取代你的工作。掌握 ChatGPT 的技巧與應用，將使我們在職場上更具競爭力，並為個人和企業帶來前所未有的便利，而本書將助你在這場技術革命中站穩腳跟，成為人工智慧時代的佼佼者。

林大貴 謹識

本書章節與範例 ChatGPT 提示介紹

　　本書讀者不需要具備任何專業的技術背景，只要會使用電腦上網，都可以閱讀本書來學習使用 ChatGPT，而跟上 AI 人工智慧的潮流，取得競爭優勢，才不會被使用 ChatGPT 的人淘汰。我們會以易於理解的方式來介紹這些主題，並且提供實用的建議和指南，讓你能夠立即開始使用 ChatGPT 來改變你的生活和工作。

啟動 ChatGPT 全新體驗

01. 開啟 AI 新世界：ChatGPT 介紹

02. 啟動 AI 新體驗：輕鬆開始使用 ChatGPT

03. 掌握與 ChatGPT 的聊天技巧：讓對話更有效率

04. 功能設定：讓 ChatGPT 安全又好用

使用 ChatGPT 創意寫作、提供建議諮詢、知識探詢、多國語言學習

05. ChatGPT 創意寫作：使用 6W1H 速查表輕鬆生成各種文字

06. 全方位專家：ChatGPT 提供建議與諮詢

07. 無所不知的 AI 大神：ChatGPT 知識的探尋與運用

08. 多國語言家教：ChatGPT 提升你的語言能力

使用ChatGPT 提升求職競爭力、求職全方位攻略、全能職涯顧問

 ## 使用ChatGPT 提高工作生產力與效率、線上行銷、掌握商機

 ## ChatGPT Chrome 擴充：讓 ChatGPT 功能更強大

了解 ChatGPT 工作原理，增加運用 AI 的優勢

搶先體驗 GPT-4 模型新功能，實現 AI 超效率生活與工作

本書的部落格：本書範例 ChatGPT 提示

本書為了方便讀者練習，本書各章節使用的 ChatGPT 提示以及本書的勘誤，將整理在本書部落格的文章中。您可以複製在部落格文章的 ChatGPT 提示，然後貼上至 ChatGPT 輸入提示的文字框，以節省您打字的時間，也不用擔心打錯字。本書的部落格網址如下： URL https://ezchatgpt.blogspot.com/。

本書的 facebook 社團

我們也成立了本書的 facebook 社團,讀者們可以在社團中分享最新的 ChatGPT 的相關訊息,網址如下: URL https://www.facebook.com/groups/ezchatgpt。

目 錄

01 開啟 AI 新世界：ChatGPT 介紹 001

02 啟動 AI 新體驗：輕鬆開始使用 ChatGPT 009

08 多國語言家教：ChatGPT 提升你的語言能力 097

20　ShareGPT 擴充：與朋友分享你的 ChatGPT 聊天 289

21　WebChatGPT 擴充：讓 ChatGPT 整合網路最新時事 299

32 Wolfram 插件：學習知識新夥伴.................. 447

33 ShowMe 插件：視覺化圖形提升理解力 459

開啟 AI 新世界：
ChatGPT 介紹

　　ChatGPT 是 OpenAI 公司於 2022 年 11 月發布的聊天機器人，第一週就吸引百萬人次使用，於 2023 年 1 月預估已達到 1 億的使用者人數，成為歷史上增長最快的應用程式，讓我們不禁想了解究竟 ChatGPT 有什麼強大功能與魅力，能夠在短時間內造成風潮。

1.1　ChatGPT 簡介

　　ChatGPT 是一個由 OpenAI 開發的生成式大型語言模型，具有強大的語言理解、對話和生成文字的能力。以下我們將分別介紹 ChatGPT 的應用、優點、缺點、未來的發展與挑戰。

ChatGPT 的應用

　　ChatGPT 的應用非常廣泛，以下僅列舉部分應用：

- **語言翻譯**：ChatGPT 應用在語言翻譯中，將一種語言翻譯成另一種語言，使得國際交流變得更加容易和方便。

- **教育輔導**：ChatGPT 能幫助學生解決學術問題，提供個性化的學習體驗。它還可以協助教師解答學生問題，減輕教師的工作負擔。

- **內容創作**：ChatGPT 可應用在自動寫作、新聞摘要、廣告創意等方面，它可以提供寫作靈感、修改建議和檢查語法等服務。

- **智慧客服**：ChatGPT 能回答客戶的問題，節省人工客服的工作量。在電商、金融、旅遊等行業，提供 24/7 的客戶支援。

- **語言學習**：ChatGPT 作為語言學習的輔助工具，幫助使用者練習對話，提高口語和寫作能力，並且提供即時的語言反饋和建議。

- **個人助手**：ChatGPT 可以作為個人虛擬助手，幫助使用者安排日程、查找資訊等。它還可以提供生活建議，如食譜推薦、旅遊規劃等。

- **情感支持**：ChatGPT 可以作為情感支持工具，幫助使用者排解壓力、紓解情緒。它可提供安慰和建議，讓使用者感受到關懷。

- **專業顧問**：ChatGPT 在具有專業知識的領域也可以提供諮詢，例如：在法律、醫療、金融等。然而，需要注意的是 ChatGPT 的回答可能不夠準確，因此在做重要決策時，仍應該諮詢專業人士的意見。

ChatGPT 的優點

ChatGPT 是當今最先進的語言生成模型之一，具有很多優點，說明如下：

- **強大的語言理解能力**：ChatGPT 能夠理解各種自然語言表達，並根據使用者的問題給出合適的回應。

- **快速回應**：ChatGPT 能夠在短時間內生成答案，為使用者提供快速回饋。

- **靈活性**：ChatGPT 可以生成各種文本風格，例如：正式、非正式、幽默、詳細等，以適應不同場景。

- **知識廣泛**：ChatGPT 擁有豐富的知識儲備，能回答使用者各種問題，其涵蓋許多的領域，如科學、歷史、文化、科技等。

- **生成自然語言**：ChatGPT 能夠生成流暢、自然的語言，讓對話體驗更接近與真實人類的交流。

- **多語言支援**：ChatGPT 支援多種語言，可以與來自不同語言背景的使用者進行對話，對於跨國溝通具有重要的應用價值。

- **應用廣泛**：ChatGPT 可應用於各種場景，如客服、教育、娛樂、資訊檢索等。它可以作為虛擬助手、知識顧問或者娛樂對象等，來滿足不同使用者的需求。

🤖 ChatGPT 的缺點

ChatGPT 剛推出不久，所以仍有很多缺點，說明如下：

- **準確性問題**：ChatGPT 可能在回答某些問題時，產生不準確或具誤導性的資訊，尤其是對於高度專業或需要即時更新的問題。

- **語境理解問題**：ChatGPT 雖然能理解上下文，但在某些情況下可能無法完全把握問題的深層含義，從而產生不太相關或無意義的回答。

- **缺乏邏輯性和一致性**：ChatGPT 在生成對話時，往往只是基於統計模型生成文本，因此生成的對話可能缺乏邏輯性和一致性。

- **資訊過時**：由於模型的訓練數據截至 2021 年 9 月，對於在此之後發生的事件或新的技術發展，ChatGPT 可能無法提供最新的資訊。

- **長篇回答的連貫性**：在生成長篇回答時，ChatGPT 可能會出現重複或自相矛盾的情況，而影響回答的品質。

- **偏見和歧視**：ChatGPT 可能從訓練數據中繼承了一定程度的偏見和歧視，這可能在回答某些敏感問題時導致不適當的回應。

- **無法判斷真實性**：ChatGPT 無法判斷提供的資訊來源是否真實可靠，這可能導致它生成基於錯誤資訊的回答。

- **過度生成**：ChatGPT 可能生成過多不必要的文字，導致回答冗長且難以理解。

- **不適當內容**：在某些情況下，ChatGPT 可能生成具有攻擊性或不適當的內容。

🤖 ChatGPT 的未來發展

ChatGPT 是生成式語言模型，目前仍在發展的初期階段，未來有很大的發展空間，說明如下：

- **更精確的理解和回應**：未來 ChatGPT 將會更精確理解使用者的問題，並提供使用者更好的體驗。

- **擴展多語言能力**：未來 ChatGPT 將會支援更多語言，這將使得來自不同語言背景的使用者，能夠更容易地使用這一技術。

- **更自然的人機互動**：未來 ChatGPT 將能提供更自然、更具人性化的互動體驗，讓使用者感覺像在與真實的人交流。

- **使用者需求的個性化**：未來 ChatGPT 將能更了解使用者的個人需求和偏好，以提高個人更滿意的對話體驗。

- **更廣泛的應用場景**：未來 ChatGPT 能在更多領域發揮作用，例如：教育、醫療、娛樂、客服等，來滿足各種使用者需求。

- **與其他 AI 技術的結合**：未來 ChatGPT 與其他 AI 技術（如電腦視覺、語音識別等）結合，形成更強大、更具智慧的系統，為使用者提供更全面的服務。

- **減少偏見和歧視**：在模型訓練過程中，加強對偏見和歧視的控制，使生成的回答更加公正和客觀。

- **安全性和道德標準**：研究及實施更多安全措施，以確保 ChatGPT 在各種情況下，不會產生不適當或有害的內容。

ChatGPT 的未來挑戰

ChatGPT 在未來發展中可能會面臨一些挑戰：

- **需要大量的計算資源**：ChatGPT 在訓練和調試過程中，需要大量的計算資源和存儲空間，隨著模型越來越大，增加了使用成本和開發難度。

- **保護使用者隱私**：技術開發者應該確保對話數據得到妥善保管，並遵循相關的數據保護法規。

- **法律和道德責任**：隨著 ChatGPT 可能會出現一些涉及法律和道德責任的問題。例如：當 AI 模型給出錯誤的建議或意見時，誰應該承擔責任？因此，制定相應的政策和法規將成為一個迫切需要。

- **加劇數位落差**：未來能使用 AI 的人將更加強勢，無法使用 AI 的人更加弱勢。應縮小 AI 數位落差，確保所有人都能平等地享受到 AI 技術的益處。

- **濫用風險**：由於 ChatGPT 可能會被用於虛假資訊傳播、欺詐、騷擾等不當用途，這樣就會對社會造成負面影響，因此需要制定相應的技術和政策措施，以防止 ChatGPT 的濫用和不當使用。

1.2　生成式 AI 介紹

　　ChatGPT 是生成式 AI（Generative AI）的一種應用，生成式 AI 是一種特定類型的人工智慧，最近在 ChatGPT 和 Midjourney 等領域取得突破，使得生成式 AI 大爆發，超過 450 家新創企業都投入生成式 AI 領域。

　　生成式 AI 將對創意產業產生重大改變，它可以增強創意人員的工作，例如：作家可以使用生成式 AI 提供多個創意與靈感，並且使用生成式 AI 生成文章或故事的草稿，然後作家可以修改草稿至完善，這可以節省創意人員的時間，並讓創意人員專注於工作中最重要的方面。

生成式 AI 的應用

　　過去大部分的人工智慧大都是用於辨識影像、發現異常或推薦影片，不具備創造力。然而，生成式 AI 透過大量的資料訓練模型，訓練後的模型可以生成各種具有創造力的資料，包括視覺、聲音、文字等。

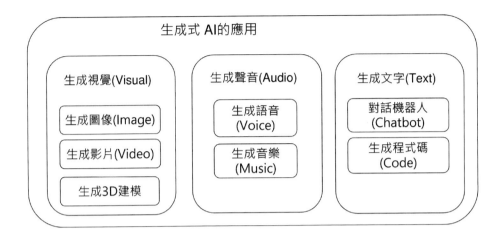

以上生成式 AI 的應用說明如下：

- 生成圖像（Image）：模型可以用於圖像生成、圖像編輯、風格轉換、圖像修復等方面。

- 生成影片（Video）：模型可以用於生成視頻片段，例如：用於電影特效、動畫製作等。

- 生成 3D 建模：模型可以用於三維建模，例如：生成逼真的 3D 建築模型，或生成各種風格的 3D 雕塑。

- 生成語音（Voice）：模型可以用於語音合成、語音轉換、語音翻譯等方面。

- 生成音樂（Music）：模型可以用於音樂自動創作，幫助音樂家激發創作靈感，產生不同風格的音樂、音樂推薦系統等方面。

- 對話機器人（Chatbot）：模型可以用於自然語言對話、智慧客服、生成各種文件等方面。

- 生成程式碼（Code）：模型可以用於自動化產生程式碼、程式碼推薦等方面。

1.3 結論

　　ChatGPT 是一個非常有前途和潛力的生成式 AI 模型，隨著技術的不斷發展，將在更多領域中得到應用和發展。目前 ChatGPT 不會取代你的工作，但是比你會使用 ChatGPT 提升生產力的人可能會取代你的工作，所以學習如何使用 ChatGPT，在 AI 的時代中非常重要。

啟動 AI 新體驗：
輕鬆開始使用 ChatGPT

　　本章介紹如何開始使用 ChatGPT，包括如何建立 OpenAI 帳號、建立修改刪除聊天、匯出所有聊天、登出與登入 OpenAI 帳號。

2.1　進入 ChatGPT 網站

首先介紹如何進入 ChatGPT 網站。

▌STEP 1　搜尋 ChatGPT

▌STEP 2　進入 ChatGPT 網站，開始使用 ChatGPT

　　上一步驟執行後，會進入 ChatGPT 網站，如下圖所示。

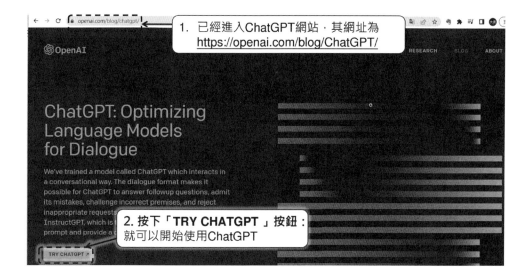

2.2 註冊 ChatGPT 帳號

使用 ChatGPT 之前，必須先建立 ChatGPT 帳號。

┃STEP 1 ChatGPT 登入或註冊帳號畫面

上一小節中按下「TRY CHATGPT」按鈕後，由於你尚未登入 ChatGPT，會出現下列登入或建立帳號的畫面。

STEP 2 ChatGPT 註冊帳號畫面

你可以使用以下三種方式註冊 ChatGPT 帳號：

● 輸入 E-mail。

● 使用微軟帳號註冊。

● 使用 Google 帳號註冊。

建議使用兩或三種方式，後續要登入比較方便。本書是介紹使用 Google 帳號註冊，說明如下：

Create your account

Please note that phone verification is required for
signup. Your number will only be used to verify
your identity for security purposes.

Email address

[   ]

[Continue   ]

Already have an account? Log in

OR

| Continue with Microsoft Account

G Continue with Google

> 1. 按下「**Continue with Google**」：
> 使用google帳號註冊

STEP 3　選擇要註冊的帳號

如果你有登入多個 Google 帳號，請選擇要註冊的帳號。

STEP 4　驗證你的手機號碼

接下來，ChatGPT 網站會要求驗證你的手機號碼。

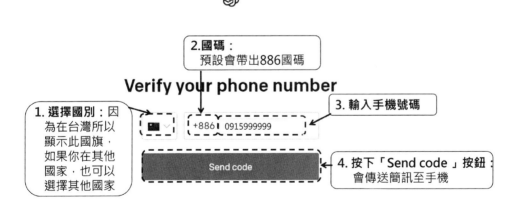

▌STEP 5　輸入驗證碼

上一步驟完成後，ChatGPT 網站會傳送驗證碼的簡訊至你的手機。

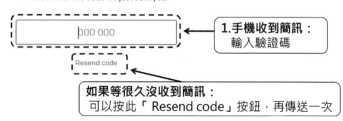

▌STEP 6　訊息：ChatGPT 是免費研究預覽版本

上一步驟完成後，會顯示下列的訊息：

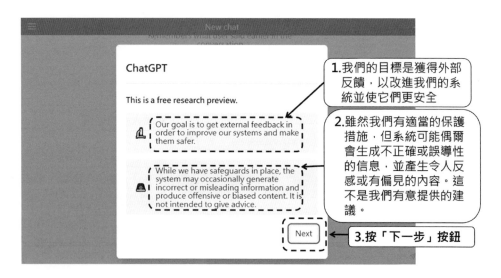

STEP 7 訊息：ChatGPT 如何收集資料

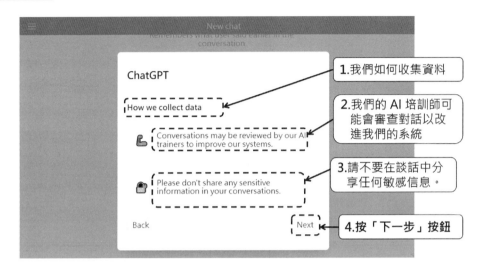

STEP 8 訊息：ChatGPT 喜歡你的回饋

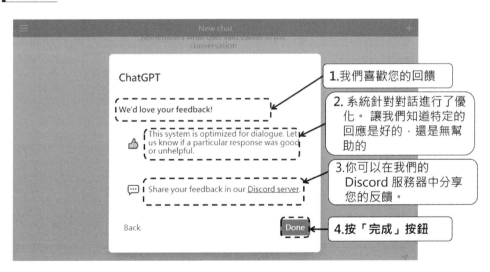

STEP 9 建立新的聊天畫面

之前的步驟完成後，你就進入 ChatGPT，並建立新聊天的網頁網址，你可以在這個畫面中和 ChatGPT 開始新的聊天。

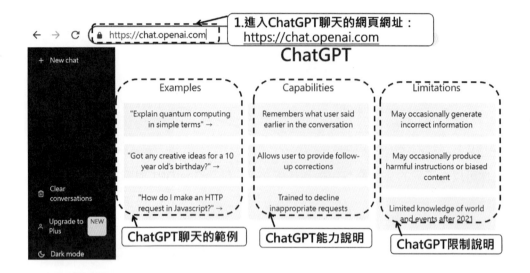

以上畫面文字的說明如下：

- ChatGPT 範例說明：「用簡單的術語解釋量子計算」、「對 10 歲生日有什麼創意點子嗎」、「如何在 Javascript 中發出 HTTP 請求」。

- ChatGPT 能力說明：「記住使用者早些時候在對話中說的話」、「允許使用者提供後續更正」、「接受過拒絕不當請求的培訓」。

- ChatGPT 限制說明：「可能偶爾會產生不正確的資訊」、「可能偶爾會產生有害的指令或有偏見的內容」、「對 2021 年後的世界和事件的了解有限」。

┃Step 10 將新的聊天網址加入我的最愛

2.3 建立新的聊天

接下來，我們將介紹如何開始一個新的聊天。

STEP 1 輸入新的提示

你可以在下列的文字方格中輸入任何文字，開始 ChatGPT 與聊天，例如：你可以說「你好」。

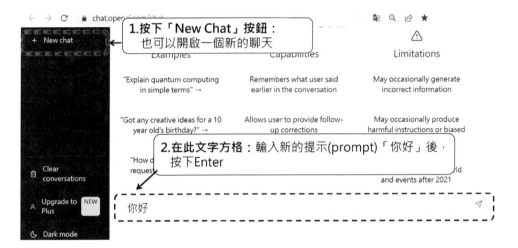

在 ChatGPT 中，你的輸入又稱為「提示」（prompt），提示可以是問句、命令或閒聊，ChatGPT 會依據你的提示來生成回應文字。

STEP 2 新的聊天

上一步驟中按下 Enter 鍵後，ChatGPT 就會開始回應。

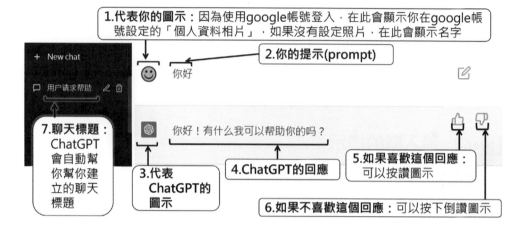

由於 ChatGPT 產生回應時具有隨機性，所以每次產生的回應可能不太一樣。對於 ChatGPT 的回應，你可以表示「喜歡」或「不喜歡」，這可以幫助 ChatGPT 改善語言模型系統，讓它的回應更符合需求。

2.4 修改聊天提示

當聊天提示的文字輸入錯誤時，通常 ChatGPT 都能夠理解，但是有時也會回應錯誤，或回應不是你想要的結果，此時就需要修改聊天提示。

Step 1 修改聊天提示

你可以依照以下步驟修改提示。

❙Step 2 修改聊天提示後再次送出

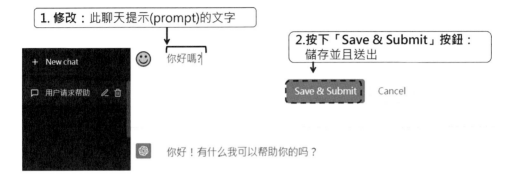

1. 修改：此聊天提示(prompt)的文字

2.按下「Save & Submit」按鈕：
儲存並且送出

❙Step 3 查看兩次提示的回應

上一步驟執行後，ChatGPT 就會重新產生回應。

2. 您的個人圖示左邊，出現此圖示：代表你有輸入2次提示(prompt)，
你可以按下「＜」或「＞」，切換顯示這2次提示的回應。

1.再次送出後：ChatGPT針對你修改後的提示
(prompt)，重新產生回應

2.5　修改聊天標題

　　當你與 ChatGPT 聊天時，ChatGPT 會自動幫你儲存此聊天紀錄，並且自動產生聊天標題。聊天標題可以幫助你在下次快速找到此次的聊天，如果你不喜歡自動產生的聊天標題，你可以修改聊天標題。

Step 1　修改聊天標題

　　請依照下列步驟來修改聊天的標題。

Step 2　儲存修改後的聊天標題

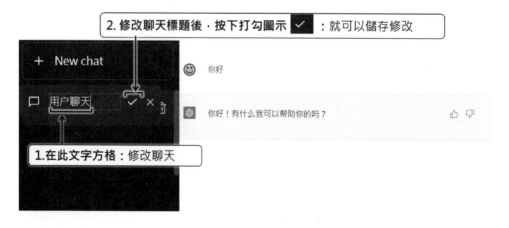

2.6　刪除聊天

若聊天只是隨便閒聊，並沒有什麼意義，或是錯誤的聊天，則你可以刪除此聊天。

STEP 1　刪除聊天

STEP 2　確認刪除聊天

2.7 刪除全部聊天

　　你也可以刪除全部的聊天，使用這個功能時要很小心，因為此功能會造成所有的聊天都刪除。

STEP 1 刪除全部聊天

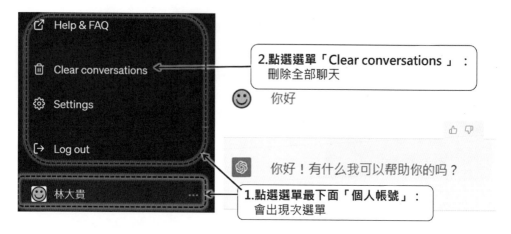

2.點選選單「Clear conversations」：
刪除全部聊天

1.點選選單最下面「個人帳號」：
會出現次選單

STEP 2 確認刪除全部聊天

1.點選
「Confirm clear conversations」：
確認刪除全部聊天

2.8　結論

　本章已經介紹了如何開始使用 ChatGPT，下一章會介紹如何掌握與 ChatGPT 的聊天技巧，讓你的對話更有效率。

掌握與 ChatGPT 的聊天
技巧：讓你的對話更有效率

　　本章將介紹我們與 ChatGPT 聊天時需要注意的技巧。ChatGPT 並不是真實人類，而是生成式語言模型的對話機器人，對話方式有很多不同，所以掌握與 ChatGPT 聊天的技巧，能夠讓對話更有效率，且讓 ChatGPT 回答更準確。

3.1　建立一個新聊天

　　通常我們會建議同一個聊天中只討論相同的主題，這樣 ChatGPT 比較能夠正確回答，所以當我們與 ChatGPT 針對某一個主題（例如：理財）聊天一段時間之後，如果想討論另外一個主題（例如：台灣景點），則建議你建立一個新聊天。

STEP 1　建立一個新聊天

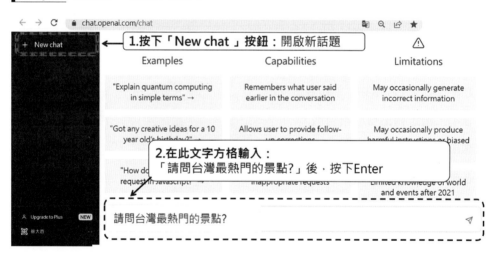

STEP 2 ChatGPT 產生回應

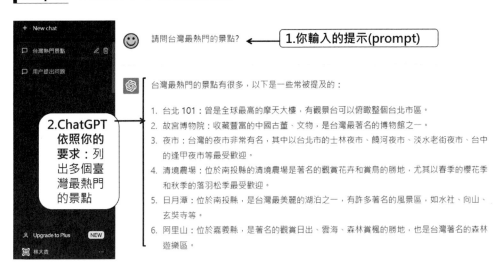

3.2 要求 ChatGPT 停止產生回應

當 ChatGPT 產生回應時，若你發現這不是所想要的回應，則可讓它停止產生回應。

 請問台灣最熱門的景點?

 台灣最熱門的景點有很多，以下是一些常被提及的：

1. 台北 101：曾是全球最高的摩天大樓，有觀景台可以俯瞰整個台北市區。

2. 故宮博物院：收藏豐富的中國古董、文物，是台灣最著名的博物館之一。

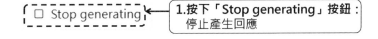

3.3 要求 ChatGPT 重新產生回應

當 ChatGPT 所產生的回應不是你想要的，你可以要求 ChatGPT 重新產生回應。

STEP 1 要求 ChatGPT 重新產生回應

 請問台灣最熱門的景點?

 台灣最熱門的景點有很多，以下是一些常被提及的：

1. 台北 101：曾是全球最高的摩天大樓，有觀景台可以俯瞰整個台北市區。

2. 故宮博物院：收藏豐富的中國古董、文物，是台灣最著名的博物館之一。

3. 夜市：台灣的夜市非常有名，其中以台北市的士林夜市、饒河夜市、淡水老

🔄 Regenerate response ◀— **1.按下「Regenerate response」按鈕：**
要求ChatGPT重新產生回應

STEP 2 重新產生後的回應

之前的步驟完成後，ChatGPT 就會重新產生回應。

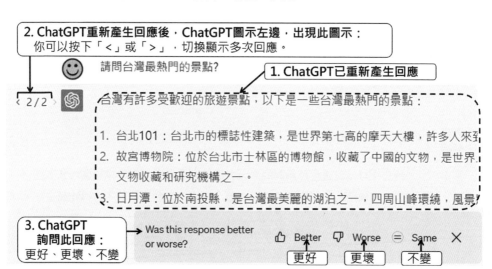

2. ChatGPT重新產生回應後，ChatGPT圖示左邊，出現此圖示：
你可以按下「<」或「>」，切換顯示多次回應。

😊 請問台灣最熱門的景點?

1. ChatGPT已重新產生回應

< 2/2 > 台灣有許多受歡迎的旅遊景點，以下是一些台灣最熱門的景點：

1. 台北101：台北市的標誌性建築，是世界第七高的摩天大樓，許多人來到

2. 故宮博物院：位於台北市士林區的博物館，收藏了中國的文物，是世界文物收藏和研究機構之一。

3. 日月潭：位於南投縣，是台灣最美麗的湖泊之一，四周山峰環繞，風景

3. ChatGPT 詢問此回應：
更好、更壞、不變

Was this response better or worse?　👍 Better　👎 Worse　= Same　✕

更好　更壞　不變

以上 ChatGPT 會詢問此回應：更好、更壞、不變，你可以回答此問題，以幫助 ChatGPT 改進回答的方式與內容。

3.4 指定列出資料項目數

之前的回應只有列出 6 個臺灣最熱門的景點，你可以要求 ChatGPT 列出你指定的資料項目數。由於 ChatGPT 會記得你之前的提示：「請問台灣最熱門的景點」，所以你可以簡單地輸入提示：「列出 10 個景點」。

 列出10個景點 ← **1.輸入提示(prompt)：「列出10個景點」**

 以下是台灣最受歡迎的10個景點：← **2.ChatGPT依照你的要求：列出10個臺灣最熱門的景點**

1. 台北101：台灣最高的摩天大樓，可以搭乘電梯觀賞城市美景。
2. 故宮博物院：展示中國文化和歷史的重要博物館，收藏了豐富的文物。
3. 日月潭：台灣最大的高山湖泊之一，被美麗的山景所環繞。
4. 阿里山：以茶園、森林鐵路、日出和雲海著稱，是登高賞景的絕佳地點。
5. 清境農場：坐落在南投縣的高山農場，以草原、花海和清新的高山氣息聞名。
6. 太魯閣國家公園：位於花蓮縣，擁有壯麗的山峽景色和豐富的生態資源。
7. 巨鯨谷：位於宜蘭縣，是台灣最受歡迎的景點之一，是一個以海洋生態為主題的主題其餘省略…

當 ChatGPT 的回應不符合你的要求時，你可以更明確要求，例如：「請問台灣最熱門的 10 個景點」。

3.5　要求顯示更多欄位資訊

之前的回應只有景點的名稱與說明，你還可以要求顯示更多資訊，例如：「所在縣市」。由於 ChatGPT 會記得你之前的提示：「請問台灣最熱門的景點」與「列出 10 個景點」，所以你可以很簡單地輸入以下提示：「增加顯示所在縣市」，ChatGPT 就能產生：「台灣最熱門 10 個景點」、「所在縣市」、「說明」。

 增加顯示所在縣市 ← 1.輸入提示(prompt)：要求增加顯示所在縣市

 好的，以下是台灣受歡迎的10個景點及其所在的縣市：

2.ChatGPT依照你的要求：增加顯示所在縣市

1. 台北 101（台北市信義區）：台灣最高的摩天大樓，觀景台可以俯瞰整個台北市

2. 故宮博物院（台北市士林區）：展示中國文化歷史的博物館，擁有豐富的文物

3. 夜市（士林夜市位於台北市士林區、饒河夜市位於台北市松山區、逢甲夜市位於
   屯區）：台灣的夜市非常著名，有各種美食和商品。

4. 日月潭（南投縣魚池鄉）：位於南投縣，是台灣最美麗的高山湖泊之一，可以
   的景色。

3.6　要求顯示更多筆資訊

若是我們覺得 10 筆還不夠，我們還可以要求顯示更多筆的資料。

😊　更多　← 1.輸入提示(prompt)：要求顯示更多筆資訊

好的，以下是另外10個台灣著名景點及它們所在的縣市：
← 2.ChatGPT依照你的要求：另外10個景點

1. 野柳地質公園（新北市萬里區）：以奇特的岩石地形和海岸景觀著名的地質公園。
2. 淡水老街（新北市淡水區）：具有濃厚歷史風情和美麗海景的觀光勝地，有許多當地
   小吃和手工藝品。
3. 清境農場（南投縣仁愛鄉）：位於海拔1800公尺的高山牧場，是賞花、賞蝴蝶和觀賞
   的好地方。

3.7 以 H1、H2、H3 顯示

　　若是我們希望以不同大小字體顯示標題，此時我們可以要求 ChatGPT 以 H1、H2、H3 標題來顯示，產生的結果可以直接複製到 Word 檔案。ChatGPT 會記得你之前的提示：「請問台灣最熱門的景點」、「列出 10 個景點」、「增加顯示所在縣市」、「更多」，所以你只需要輸入以下提示：「使用 H1、H2、H3 顯示」，ChatGPT 就能「以 H1、H2、H3 標題顯示台灣最熱門的 10 個景點與所在縣市」。

😊　使用H1,H2,H3顯示　← 1.輸入提示(prompt)：要求以H1、H2、H3標題顯示

好的，以下是使用H1, H2, H3標籤顯示的台灣10個較受歡迎的景點：

2.ChatGPT依照你的要求：H1、H2、H3標題顯示

台灣10大熱門景點

1. 台北101

位於台北市信義區，是台北市中心的地標建築，曾是全球最高樓。

2. 故宮博物院

3.8　以表格顯示

　　之前 ChatGPT 都是以條列式文字顯示，你也可以要求以表格顯示。由於是表格形式，所以你可以很容易將它複製到 Excel 試算表或 Word 檔案。ChatGPT 會記得你之前的提示：「請問台灣最熱門的景點」、「列出 10 個景點」、「增加顯示所在縣市」、「更多」，所以你只需要輸入以下提示：「以表格顯示」，ChatGPT 就能產生表格，其欄位包括：「台灣最熱門 20 個景點」、「所在縣市」、「說明」。

☺　以表格顯示 ◀─────　**1.輸入提示(prompt)：要求以表格顯示**

好的，以下是以表格顯示的20個台灣知名景點，包含景點名稱、所在縣市和特色：

2.ChatGPT依照你的要求：以表格顯示

景點名稱	所在縣市	相關說明
台北101	台北市	台灣最高的摩天大樓，高達508公尺，充滿現代感的建築外觀和許多遊客必訪的景點之一。
日月潭	南投縣	台灣最著名的湖泊之一，被壯觀的山脈和翠綠的樹林所包圍，是動、自然賞景的熱門景點。

3.9　輸入多行提示

　　在之前的練習中，你可能發現在 ChatGPT 輸入提示文字時，只要按下 Enter 鍵，就會將文字送出給 ChatGPT，ChatGPT 就會開始回應，導致無法輸入多行提示，其實輸入多行提示的方法很簡單，你只需要使用 Shift + Enter 鍵換行即可。說明如下：

☺　台灣最熱門的景點
　　以表格顯示

1.輸入多行提示(prompt)的方式：
先輸入「台灣最熱門的景點」，
然後按下「Shift+Enter」換行，
再輸入「以表格顯示」，
就可以完成輸入多行提示

好的，以下是以表格顯示的20個台灣知名景點，包含景點名稱、所在縣市和特色：

2.ChatGPT依照你的要求：以表格顯示

景點名稱	所在縣市	相關說明
台北101	台北市	台灣最高的摩天大樓，高達508公尺，充滿現代感的建築外觀和許多遊客必訪的景點之一。
日月潭	南投縣	台灣最著名的湖泊之一，被壯觀的山脈和翠綠的樹林所包圍，是動、自然當景的熱門景點。

3.10　常見錯誤

使用 ChatGPT 之前，必須先建立 ChatGPT 帳號。

錯誤①：回應到一半時突然停止

當 ChatGPT 回應到一半時突然停止，則可以請它繼續未完成的回應。

 增加顯示所在縣市 ← 1.輸入提示(prompt)

 好的，以下是10個台灣著名景點以及它們所在的縣市：

1. 台北 101（台北市信義區）：世界著名的摩天大樓之一，台北市最著名的地

2. 九份老街（新北市瑞芳區）：保存完好的日本式建築和獨特的小巷風光而閨
地。

3. 太魯閣國家公園（花蓮縣）：台灣最著名的國家公園之一，擁有壯觀的峽谷
怪石 ← 2.有時ChatGPT會回應到一半突然停止

繼續 ← 3.輸入提示(prompt)：
「繼續」後，按下 Enter，　請ChatGPT繼續未完成的回應。

錯誤②：產生回應錯誤

當 ChatGPT 正在產生回應時，請不要切換到其他的聊天，否則會出現以下的錯
誤。

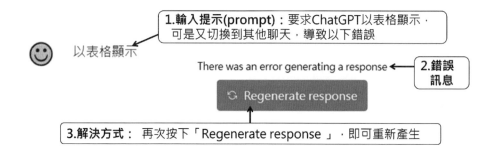

1.輸入提示(prompt)：要求ChatGPT以表格顯示，
可是又切換到其他聊天，導致以下錯誤

以表格顯示

There was an error generating a response ← 2.錯誤訊息

🔄 Regenerate response

3.解決方式：再次按下「Regenerate response」，即可重新產生

錯誤③：系統目前太忙碌

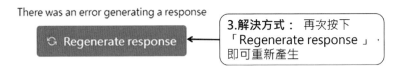

台灣有最熱門景點 ← **1.輸入提示(prompt)**

An error occurred. If this issue persists please contact us through our help center at help.openai.com.

2.出現這個訊息：通常是ChatGPT的系統目前太忙碌，你可以稍後再繼續使用。

There was an error generating a response

🗘 Regenerate response

3.解決方式： 再次按下「Regenerate response」，即可重新產生

　　如果持續出現此訊息，而造成你的困擾，建議你可以升級為 ChatGPT Plus 付費方案，由於付費版具有較高的優先權，所以比較不會出現此訊息。第 24 章會介紹如何升級為付費版。

3.11 結論

　　本章介紹了 ChatGPT 聊天的基本技巧，ChatGPT 回應的品質取決於你提示問題的品質，如果你對回答並不滿意，請繼續以不同的方式問同一個問題，後續章節中將介紹更多 ChatGPT 輸入提示的技巧。本章中我們說明 ChatGPT 會記得你之前輸入的提示，這只是為了讓初學者比較容易理解，其實 ChatGPT 並不是真的有記憶，第 22 章會解說 ChatGPT 背後的工作原理，以說明為何 ChatGPT 會記得你之前輸入的提示。

功能設定：
讓 ChatGPT 安全又好用

　　本章介紹 ChatGPT 的基本設定功能，包括：顯示模式、聊天歷史與訓練選項、匯出所有聊天、登出、登入 OpenAI 帳號，讓 ChatGPT 安全又好用。

4.1 設定：顯示模式

　　ChatGPT 預設是以「Light Mode」顯示，你也可設定 ChatGPT 以「Dark Mode」顯示，這樣比較不傷眼睛。

STEP 1 點選「Settings」

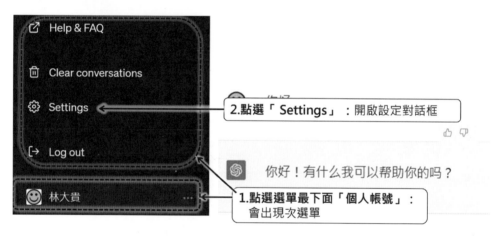

STEP 2 設定對話框：選擇顯示模式

4.2 設定：聊天歷史與訓練選項

當我們與 ChatGPT 聊天時，當涉及到個人私密隱私或是公司的業務機密，我們可能擔心此機密會外洩，例如：這些機密對話被訓練到下一版本的 ChatGPT 模型中，則可能會導致下一版本的 ChatGPT 模型與其他人對話中洩漏此機密，此時我們可以將聊天歷史與訓練選項設定為不允許，設定後新的聊天紀錄就不允許被儲存，OpenAI 也不允許使用此聊天紀錄，透過模型訓練來改進 ChatGPT，就不會外洩機密。

Step 1 點選「Settings」：開啟設定對話框

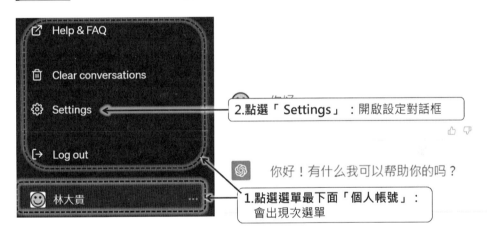

Step 2 聊天歷史與訓練選項（預設允許）

上一步驟完成之後，會顯示「設定」對話框，說明如下：

2.聊天歷史與訓練選項(預設為允許)：
●**允許**新的聊天記錄自動儲存到您的歷史記錄。
●**允許**Open AI使用新的聊天記錄，通過模型訓練來改進 ChatGPT。
●未保存的聊天記錄將在 30 天內從我們的系統中刪除。

1.點選「Data comtrols」：
顯示資料控制方式

▌Step 3　聊天歷史與訓練選項：設定為不允許

1.點選此圖示：將聊天歷史與訓練選項(切換為不允許)
●**不允許**新的聊天記錄自動儲存到您的歷史記錄。
●**不允許**Open AI使用新的聊天對話記錄，通過模型訓練來改進 ChatGPT。
●未保存的聊天記錄將在 30 天內從我們的系統中刪除。

2.設定完成後：
關閉設定對話框

▌Step 4　設定為不允許模式：與 ChatGPT 的機密對話不會外洩

　　上一步驟中按下「關閉設定對話框」後，回到聊天畫面，你會發現因為已經將聊天歷史與訓練選項設定為不允許，在此模式下，你與 ChatGPT 的機密對話不會外洩，說明如下：

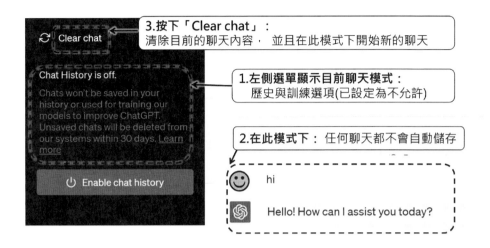

Step 5 聊天歷史與訓練選項：恢復預設允許

你可以依照下列方式，將聊天歷史與訓練選項恢復為預設允許。

Step 6 恢復原本的聊天模式

上一步驟中按下「Enable chat history」按鈕後，聊天歷史與訓練選項（恢復預設允許）的畫面如下圖所示。

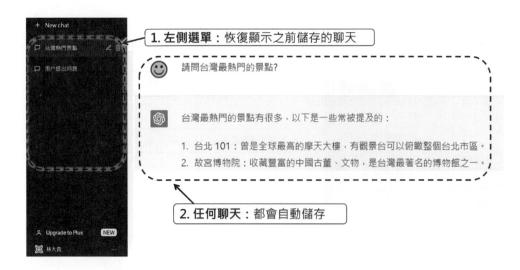

「自動儲存聊天」的功能其實還蠻方便後續尋找此聊天，如果不是涉及到個人私密隱私或是公司的業務機密，建議你將聊天歷史與訓練選項恢復為預設允許。

4.3　設定：匯出所有聊天

當我們與 ChatGPT 聊天的過程很精彩，或對話中含有很重要的資訊，或是好不容易測試出一個很好的提示，能產生我們想要的結果，此時我們可能會想要將對話紀錄匯出，如此後續可以分享給其他人或作為備份使用。

▌STEP 1 點選「Settings」

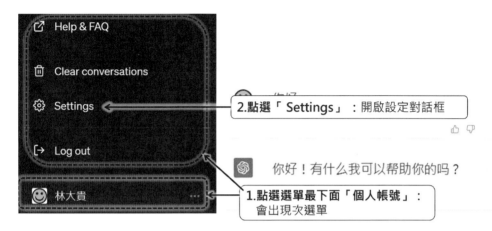

2.點選「Settings」：開啟設定對話框

1.點選選單最下面「個人帳號」：
會出現次選單

你好！有什麼我可以幫助你的嗎？

▌STEP 2 按下「Export data」按鈕

1.點選「Data comtrols」：
顯示資料控制方式

2.按下「Export data」按鈕：
就可以匯出所有的聊天對話內容

▌STEP 3　確認匯出所有的聊天對話內容

1.按下「Confirm export」按鈕：確認匯出所有的聊天對話內容

　　按下「Confirm export」按鈕後，你帳戶的詳細對話將匯出。匯出的內容將以可下載文件的形式，發送到你註冊的電子郵箱。由於處理可能需要一些時間，準備就緒後，你就會收到通知。

▌STEP 4　開啟 E-mail 信箱

　　開啟 E-mail 信箱後，會發現 OpenAI 寄給你的 Email Subject 是「ChatGPT - Your data export is ready」（如果你的聊天很多，有可能會等待比較久的時間才會收到 E-mail）。

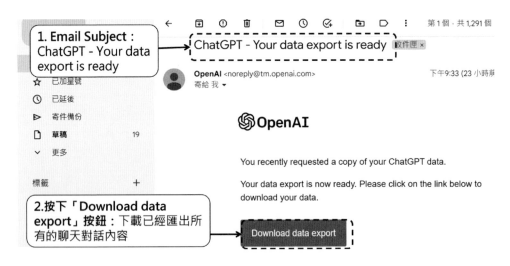

1. Email Subject：ChatGPT - Your data export is ready

2.按下「Download data export」按鈕：下載已經匯出所有的聊天對話內容

STEP 5　點選「瀏覽器下載圖示」

上一步驟完成後，瀏覽器就會開始下載，你可以依照下列步驟查看已經下載的檔案內容。

STEP 6　開啟壓縮檔

開啟壓縮檔後，發現一個 chat.HTML 的檔案，其中包含全部的對話紀錄。

Step 7　開啟對話紀錄 HTML 檔案

之前的步驟完成後，你就可以開啟對話紀錄 chat.HTML 檔案。檔案中包含全部的聊天對話紀錄，每一個對話紀錄內容如下圖所示。

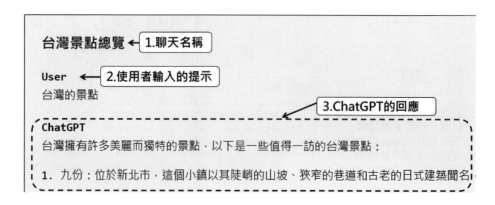

4.4　登出 OpenAI 帳號

如果你使用專屬個人的電腦，登入 OpenAI 帳號使用 ChatGPT 時，你可以不需要登出 OpenAI，這樣下次可以不需要登入 OpenAI，就可以繼續使用 ChatGPT。但是，如果你在公用電腦登入 OpenAI 帳號，建議你必須登出 OpenAI 帳號，才不會讓ChatGPT 的對話內容被其他人看見。

Step 1　點選「Log out」

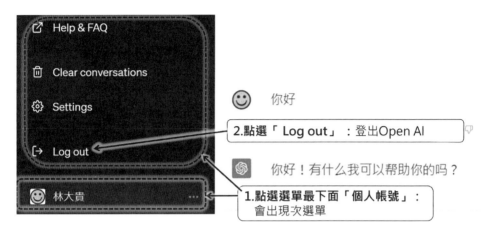

Step 2　已登出 OpenAI 帳號的畫面

已登出 OpenAI 帳號的畫面如下圖所示。

Welcome to ChatGPT

Log in with your OpenAI account to continue

Log in　Sign up

4.5　登入 OpenAI 帳號

　　如果你之前已經登出 OpenAI 帳號，或是一段長時間沒有使用 ChatGPT，網站也
會自動幫你登出 OpenAI 帳號，此時你只需要重新登入 OpenAI 帳號。

▍Step 1　按下「Log in」按鈕

Welcome to ChatGPT

Log in with your OpenAI account to continue

Log in　Sign up

1.按下「Log in」按鈕：登入Open AI帳號

▍Step 2　登入 OpenAI 帳號

Welcome back

Email address

Continue

Don't have an account? Sign up

OR

1. 按下「Continue with Google」：
使用google帳號登入Open AI帳號

G　Continue with Google

▦　Continue with Microsoft Account

STEP 3 選擇要登入 OpenAI 的帳號

STEP 4 登入 OpenAI 帳號後的畫面

登入 OpenAI 帳號後，就會建立新的聊天畫面。

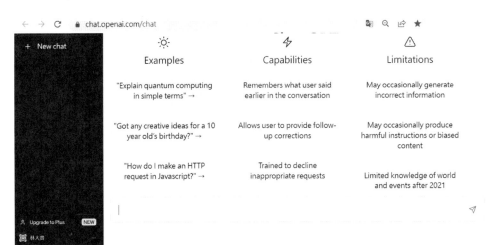

4.6 結論

　　ChatGPT 保護使用者的隱私和資料安全是首要任務，採取適當的措施來保護敏感對話。將聊天歷史與訓練選項設定為不允許，設定後新的聊天紀錄就不允許被儲存，OpenAI 也不允許使用此聊天紀錄，通過模型訓練來改進 ChatGPT，就不會外洩機密。ChatGPT 能提供安全可靠的服務，為使用者提供優質且無憂的交流體驗。

CHAPTER 05

ChatGPT 創意寫作：使用 6W1H 速查表輕鬆生成各種文字

　　ChatGPT 是文字生成式 AI，所以能夠幫你產生各種文字，例如：文章、E-mail、故事、履歷、自傳、企劃書等。ChatGPT 產生文字時，如果你的提示告訴 ChatGPT 越多的詳細資訊，ChatGPT 就越能夠產生符合你的需求的文件。

　　為了能夠讓你在輸入提示時，能夠完整輸入文件的需求，建議你可以依照 6W1H 方式寫提示，讓 ChatGPT 產生更符合你需求的文字。如果對於產生的文字不滿意，你仍然可以要求 ChatGPT 修改。

5.1 以 6W1H 速查表寫提示來讓 ChatGPT 產生各種文字

　　「速查表」的英語為 CheatSheet（又可翻譯為「備忘單」或「小抄」），通常是一張簡單扼要的參考資料，由使用者自己或其他人根據其需求和經驗編製而成，用於記錄某個主題的關鍵資訊，例如：快捷鍵、代碼、公式等。它可以幫助使用者在需要時，快速尋找和記憶相關的內容來提高工作效率和學習效果。

　　ChatGPT 的初學者常常遇到的問題是「寫提示時不知道要用什麼詞語」，所以我們以 6W1H 方法整理了以下的速查表來幫助你寫提示。

6W1H	說明	提示詞語範例
Who	寫的人？角色扮演？	主管、業務、科學家、心理學家、醫生、歷史學家、物理學家等。
What	寫什麼？	文章、E-mail、故事、情書、小說、詩歌、論文、大綱、履歷、自傳、求職信、會議紀錄、笑話、對話、企劃書、食譜、腳本、程式等。
Whom	給對象？	客戶、朋友、情人、老婆、親人、子女、同事、兒童、老人等。

6W1H	說明	提示詞語範例
Why	為何要寫此文件？	邀請、表達感謝、慶賀、請求、表達善意、關心、娛樂、同情等。
When	時間？	日期、時間、年代、時代背景、世紀、期限、未來、古代等。
Where	地點？	會議地點、發生地點、故事地點、國家、城市、區域等。
How	如何寫？ （此文件的語氣）	幽默的、正式的、非正式的、諷刺的、樂觀的、悲觀的、俏皮的、嘲笑的、權威性、冷酷的、自信的、憤世忌俗的、感性的、善解人意的、友好的、敵意的、挖苦、嚴肅的、同情的、試探性的等。
How	如何寫？ （此文件的文體、風格）	表格式、對話式、有創造力、辯論式、批判的、詳細的、精簡的、內容豐富的、啟發性的、新聞性的、隱喻的、敘述的、科幻的、故事形式、有說服力、詩意的、技術的、科普的、童話式、神話式等。
How	輸出語言？	英語、繁體中文（台灣）、繁體中文（香港）、簡體中文（中國）等。

以上速查表說明如下：

- **Who（寫的人、角色扮演）**：寫的人身分會影響產生文字的內容，你也可以請 ChatGPT 角色扮演，例如：心理學家、醫生。相同的提示會因為角色扮演的不同，所產生的文字也不同。

- **What（寫什麼）**：ChatGPT 可以產生各式各樣的文字。

- **Whom（給對象）**：接受文件的身分也會影響產生文字的內容。例如：寫給 5 歲小孩或 20 歲成人，則產生的文字內容也不同。

- **Why（為何要寫此文件）**：寫此文件的原因或目的。

- **When（時間）**：寫此文件的時間、時代背景會影響產生文字的內容。

- **Where（地點）**：寫此文件的地點會影響產生文字的內容。

- How（如何寫）：產生此文件的語氣。

- How（如何寫）：產生文件的文體、風格。

- How（輸出語言）：設定要產生文件的語言。

　以上是速查表的提示詞語範例，你可以自行擴充，因為 ChatGPT 產生文字的功能非常強大，幾乎無限制，唯一的限制是你的想像力。

5.2　ChatGPT 寫 E-mail（精簡版）

　本小節以撰寫 E-mail 為例，示範以 6W1H 寫提示來讓 ChatGPT 產生 E-mail。

▍Step 1　邀請客戶參加本公司資訊展覽（精簡版）

　輸入以下的提示，邀請客戶參加本公司資訊展覽，我們採用 6W1H 清楚地列出相關資訊。

☺ 我是專案經理	◀—————	Who	寫的人？
幫我寫電子郵件	◀—————	What	寫什麼？
給客戶	◀—————	Whom	給對象？
邀請參加本公司資訊展覽	◀—————	Why	為何要寫此文件？
展覽時間：2023/4/1	◀—————	When	時間？
展覽地點：世貿展覽館 A123攤位	◀—————	Where	地點？
以正式的語氣	◀—————	How	語氣？
以精簡的文體	◀—————	How	文體？

　以上輸入多行提示的方法，你只需要使用 Shift + Enter 鍵來換行即可，請參考本書 3.9 小節的說明。

▍Step 2　ChatGPT 產生的 E-mail

　執行後，ChatGPT 產生的 E-mail 如下，包含了上一步驟的提示、我們所提到的資訊。

尊敬的客戶您好，

我是貴公司的專案經理，非常感謝您一直以來對我們公司的支持和信任。

我們將於2023年4月1日在世貿展覽館A123攤位舉辦一場資訊展覽，展示我們公司最新的產品和技術。在此，誠摯邀請貴公司蒞臨參加，共同見證我們的成果。

此次展覽將提供一個雙向溝通的平台，讓我們有機會更深入地了解貴公司的需求和意見，以便我們更好地為您提供高品質的服務。

我們期待著貴公司的到來，如果您需要進一步的信息或有任何疑問，請隨時與我們聯繫。

謝謝！
專案經理

5.3 ChatGPT 寫 E-mail（詳細版）

在上一小節中，我們產生的 E-mail 似乎有點太精簡，我們只需要稍微修改文體為詳細的文體，就可以產生更詳細的 E-mail。

Step 1 邀請客戶參加本公司資訊展覽（詳細版）

我是專案經理
幫我寫電子郵件
給客戶
邀請參加本公司資訊展覽
展覽時間：2023/4/1
展覽地點：世貿展覽館 A123攤位
以正式的語氣
以詳細的文體 ◀━━● **修改為**：詳細的文體

▌STEP 2　ChatGPT 產生的邀請 E-mail（詳細版）

執行後，ChatGPT 產生的 E-mail 就更詳細了，還包括展覽的內容。

尊敬的客戶您好，

本公司非常榮幸地宣布，我們將於2023年4月1日在世貿展覽館A123攤位舉辦一場資訊展覽。本次展覽將展示我們公司最新的產品和技術，並提供一個雙向溝通的平台，讓我們更深入地了解客戶需求和意見。

我們誠摯地邀請貴公司蒞臨參加，與我們一起分享和學習最新的行業動態和技術趨勢。在展覽現場，您將有機會與我們的產品專家和技術人員進行深入交流，了解產品性能、功能、特點等方面的細節，以便為您提供更高品質的產品和服務。

此次展覽將展示我們公司的多個產品線，包括XXX、YYY、ZZZ等產品系列。此外，我們還將介紹我們公司最新的技術，如人工智能、大數據、物聯網等，以及我們公司的服務項目和解決方案。我們相信，這些展示將對貴公司有所啟發和幫助，希望您能抽出時間蒞臨參加。

展覽時間：2023年4月1日（星期六）上午9點至下午5點
展覽地點：世貿展覽館A123攤位

我們期待著與您在展覽上相見，如果您需要進一步的信息或有任何疑問，請隨時與我們聯繫。謝謝！
此致
敬禮

專案經理

5.4　ChatGPT 產生故事

當我們只是輸入 ChatGPT 提示：「寫一個故事」，此時 ChatGPT 可能會天馬行空來產生任何可能的故事，但是不符合我們的需求，所以本小節中我們一樣採用 6W1H 的方法輸入提示，讓 ChatGPT 產生符合我們需求的故事。

STEP 1 輸入 6W1H 提示來產生故事

以下我們採用 6W1H 的方法寫提示，清楚列出寫故事的相關資訊。

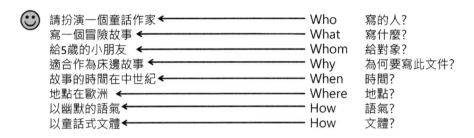

STEP 2 ChatGPT 產生的故事

執行後，ChatGPT 產生的故事如下：

 從前從前，在遠古的歐洲，有一個小男孩叫做湯姆。湯姆是個勇敢的小男孩，他喜歡冒險和探索新事物。有一天，他聽說城堡裡藏有一個魔法寶藏，裡面有許多珍寶和神奇的寶物。湯姆決定要前往城堡找到這個寶藏。

湯姆走了很久很久，走過了許多森林和山脈。在路上，他遇到了許多困難和挑戰，但他總是勇敢地克服了它們。有一次，他遇到了一群惡狼，他用他的智慧和勇氣擊退了它們。還有一次，他遇到了一條恐怖的河流，他用他的勇氣和力量跳過了它。

最後，湯姆到了城堡，但他發現城堡的門緊閉著，他無法進去。他四處尋找，終於發現了一個秘密入口。他成功地進入了城堡，但他發現城堡裡有一個恐怖的巨人在看守著寶藏。湯姆與巨人展開了一場激烈的戰鬥，但最終湯姆用他的聰明和勇氣擊敗了巨人，找到了寶藏。

湯姆打開了寶藏，裡面有一個神奇的寶石。當湯姆拿起寶石時，他的身體開始發光，他變成了一個真正的勇士。他離開了城堡，回到家鄉，成為了一個傳奇的英雄。

故事的結尾是：這就是湯姆的冒險故事，他克服了所有的困難和挑戰，成為了一個真正的勇士。無論你遇到什麼困難，只要你勇敢地面對它們，你也可以成為一個英雄。 ↓

STEP 3 修改故事（加入公主角色）

看了上一步驟中 ChatGPT 產生的故事，如果你不滿意，則可以要求 ChatGPT 修改故事，例如：輸入以下的提示來要求 ChatGPT 加入公主角色。

 請加入公主角色 ← 1.輸入提示(prompt)：要求ChatGPT加入公主角色

STEP 4 ChatGPT 產生的故事（加入公主角色）

執行後，ChatGPT 產生的故事如下：

 從前從前，在遠古的歐洲，有一個小男孩叫做湯姆。湯姆是個勇敢的小男孩，他喜歡冒險和探索新事物。有一天，他聽說城堡裡藏有一個魔法寶藏，裡面有許多珍寶和神奇的寶物。湯姆決定要前往城堡找到這個寶藏。

當湯姆到達城堡時，他遇見了一位美麗的公主，她被一個邪惡的巨龍綁架了。公主告訴湯姆，她的父親已經懸賞找到她的人，但沒有人能夠擊敗邪惡的巨龍。

湯姆決定幫助公主並擊敗巨龍。他跟著龍的足跡到達山洞，打算潛入巨龍的巢穴並奪回公主。但是，巨龍非常強大，湯姆無法獨自對付它。他回到城堡，向公主和她的父親提出了一個計劃。

湯姆和公主一起設計了一個計劃，計劃中包括了使用湯姆的智慧和公主的美貌來引誘巨龍。當巨龍靠近他們時，湯姆利用巧妙的方法將巨龍給打敗了。

公主回到她的城堡並感謝湯姆救了她。她告訴湯姆，她將會授予他一個特別的獎勵。她帶他去了城堡的寶藏室，那裡有一個美麗的鑽石王冠。公主戴上王冠，宣布湯姆是他們國家的英雄和公主的保護者。

故事的結尾是：這就是湯姆的冒險故事，他幫助公主擊敗了邪惡的巨龍，並獲得了一個美麗的王冠作為獎勵。湯姆證明了自己是一個真正的勇士和英雄，因為他勇敢地面對困難並保護了他人。無論你遇到什麼困難，只要你勇敢地面對

你可以繼續發揮你的創意，要求 ChatGPT 繼續修改故事，如輸入以下的提示：「請加入航海橋段」、「請加入天使角色」、「請將故事改為 300 字」。你可以無限要求 ChatGPT 修改故事，直到你滿意為止。

5.5 ChatGPT 產生企劃書

在日常工作中，我們常常需要寫企劃書，ChatGPT 可以幫我們快速產生企劃書，我們只需要稍作修改即可，節省了大量的工作時間。

Step 1 輸入 6W1H 提示來產生企劃案

以下我們採用 6W1H 的方法寫提示，清楚列出產生企劃案的需求。

☺ 請寫一個詳細企劃書：
1. 目標：提高手機產品銷售與能見度　←──────Why　　　　企劃書目標？
2. 內容要點：條列式說明此企劃的重點　←─────What　　　企劃書的內容？
3. 目標客群：條列式說明此企劃的目標客群←───Whom　　　為何要寫此文件？
4. 實施範圍：條列式說明網路社群與實體店面←──Where　　　地點？
5. 實施方式：條列式說明線上活動與店面活動←──How　　　如何實施？
6. 實施時間：2023/3/1 ~2023/03/30　←──────When　　　時間？
7. 執行團隊：以表格顯示，部門、負責人、最後期限←Who　　　實施人員
8. 所需經費：以表格顯示，各項目所需費用　←───How much　經費？
9. 預期效益：以表格顯示，提升網站流量、來店量、←What　　　預期效益
　　　　　　　銷售量

Step 2 ChatGPT 產生企劃案

執行後，ChatGPT 就能依照我們的需求產生企劃案。

 企劃書：提高手機產品銷售與能見度

1. 目標：

提高手機產品銷售與能見度，增加網站流量、來店量、銷售量。

2. 內容要點：←─┤● **內容要點**：依照提示的要求，條列式說明此企劃的重點│

- 提升品牌形象：加強品牌知名度，提高消費者對手機產品的認識度。

- 建立促銷活動：透過促銷活動，吸引消費者前往實體店面購買產品，增加銷售量。

- 強化社群行銷：透過社群平台宣傳手機產品的優勢及活動，增加網站流量及品牌曝光率。

3. 目標客群：← ● **目標客群**：依照提示的要求，條列式說明此企劃的目標客群

- 年齡層：20-40歲。
- 性別：男女皆宜。
- 職業：學生、上班族、家庭主婦皆為目標客群。

4. 實施範圍：← ● **實施範圍**：依照提示的要求，條列式說明網路社群與實體店面

- 網路社群：Facebook、Instagram、Twitter、YouTube等社群平台。
- 實體店面：全台各大賣場、專賣店及直營店。

5. 實施方式：← ● **實施方式**：依照提示的要求，條列式說明線上活動與店面活動

- 線上活動：
  - 推出優惠券：在網站、社群平台上推出手機產品的優惠券，讓消費者在購買手機時獲得折扣。
  - 舉辦抽獎活動：透過網站、社群平台舉辦抽獎活動，吸引消費者關注手機產品，增加網站流量。
  - 舉辦線上直播活動：透過網站、社群平台舉辦線上直播，展示手機產品的功能與優勢，增加品牌曝光率。
- 店面活動：
  - 週年慶促銷：在特定時間內舉辦促銷活動，吸引消費者前往實體店面購買手機產品。
  - 舉辦展覽：在賣場或直營店舉辦手機產品展覽，讓消

6. 實施時間：

2023/3/1 ~ 2023/03/30

7. 執行團隊：← ● **執行團隊**：
　　依照提示的要求，以表格顯示，部門、負責人、最後期限

部門	負責人	最後期限
品牌行銷部門	張小姐	2023/2/15
社群行銷部門	李先生	2023/2/15
實體店面部門	王先生	2023/2/15
客戶服務部門	蔡小姐	2023/3/31

8. 所需經費：← ● **所需經費**：依照提示的要求，以表格顯示，各項目所需費用

項目	經費
品牌形象提升	500,000元
線上活動	200,000元
店面活動	300,000元
促銷活動	400,000元
客戶服務	100,000元
總計	1,500,000元

9. 預期效益：← ● **預期效益**：依照提示的要求，
以表格顯示，提升網站流量、來店量、銷售量

效益	目標
網站流量	增加20%
來店量	增加30%
銷售量	增加25%

以上為提高手機產品銷售與能見度的企劃書，預計透過加強品牌形象、建立促銷活動、強化社群行銷、建立顧客忠誠度等方式，吸引消費者前往實體店面購買產品，並透過社群平台宣傳手機產品的優勢及活動，增加網站流量及品牌曝光率，預期能夠達到預期效益。

5.6　結論

　　ChatGPT 是生成文字的強大 AI 工具，本章示範了依照 6W1H 方式寫提示來產生 E-mail、故事、企劃書、Youtube 腳本，你可以自行參考速查表來練習使用 6W1H 方法，以讓 ChatGPT 產生符合你需求的文字。如果產生的文字不滿意，你可繼續要求 ChatGPT 修改，直到你滿意為止。在後續章節中，我們還會介紹更多使用 ChatGPT 產生文字，例如：履歷表、自傳、投影片等。

CHAPTER 06

全方位專家：
ChatGPT 提供建議與諮詢

由於 ChatGPT 的模型經過大量文件的訓練，例如：有關健康知識的文件，這些文件可能是來自於醫生、健康顧問、營養師、部落客或討論區，都會訓練在 ChatGPT 的模型參數中。如果我們希望 ChatGPT 能夠回答得比較專業，我們可以在 ChatGPT 輸入提示中，請 ChatGPT 擔任某一專家，例如：「健康顧問」，則 ChatGPT 的回應文字較大機率會來自於「健康顧問」，如此正確性會比較高。

6.1　依照分類尋找你需要的專家

如果你不知道要請 ChatGPT 擔任什麼專家，你可以直接詢問 ChatGPT，而且你可以請 ChatGPT 幫你分類，方便你尋找。

1輸入提示(prompt)：請問ChatGPT提供能擔任什麼專業人士提供諮詢?

請問ChatGPT能擔任什麼專業人士提供諮詢?分為多個分類，每個分類列出10種顧問

2.分為多個分類

3. ChatGPT回應

ChatGPT能夠擔任許多專業人士的諮詢，以下列出幾個分類和對應的專業人士：

商業和金融

1. 投資顧問
2. 企業家
3. 會計師
4. 銀行家
5. 資產管理顧問
6. 商業分析師
7. 風險管理顧問
8. 金融顧問
9. 國際貿易顧問
10. 保險顧問

法律

1. 律師
2. 法律顧問
3. 知識產權顧問
4. 勞工關係顧問
5. 企業法律顧問
6. 稅務顧問
7. 人權律師
8. 產業法律顧問
9. 國際法律顧問
10. 消費者保護律師

健康和心理學

1. 心理治療師
2. 臨床心理學家
3. 心理醫生
4. 營養師
5. 健康教練
6. 物理治療師
7. 職業治療師
8. 社會工作者
9. 醫生
10. 藥劑師

科技

1. 軟體工程師
2. 系統架構師
3. 資安顧問
4. 網路工程師
5. 資料庫管理員
6. UI/UX設計師
7. 數據科學家
8. 機器學習工程師
9. 人工智慧專家
10. 區塊鏈顧問

教育

1. 教育顧問
2. 專業培訓師
3. 外語教師
4. 幼兒教師
5. 小學教師
6. 中學教師
7. 高中教師
8. 大學教師
9. 教學設計師
10. 學校管理員

媒體和文化

1. 記者
2. 編輯
3. 媒體製作人
4. 藝術家
5. 導演
6. 編劇
7. 廣告創意總監
8. 設計師
9. 音樂家
10. 主持人

心理諮詢顧問：

1. 心理健康顧問
2. 情緒治療顧問
3. 個人成長顧問
4. 情感療癒顧問
5. 職場壓力管理顧問
6. 恐懼症治療顧問
7. 心理諮詢師培訓顧問
8. 自我探索顧問
9. 焦慮症治療顧問
10. 精神障礙輔導顧問

營養與飲食顧問：

1. 营养膳食顧問
2. 減肥顧問
3. 食品安全顧問
4. 食品研發顧問
5. 食品加工顧問
6. 餐飲管理顧問
7. 營養健康咨詢顧問
8. 餐飲創業顧問
9. 營養學培訓顧問
10. 食品工程技術顧問

旅遊與探險顧問：

1. 旅遊計畫顧問
2. 遊覽路線設計顧問
3. 國內旅遊顧問
4. 海外旅遊顧問
5. 冒險旅遊顧問
6. 郵輪旅遊顧問
7. 景點推介顧問
8. 旅遊品牌顧問
9. 語言學習旅遊顧問
10. 旅遊保險顧問

創業與管理顧問：

1. 創業諮詢顧問
2. 商業計劃顧問
3. 項目管理顧問
4. 人力資源管理顧問
5. 營銷策略顧問
6. 管理咨詢顧問
7. 投資融資顧問
8. 企業轉型顧問
9. 供應鏈管理顧問
10. 商業模式創新顧問

時尚與美妝顧問：

1. 服裝設計顧問
2. 形象顧問
3. 造型師顧問
4. 美容美髮顧問
5. 妝容設計顧問
6. 配飾設計顧問
7. 品牌推廣顧問
8. 護膚專家顧問
9. 時尚趨勢分析顧問
10. 彩妝技巧指導顧問

你可以從以上的專業人士中選擇你有興趣的詢問，請 ChatGPT 擔任此專家。

6.2　從食衣住行育樂尋找你需要的專家

上一小節是依照 ChatGPT 自行分類顯示專家，你也可以請 ChatGPT 依照你指定的分類（例如：食衣住行育樂），來尋找你需要的專家。

> **1輸入提示(prompt)：請問ChatGPT提供能擔任什麼專業人士提供諮詢?**
>
> 請問ChatGPT能擔任什麼專業人士提供諮詢? 請分類為：食、衣、住、行、育、樂，每一分類列出10種
>
> **2.指定分類方式**

3. ChatGPT回應

以下是ChatGPT能夠擔任的專業人士提供諮詢，分類為食、衣、住、行、育、樂：

食

1. 營養師
2. 健康飲食顧問
3. 食品安全專家
4. 農業科學家
5. 廚師
6. 食品科學家
7. 飲食文化學者
8. 飲食心理學者
9. 餐飲管理專家
10. 烹飪教育專家

衣

1. 服裝設計師
2. 時尚顧問
3. 服裝品質控制專家
4. 時裝貿易專家
5. 衣著心理學家
6. 紡織品設計師
7. 服裝生產管理專家
8. 時尚雜誌編輯
9. 時尚品牌管理專家
10. 衣著歷史學者

住

1. 室內設計師
2. 房地產經紀人
3. 建築師
4. 家居裝修專家
5. 環境設計師
6. 室內裝飾顧問
7. 房地產投資專家
8. 房屋估價師

9. 房地產法律顧問
10. 建材專家

行

1. 旅遊計畫顧問
2. 遊覽路線設計顧問
3. 國內旅遊顧問
4. 海外旅遊顧問
5. 冒險旅遊顧問
6. 郵輪旅遊顧問
7. 景點推介顧問
8. 旅遊品牌顧問
9. 語言學習旅遊顧問
10. 旅遊保險顧問

育

1. 育兒顧問
2. 兒童心理學家
3. 兒科醫生
4. 教育心理學家
5. 學習障礙專家
6. 幼兒教育專家
7. 家庭教育顧問
8. 青少年心理諮詢師
9. 家長教育顧問
10. 特殊教育專家

樂

1. 藝術治療師
2. 音樂教育家
3. 藝術品收藏家
4. 舞蹈教育家
5. 音樂治療師
6. 音樂產業專家
7. 戲劇教育家

6.3　ChatGPT 擔任健康顧問專家

　　之前的 6.1、6.2 小節中，依照各種分類顯示了很多專家，你可以從以上的專業人士中選擇你有興趣詢問的專家，請 ChatGPT 擔任此專家，例如：請 ChatGPT 擔任「健康顧問」專家進行諮詢。

STEP 1　開啟新聊天

　　建議你開啟一個新的聊天，請 ChatGPT 擔任健康顧問。建議不要在同一個聊天中請 ChatGPT 擔任兩個以上的專家，以免 ChatGPT 角色錯亂。如果你需要詢問另外的專家，則請另外開啟一個新的聊天。

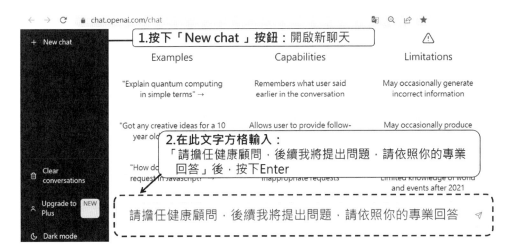

STEP 2　請 ChatGPT 擔任健康顧問專家

1輸入提示(prompt)：請 ChatGPT擔任「健康顧問」專家

😊　請擔任健康顧問，後續我將提出問題，請依照你的專業回答

　　好的，請問有什麼健康方面的問題我可以為您解答呢？

2. ChatGPT回應：將擔任「健康顧問」專家

6.4 請 ChatGPT 擔任健康顧問專家並提供建議

在之前的章節中，已經請 ChatGPT 擔任健康顧問專家，你可以請它提供建議。

> **1輸入提示(prompt)：**請問ChatGPT「健康顧問」專家，能提供那些建議，並且將建議分類，每一個分類列出10項

 請問你能夠提供我那些建議? 請分為多個分類，每個分類列出10項

> **2. ChatGPT回應**

 當然，以下是我能夠提供的一些健康建議，根據您的需要，我將它們分為以下幾個分類：

營養與飲食

1. 多攝取新鮮水果和蔬菜，以維持充足的維生素和礦物質攝取。

2. 減少過度加工食品的攝入，選擇天然食材。

3. 控制飲食熱量攝入，避免攝取過多高熱量、高脂肪和高糖分的食物。

4. 均衡攝取各類食物，包括碳水化合物、蛋白質和脂肪。

5. 飲食時避免過食或暴飲暴食，儘量保持飲食規律化。

6. 注意適當的水分攝取，每天至少飲用八杯水。

7. 避免飲酒和吸煙，對身體健康有害。

8. 少吃含鈉量高的食物，避免高血壓和腎臟疾病的風險。

9. 食用多種類型的蛋白質，如豆類、魚類、肉類、蛋類等。

10. 確保攝取足夠的鈣質和維生素D，以維持骨骼健康。

運動與體能活動

1. 適當的運動對健康有益，每周至少進行150分鐘中等強度的有氧運動。

2. 均衡練習有氧和無氧運動，以提高心肺功能和肌肉力量。

3. 避免長時間久坐，每隔一段時間站立休息或進行伸展運動。

4. 避免過度疲勞，適時進行休息，不要繼續進行超出自身能力的運動。

5. 選擇喜歡的運動方式，以增加持續運動的動機和熱情。

6. 均衡訓練各個部位的肌肉，以減少肌肉不平衡和受傷的風險。

7. 進行運動前，要先進行適當的熱身運動，以減
8. 適當地控制運動強度和時間，不要過度疲勞或受傷。
9. 選擇安全的運動場所和器材，確保運動環境的安全。
10. 運動後要進行適當的拉伸運動，以幫助肌肉放鬆和恢復。

ChatGPT 的建議還有很多，限於篇幅，我們只顯示部分的內容。

6.5 請 ChatGPT 擔任健康顧問專家並詳細解說建議

上一小節中ChatGPT健康顧問列出了很多的建議，你可以選擇你有興趣的建議，請 ChatGPT 健康顧問詳細解說某一個建議。

1輸入提示(prompt)：請ChatGPT「健康顧問」專家，詳細解說某一個建議

請詳細解說：適當攝取高質量蛋白質，例如瘦肉、魚、豆腐、雞蛋等

2. ChatGPT回應

適當攝取高質量蛋白質，是維持身體健康所必要的。蛋白質是身體組織和器官的主要構成成分，也是細胞代謝所必需的養分之一。人體需要蛋白質來合成新的細胞、修復受損細胞和維持身體的結構和功能。

瘦肉、魚、豆腐、雞蛋等食品是高質量蛋白質的來源。這些食品的蛋白質含量較高，並且相對較容易被人體吸收利用。例如，肉類是最好的蛋白質來源之一，因為肉類中的蛋白質含量高，而且其中的氨基酸組成也非常適合人體需要。此外，豆腐也是一種優質的蛋白質來源，特別適合素食者。

6.6 請 ChatGPT 健康顧問專家列出可諮詢的問題

　　你也可以向 ChatGPT 健康顧問專家提出問題，如果你不知道要提出什麼問題，你可以詢問 ChatGPT。

> 1輸入提示(prompt)：請 ChatGPT「健康顧問」專家，提供諮詢的問題，並且依照不同主題分類

 請列舉你能提供諮詢的問題，分為多個主題，每一主題提供10個

> 2. ChatGPT回應

 當然，以下是我可以提供諮詢的主題以及每個主題包含的十個問題提示：

營養與飲食

1. 健康飲食的基本原則有哪些？
2. 如何選擇更健康的食物？
3. 糖尿病患者該注意哪些飲食問題？
4. 飲食對心臟健康的影響是什麼？
5. 什麼是膳食纖維，它對健康有什麼好處？
6. 飲食對身體免疫力的影響是什麼？
7. 食用脂肪對身體健康有什麼影響？
8. 每天需要攝取多少蛋白質？
9. 懷孕期間應該注意哪些飲食問題？
10. 飲食對骨質疏鬆症的影響是什麼？

心理健康

1. 什麼是心理健康？如何測量和維護心理健康？
2. 哪些生活習慣對心理健康有益？
3. 如何處理壓力和情緒問題？
4. 如何提高自我意識和自我價值感？
5. 如何應對情感問題，例如憂鬱症和焦慮症？
6. 如何改善睡眠質量和睡眠問題？

7. 如何管理人際關係，避免衝突和糾紛？
8. 如何選擇和培養正面和積極的生活態度？
9. 如何通過冥想和其他心理技巧提高心理健康？
10. 如何識別和處理心理疾病？

可提供諮詢的 ChatGPT 的問題還有很多，限於篇幅，我們只顯示部分內容。

6.7 向 ChatGPT 健康顧問專家提出問題

上一小節中 ChatGPT 健康顧問列出了很多的問題，你可以選擇你有興趣的問題，來向 ChatGPT 健康顧問專家提出問題。

1輸入提示(prompt)：向ChatGPT「健康顧問」專家，提出問題

什麼是健康飲食？如何選擇適合自己的飲食方式？

2. ChatGPT回應

健康飲食是指遵循膳食指南、均衡飲食、科學搭配食物等原則，從飲食中獲得足夠的營養素，保持身體健康的一種飲食方式。

選擇適合自己的飲食方式，可以從以下幾個方面考慮：

1. 了解自己的身體狀況。有些人可能有特殊的健康狀況或需求，例如糖尿病、高血壓、過敏等，需要根據自己的狀況調整飲食。
2. 每日攝入的營養素量。應該確保從食物中攝取足夠的營養素，如蛋白質、碳水化合物、脂肪、維生素、礦物質等。
3. 飲食的多樣性。多種食物中包含不同種類的營養素，因此，飲食中應該包含多樣的食物。

6.8 結論

　　ChatGPT 真是多才多藝，能擔任各種專家並提供建議與諮詢，本章只示範請
ChatGPT 擔任健康顧問專家，建議你可以依照相同的方式，嘗試請 ChatGPT 擔任
其他專家，並請 ChatGPT 專家提供建議與諮詢。

CHAPTER 07

無所不知的 AI 大神：
ChatGPT 知識的探尋與運用

　　過去我們搜尋知識時，例如：電動車的知識，我們會使用 Google 搜尋，但是搜尋的結果是很多網頁的連結，你必須一個網頁一個網頁點進去看，然後自己整合，才能夠得到知識。而 ChatGPT 是大型的生成式語言模型，經過大量的資料訓練，也就是說，ChatGPT 已經將大量的知識訓練在模型中，所以能夠接受你的提示，直接產生你在提示中所提到的知識。但是 ChatGPT 也有缺點，由於 ChatGPT 是使用 2021 年以前的資料進行訓練，所以它只能回答你 2021 年以前的知識，而且它提供的知識不一定是正確的，你必須自己再去求證。另外，它不能回答違反道德或法律的問題。

7.1　列出知識的大綱

　　我們希望儘量讓 ChatGPT 完整顯示某一知識，所以我們採取由上而下的方式。首先我們請 ChatGPT 列出大綱，大綱能夠將知識的要點有系統地排列出來，讓知識更有條理。

▍Step 1　請列出電動車知識的大綱

　　建議你開啟一個新的聊天，請 ChatGPT 列出電動車知識。

以上我們要求 ChatGPT 列出大綱，包含主題和子主題，這樣比較能夠完整列出知識。

STEP 2 ChatGPT 產生的大綱

執行後，ChatGPT 產生的大綱如下：

 請列出電動車知識的大綱，包含相關的主題和子主題 ← 1. 輸入提示(prompt)

 以下是電動車知識的大綱，包含主題和子主題： ← 2.ChatGPT 回應

I. 電動車概述 ← 主題

* 定義和歷史 ┐
* 電動車種類 ← 子主題
* 優點和缺點 ┘

II. 電動車動力系統

* 電動馬達
* 電池

III. 電動車性能和技術

* 電動車的加速和最高速度
* 電動車續航里程
* 能量回收系統
* 自動駕駛技術

IV. 電動車的環保和可持續性

* 環保效益
* 汽車排放的影響
* 智慧型交通系統
* 能源管理和可持續發展

V. 電動車的發展和未來

- 全球電動車市場和趨勢
- 競爭對手和產品比較
- 新技術和創新

以上是電動車知識的大綱，您可以在每個主題下更詳細地研究相關的子主題。

7.2　詳細說明大綱的主題和子主題

上一節中只有列出知識的大綱，你可以請 ChatGPT 詳細說明以上大綱的每一主題和子主題。

請詳細說明以上大綱的每一主題和子主題　← **1.輸入提示(prompt)**

I. 電動車概述 ← **2. ChatGPT產生的主題**　　👍 👎

- 定義和歷史：介紹電動車的基本定義和發展歷史，包括早期的電動車、混合動力車和純電動車的發展過程。　← **3.子主題的說明**
- 電動車種類：介紹目前市場上常見的電動車種類，包括純電動車、插電式混合動力車和非插電式混合動力車等，以及它們的特點和區別。
- 優點和缺點：探討電動車的優缺點，包括經濟效益、環境效益、駕駛體驗、充電設施等方面的優點和里程、充電時間、充電設施不足等方面的缺點。

II. 電動車動力系統

- 電動馬達：介紹電動車中使用的電動馬達種類、結構、工作原理和性能等，以及與傳統汽車引擎的區別。

- 電池：介紹電動車中使用的電池種類、結構、工作原理、性能和維護等，以及如何提高電池的使用壽命和安全性。
- 控制器：介紹電動車中的控制器種類、工作原理、控制電動馬達、電池等部件的方式，以及控制器的設計和優化。
- 充電系統：介紹電動車的充電方式、充電標準、充電設施、充電時間和充電效率等相關知識，以及如何提高充電速度和充電設施的普及。

7.3　更詳細說明某一主題或子主題

針對某一個你有興趣的主題或子主題，你可以請 ChatGPT 更詳細說明。

 請更詳細說明電動車的發展和未來 ← 1.輸入提示(prompt)

 電動車的發展和未來是電動車知識中的一個重要主題，以下是更 ← 2.ChatGPT 回應
詳細的說明：

一、電動車的發展
電動車的發展可以分為以下階段：

1. 第一階段：起步期（1830年-1910年代）
   最早的電動車是由英國發明家Robert Anderson於1830年左右發明的。20世紀初期，歐洲和美國開始生產電動車，並在城市使用，且受到了人們的歡迎。然而，由於電池的重量、容量和充電問題等問題，電動車在20世紀20年代被汽油車取代。

2. 第二階段：復興期（1960年代-1990年代）
   20世紀60年代末和70年代初，由於石油危機和環保意識的興起，電動車重新得到關注。當時，一些汽車製造商和電力公司開始研發新型電動車，包括通用汽車的EV1和日產的LEAF等。然而，由於電池技術和充電基礎設施的限制，這些電動車並沒有得到廣泛應用。

3. 第三階段：成長期（2000年代至今）

21世紀初，隨著電池技術和充電設施的不斷改進，電動車逐漸成為人們關注的焦點。全球各地政府紛紛出臺了鼓勵電動車發展的政策，包括免費充電、減免購買稅等。此外，許多汽車製造商也紛紛推出新型電動車，以滿足市場需求。

二、電動車的未來

未來電動車的發展有以下幾個趨勢：

1. 電動車市場規模的擴大

隨著電池技術和充電基礎設施的不斷改進，電動車的成本不斷降低，性能不斷提高，市場需求也在逐漸擴大。根據市場調研機構的預測，到2030年，全

以上只列出部分內容其餘省略。

7.4　說明某一技術的優缺點

每一項技術都有優點和缺點，我們可以請 ChatGPT 詳細說明優缺點。

STEP 1　請說明電動車技術的優點

　請說明電動車技術的優點　◀─── 1.輸入提示(prompt)

　電動車是一種使用電力驅動的汽車，相比傳統的內燃機汽車，它 ◀── 2.ChatGPT 回應
有以下技術優點：

1. 綠色環保：相比燃油車，電動車在行駛過程中不會產生二氧化碳等污染物，可以減少對空氣和環境的污染。此外，如果使用可再生能源進行充電，還可以實現零排放。

2. 能源利用效率高：電動車的能源利用效率相對較高，能夠將電能轉換成機械能的效率可以達到70%以上，而內燃機汽車的效率通常只有20%左右。

以上只列出部分內容其餘省略。

Step 2　請說明電動車技術的缺點

 請說明電動車技術的缺點 ← 1.輸入提示(prompt)

 電動車技術有很多優點，但也存在一些缺點，主要包括以下幾個 ← 2.ChatGPT 回應
方面：

1. 續航里程短：目前，大多數電動車的續航里程相對較短，一般
   在200至500公里之間，無法滿足長途出行的需求。另外，在
   極端氣候下，如低溫環境下，電動車的續航里程可能進一步降
   低。

2. 充電時間長：相比傳統的內燃機汽車加油，電動車充電的時間
   通常要長得多，快充方式下需要40分鐘以上，慢充方式需要數
   小時甚至一整夜才能充滿電。
   以上只列出部分內容其餘省略。

7.5　以表格顯示比較結果

　　在現實的產業環境中，常常存在不同的技術或產品，ChatGPT 能夠以表格顯示不
同技術或產品的比較結果，讓你可更客觀地評估每一項技術或產品。

Step 1　表格介紹電動車市場上主要的競爭對手和產品

　　輸入以下提示：「請 ChatGPT 製作表格來介紹電動車市場上主要的競爭對手和產
品」。

請製作表格介紹電動車市場上主要的競爭對手和產品 ← 1.輸入提示(prompt)

 以下是電動車市場上主要的競爭對手和產品的介紹表格： ← 2.ChatGPT 回應

品牌	車型	續航里程（公里）	充電時間（快充）	售價（人民幣）	生產地
特斯拉（Tesla）	Model S	652	40 分鐘充至 80%	約55萬	美國
	Model X	565	40 分鐘充至 80%	約67萬	美國
車和家（NIO）	ES6	510	1 小時充至 80%	約35萬	中國
	ES8	580	1 小時充至 80%	約43萬	中國
	EC6	610	1 小時充至 80%	約37萬	中國
比亞迪（BYD）	e6	401	1 小時充至 80%	約24萬	中國
	唐	520	1 小時充至 80%	約31萬	中國

以上表格列出了電動車市場上主要的競爭對手和產品，包括特斯拉、車和家、比亞迪、日產等品牌。從表格中可以看出，不同品牌的產品在續航里程、充電時間、售價等方面存在差異。特斯拉在續航里程方面表現較為突出，而車和家則在充電時間和售價方面具有優勢。比亞迪則在售價方面比較親民，日產的產品則在綜合性能和售價方面表現不錯。

STEP 2 表格比較：電動車、油電混合、油車、氫能車

輸入以下提示：「請製作表格比較：電動車、油電混合、油車、氫能車」。

 請製作表格比較：電動車、油電混合、油車、氫能車 ← 1.輸入提示(prompt)

 以下是關於電動車、油電混合、油車和氫能車的比較表格： ← 2.ChatGPT 回應

	電動車	油電混合車	油車	氫能車
動力源	電池	燃油和電池	燃油	氫燃料电池
環保性	無排放污染	汽油燃燒產生二氧化碳和污染物	汽油燃燒產生二氧化碳和污染物	氢气燃烧产生的主要排放物为水
續航里程	較短，一般在300-500公里左右	略高于纯油车，但比不上油車	長，一般在500-1000公里左右	高，可以達到500公里以上
充電/加油	充電需要時間，充電基礎設施建設不完善	加油方便，充電也比純電車方便	加油方便，加油站遍佈全國	加氫站建設缺乏，加氫比較麻烦
成本	購車成本高，維護成本低	購車成本較高，維護成本中等	購車成本較低，維護成本低	購車成本高，維護成本高

比較表格將電動車、油電混合車、油車和氫能車的動力源、環保性、續航里程、充電/加油方式和成本等方面進行了比較。

7.6 顯示定量數據

　　「定量數據」是客觀且不容辯駁的事實，具有說服力。當你的報告歸納出結論時，定量數據可以作為你的結論的有力證據。例如：輸入以下提示：「請 ChatGPT 以定量數據顯示電動車的發展」。

 請以定量數據顯示電動車的發展 ← **1.輸入提示(prompt)**

 以下是一些關於電動車發展的定量數據： ← **2.ChatGPT 回應**

1. 全球電動車市場規模：根據市場調研公司IDC的數據，2020年全球電動車市場銷售額達到1436億美元，預計到2026年將達到4,473億美元。
2. 全球電動車銷售量：根據國際能源署（IEA）的數據顯示，2019年全球電動車銷售量達到了220萬輛，預計到2025年將達到4,200萬輛。
3. 全球電動車市場佔比：根據財富商業媒體的數據顯示，2020年全球電動車銷售量佔新車銷售量的比例達到了4.2%，預計到2025年將達到10%。
4. 全球電動車製造商市場佔有率：根據統計，2021年前三季度，特斯拉的全球市場佔有率達到了27.1%，其次是沃爾沃和大眾，分別佔有13.8%和10.5%的市場份額。
5. 全球電動車充電基礎設施：根據IEA的數據，2020年底全球電動車充電站總數已達到102萬個，其中充插式混合動力車（PHEV）充電站佔比最高，達到了65%。

以上數據顯示，電動車市場正處於快速增長階段，未來發展前景看好。此外，電動車充電基礎設施的建設也在加速，有助於推動電動車的普及和市場發展。

　　以上你可以看到每一個說明都包含數據，只是有些數據有可能是 ChatGPT 幻想出來的，請務必確認數據是正確的。

7.7 解釋原理或概念

對於某一項重要的技術，我們可以請 ChatGPT 詳細説明其原理概念。

請解釋充電系統原理 ◀━━━ **1.輸入提示(prompt)**

充電系統是讓電動車從外部獲取電能的系統。其原理是通過充電 ◀━━━ **2.ChatGPT回應**
器將交流電轉換為直流電，然後將直流電輸送到電動車的電池
中。在充電過程中，充電器將交流電轉換為直流電的過程稱為整
流，而將直流電輸送到電池中的過程則稱為電池充電。

一般來說，電動車的充電系統包括以下幾個部分：

1. 充電器：充電器是將交流電轉換為直流電的設備，通常由變壓
   器、整流器和控制器組成。其功率大小決定了充電速度。
2. 充電插頭：充電插頭是連接充電器和電動車的介面，通常有不
   同的規格和標準，例如美國的J1772和歐洲的Type2。

   3. 電池管理系統：電池管理系統是負責監控電池狀態、保護電池
      安全的系統，其主要功能包括充放電控制、電壓和溫度監測、
      故障診斷等。
   4. 充電基礎設施：充電基礎設施包括充電站和充電樁等，這些設
      施通常提供不同功率的充電服務，例如直流快充、交流快充和
      家庭充電等。

在充電過程中，電動車與充電器通過充電插頭連接，充電器通過
充電插頭將交流電轉換為直流電，然後通過電池管理系統將直流
電輸送到電池中進行充電。充電過程中，充電器會根據電池的狀
態和設置的充電模式，控制充電的電流和電壓，以達到安全、高
效的充電效果。

7.8 概括介紹原理或概念

由於聽眾有不同的背景，當我們對於某項產品或技術原理概念不想介紹得太詳細時，我們可以請 ChatGPT 概括介紹原理或概念。

☺　請概括介紹充電系統原理 ◄──── **1.輸入提示(prompt)**

🟢　充電系統是讓電動車從外部獲取電能的系統，通過充電器將交流 ◄ **2.ChatGPT 回應**
　　電轉換為直流電，再將直流電輸送到電動車的電池中進行充電。
　　充電器、充電插頭、電池管理系統和充電基礎設施等是充電系統
　　的主要組成部分。在充電過程中，充電器會控制充電的電流和電
　　壓，以達到安全、高效的充電效果。

7.9 給不同對象的教學大綱

如果你是學校老師或公司的教育訓練講師，你可以請 ChatGPT 針對不同的受眾產生教學大綱。例如：輸入以下提示：「請產生給小學生電動車知識的教學大綱」、「請產生給中學生電動車知識的教學大綱」、「請產生給上班族電動車知識的教學大綱」。

Step 1　請給小學生介紹電動車知識

例如：你是學校老師，要為小學生教學，則你可以請 ChatGPT 產生教學大綱。

請產生給小學生電動車知識的教學大綱 ← 1.輸入提示(prompt)

 以下是介紹給小學生電動車知識的教學大綱： ← 2.ChatGPT 回應 👍 👎

1. 電動車的基礎概念

  • 什麼是電動車？
  • 電動車和傳統汽車有什麼不同？

2. 電動車的優點

  • 環保：減少污染
  • 節能：使用電力取代石油
  • 經濟：更便宜的維護成本

3. 電動車的挑戰

  • 充電時間
  • 充電基礎設施建設
  • 續航里程

4. 電動車的發展趨勢

  • 電動車市場的成長
  • 新技術的出現：自動駕駛、智能載具等

5. 電動車的應用

  • 公共交通
  • 個人交通
  • 物流和運輸

6. 電動車的探索和實驗

  • 自己動手製作一輛小型電動車
  • 參觀電動車展覽或工廠

以上大綱旨在為小學生提供基本的電動車知識，讓他們了解電動車的優點和挑戰，以及電動車的應用和未來發展趨勢。通過自己動手製作小型電動車或參觀電動車相關場所，也可以增強小學生對電動車的興趣和理解。

STEP 2 請詳細說明以上教學大綱的教學內容

 請詳細說明以上大綱每一個主題與子主題的教學內容 ← 1.輸入提示(prompt)

2. ChatGPT的回應

 非常感謝您對我所提供的教學大綱的關注。接下來，我會對每個主題和子主題進行更詳細的解釋，以幫助您更好地瞭解。

一、電動車的基礎概念

1. 什麼是電動車？

電動車是一種使用電能來驅動的車輛，相比傳統的汽油車，它使用的能源更加環保、節約成本，同時也具有優異的加速性能和行駛穩定性。

2. 電動車和普通汽車的區別是什麼？

電動車和普通汽車的最大區別就在於能源的不同。普通汽車使用的是內燃機，而電動車使用的是電能。此外，電動車還具有更低的噪音和排放量，能夠更好地保護環境。

以上的教學內容還有很多，限於篇幅，我們只顯示部分的內容。

7.10 將知識製作成教學投影片

如果你是學校老師，常常需要製作教學投影片，ChatGPT 可幫你將知識製作成教學投影片，你只需要依照教學需求修改即可，能節省大量時間。

STEP 1 製作投影片的提示

請輸入以下的提示：

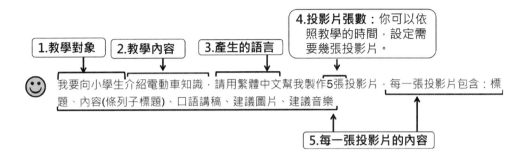

STEP 2　ChatGPT 產生的投影片

ChatGPT 產生的投影片具有以下內容，説明如下：

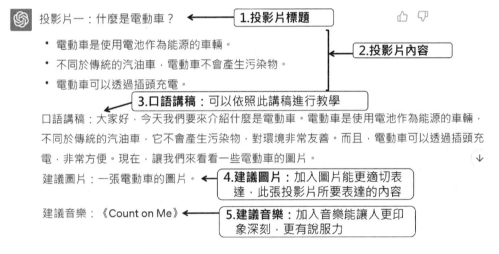

投影片二：電動車的優點

- 電動車使用電能，不會污染環境。
- 電動車比傳統汽油車更節能、更省錢。
- 電動車更加安靜，不會發出嘈雜聲。

口語講稿：大家好，現在我們要來介紹一下電動車的優點。第一，電動車使用電能，不會污染環境，對我們的生活環境非常友善。第二，電動車比傳統汽油車更節能、更省錢，因為電能比汽油便宜。第三，電動車更加安靜，不會發出嘈雜聲，讓我們的生活更加寧靜。現在，讓我們來看看一些電動車的圖片。

建議圖片：一張電動車的圖片。

建議音樂：《Happy》

投影片三：電動車的種類

- 純電動車：只使用電能
- 油電混合動力車：同時使用電能和汽油，能量來源更多樣化。
- 燃料電池車：使用氫氣作為燃料，產生電能驅動車輛。

口語講稿：大家好，現在我們來介紹一下電動車的種類。第一種是純電動車，它只使用電能作為能源。第二種是油電混合動力車，它同時使用電能和汽油，能量來源更多樣化。第三種是燃料電池車，它使用氫氣作為燃料，產生電能驅動車輛。現在，讓我們來看看一些電動車的圖片。

建議圖片：三種不同類型的電動車圖片。

建議音樂：《Shape of You》

投影片四：如何充電電動車？

- 家庭充電：在家裡插座充電，充電速度比較慢。
- 公共充電：在公共場所的充電站充電，充電速度比較快。
- 快速充電：在快速充電站充電，充電速度非常快，但也比較貴。

口語講稿：大家好，現在我們來介紹一下如何充電電動車。第一種是在家庭裡插座充電，充電速度比較慢，但是比較方便。第二種是在公共場所的充電站充電，充電速度比較快，但需要去充電站，比較不方便。第三種是在快速充電站充電，充電速度非常快，但是充電費用也比較貴。現在，讓我們來看看一些充電站的圖片。

建議圖片：一張充電站的圖片。

建議音樂：《Don't Stop Believin'》

投影片五：未來的電動車

- 自動駕駛技術：未來的電動車可能會配備更先進的自動駕駛技術，讓駕駛更加安全和方便。
- 更環保的能源：未來的電動車可能會使用更環保的能源，例如太陽能和風能等。

口語講稿：大家好，現在我們來介紹一下未來的電動車。未來的電動車可能會擁有更長的續航里程，讓我們更方便地使用。此外，未來的電動車可能會配備更先進的自動駕駛技術，讓駕駛更加安全和方便。最後，未來的電動車可能會使用更環保的能源，例如太陽能和風能等，讓我們更加環保和可持續。現在，讓我們來看看一些未來電動車的設計圖片。

建議圖片：未來電動車的設計圖片。

建議音樂：《Counting Stars》

　　以上投影片內容都是針對小學生能理解的內容，還提供你口語講稿，教學時只需要照著口語講稿念出即可，而且建議你圖片與音樂，ChatGPT 選的圖片與音樂還很貼切，也很適合小朋友。

7.11　將知識製作成公司簡報投影片

　　如果你是公司企劃人員，常常需要向公司主管簡報各種最新產業趨勢，例如：簡報電動車的未來趨勢，ChatGPT 能將知識製作成專業投影片。

▍STEP 1　製作投影片的提示

請輸入以下的提示：

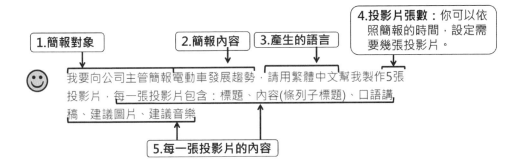

▍STEP 2　ChatGPT 產生的投影片

ChatGPT 產生的投影片具有以下的內容，說明如下：

投影片1：電動車市場趨勢　←　1.投影片標題

- 全球電動車市場規模不斷擴大
- 電動車佔新車銷售比例逐年提高
- 電動車技術不斷進步，可行駛里程與充電速度逐漸增加

2.投影片內容

口語講稿：　←　3.口語講稿：可以依照此講稿進行簡報

大家好，今天我們要談論的是電動車市場趨勢。隨著全球對環保議題的重視，電動車市場規模不斷擴大，並且逐年佔新車銷售比例的比重越來越高。同時，電動車的技術也在不斷進步，可行駛里程與充電速度逐漸增加，這將進一步推動電動車的普及。

建議圖片：一張顯示電動車市場規模增長的圖表　←　4.建議圖片：加入圖片能更適切表達，此張投影片所要表達的內容

建議音樂：《The Power of Dreams》　←　5.建議音樂：加入音樂能讓人更印象深刻，更有說服力

投影片2：電動車技術發展

- 電池技術不斷進步，能量密度逐漸提高
- 電動馬達性能不斷提升，效率越來越高
- 電動車智能化技術不斷加強，提高了安全性與便利性

口語講稿：

接下來，我們要談論的是電動車技術發展。電動車的核心技術主要包括電池、電動馬達和智能化技術。隨著技術的進步，電池的能量密度逐漸提高，電動馬達的性能也不斷提升，效率越來越高。同時，電動車智能化技術也不斷加強，提高了安全性與便利性。

建議圖片：一張顯示電池能量密度提高的圖表

建議音樂：《Electric Avenue》

投影片3：電動車推動環保

- 電動車零排放，對改善空氣質量有重要意
- 電動車減少尾氣排放，降低溫室氣體排放
- 電動車與可再生能源結合，進一步減少碳排放

口語講稿：

接下來，我們要談論的是電動車推動環保。相比於傳統燃油車，電動車具有零排放的優勢，

對改善空氣質量有重要意義。此外，電動車減少尾氣排放，進一步降低溫室氣體排放，對應對氣候變化也有重要的意義。同時，電動車與可再生能源結合，進一步減少碳排放，對保護地球生態環境有重要作用。

建議圖片：一張顯示電動車減少排放的圖表

建議音樂：《Earth Song》

投影片4：電動車未來發展

- 電動車產品線將逐漸豐富，覆蓋各個市場需求
- 自動駕駛技術將進一步普及，提高行車安全性與便利性
- 電動車與能源互聯網結合，形成全新商業模式

口語講稿：

最後，我們要談論的是電動車未來發展。未來，電動車產品線將逐漸豐富，覆蓋各個市場需求。自動駕駛技術也將進一步普及，提高行車安全性與便利性。同時，電動車與能源互聯網結合，形成全新商業模式，將進一步推動電動車的普及與發展。

建議圖片：一張顯示電動車自動駕駛技術發展趨勢的圖片

建議音樂：《The Future》

投影片5：電動車發展挑戰與機遇

- 電動車成本
- 充電基礎設施建設仍需加強
- 電動車普及度不足，需要加強推廣

口語講稿：

最後，我們要談論的是電動車發展中的挑戰與機遇。電動車成本問題仍然較高，需要進一步降低成本，才能更好地滿足消費者需求。充電基礎設施建設仍需加強，以提高電動車使用的便利性。此外，電動車普及度不足，需要加強推廣，提高消費者對電動車的認知與接受度。

建議圖片：一張顯示電動車充電基礎設施建設情況的圖片

建議音樂：《We Will Rock You》
（因為這首歌曲的節奏強烈，可以激勵觀眾面對挑戰時的積極態度）
以上是我們對電動車發展趨勢的簡報，希望對大家有所啟發和幫助。謝謝大家的聆聽。

　　以上的投影片內容都是針對公司主管簡報的內容，還提供你口語講稿，簡報時只需要照著口語講稿念出即可，而且還建議你選用的圖片與音樂，ChatGPT 選的圖片

與音樂還很貼切，最後一張投影片還很有創意地建議皇后（Queen）合唱團的《We will rock you》，真的是會讓在現場的人非常震撼且印象深刻。

7.12　提供知識的參考資料連結

如果你請 ChatGPT 提供知識的參考資料連結，必須要注意的是這些連結若找不到網頁，則有可能是已經移除了，或資料連結是 ChatGPT 幻想出來的。

 請提供以上電動車知識的參考資料連結 ← **1.輸入提示(prompt)**

 以下是提供以上電動車知識的參考資料連結： ← **2.ChatGPT 回應**　👍 👎

1. 資料來源：科技新報
   網址：https://technews.tw/category/electric-vehicle/ ← **參考資料連結：都找不到網頁**
2. 資料來源：DigiTimes
   網址：https://www.digitimes.com.tw/tech/dn.asp?CnlID=15
3. 資料來源：EVMarketResearch.com
   網址：https://www.evmarketresearch.com/

7.13　結論

經過本章的介紹，你可以了解到 ChatGPT 確實是一個強大的知識工具，能回答你各式各樣的問題，並且能夠依照你的提示，幫你製作表格來比較不同的產品或技術，或者幫你產生教學大綱，還能依照你的提示製作教學或簡報投影片，節省你大量的時間。你也可以依照相同的方法，探詢其他的知識。

CHAPTER 08

多國語言家教：
ChatGPT 提升你的語言能力

　　多國語言能力在現代社會中越來越重要，使用 ChatGPT 可以成為你的多國語言家教，幫助你提升語言能力。ChatGPT 是練習對話的好工具，可編寫不同情境中的對話，你可以不斷重複和學習，且你不用覺得不好意思，也不用擔心老師覺得為何我這麼笨，或擔心老師厭煩。你可以練習閒聊、日常對話或尋找無限的對話話題。

　　除了練習對話，ChatGPT 也可以用來學習文法、單字。並且能出測驗題，測試你的學習成效。本章以學習英語為例，示範 ChatGPT 如何當你的語言家教，事實上除了英語、使用相同方法，你也可以使用 ChatGPT 學習其他語言，例如：法語、日語等所有你想的到的語言。

8.1 建議 10 個練習英語會話的情境

　　情境式教學：「讓學習在使用情境中自然學習」，也就是「在哪裡用，就在那裡學」，這種學習方式能提高學習動機，增進學習效果。如果你不知道有哪些練習英語會話的情境，則你可以問 ChatGPT。

　請建議10個練習英語會話的情境 ◀——　1.輸入提示(prompt)

　當然，以下是10個練習英語會話的情境建議： ◀——　2.ChatGPT回應

1. 在餐廳點餐：請模擬在餐廳點餐的對話，練習點餐及提供飲食偏好的詞彙。
2. 在機場辦理登機手續：練習在機場與工作人員互動，辦理登機手續、詢問問題和理解工作人員的回答。
3. 在超市購物：模擬在超市購物的情景，學習如何詢問價格、尋求幫助、以及獲得特定食品或產品的詞彙。
4. 與朋友或同事討論電影或書籍：練習討論個人喜好，以及表達對電影或書籍的看法和評論的詞彙。
　　以上只列出部分內容其餘省略。

　　以上已經建議了 10 種練習英語會話的情境，你可以選擇想要學習的情境。

8.2 餐廳點餐與飲料的英語會話

在本小節中，我們將從上一節的情境中選擇「餐廳點餐與飲料的英語會話」來進行會話練習。

Step 1 請用英語寫一個餐廳點餐與飲料的英語會話

 請用英語寫一個餐廳點餐與飲料的英語會話 ← 1.輸入提示(prompt)

 以下是一個餐廳點餐與飲料的英語會話範例： ← 2.ChatGPT回應

Customer: Hi, can we have a table for two, please?

Waiter: Of course, right this way. Here are your menus.

Customer: Thank you. Can I get a glass of water, please?

Waiter: Sure thing. Would you like ice and lemon in your water?

Customer: Just ice, please.

Waiter: Noted. Are you ready to order?

Customer: Yes, I'll have the steak with mashed potatoes and vegetables.

Waiter: How would you like your steak cooked?

以上只列出部分內容其餘省略。

Step 2 對英語會話的每一句英語都加上中文註解

由於之前的對話都是英語，你可以請 ChatGPT 加上中文註解。

請將以上英語會話的每一句英語，加上中文註解 ← 1.輸入提示(prompt)

以下是加上中文註解的英語會話範例： ← 2.ChatGPT回應

Customer: Hi, can we have a table for two, please?
顧客：嗨，我們可以有一張兩人桌嗎？

Waiter: Of course, right this way. Here are your menus.
服務生：當然可以，這邊請。這是菜單。

Customer: Thank you. Can I get a glass of water, please?
顧客：謝謝。我可以要一杯水嗎？

以上只列出部分內容其餘省略。

　　如果你覺得以上會話太難或太簡單，可要求 ChatGPT 依照你的英語程度，重寫這段文字，例如：你可以輸入提示：「請用多益成績 405-600 分程度，重寫以上文字」或「請用 CERF A2 級別，重寫以上文字」。

8.3　學習與測驗會話中的英文單字

　　在會話中，可能有很多英語單字需要學習，ChatGPT 能幫助你學習這些單字。

▌Step 1　列出以上會話的英文單字

　　你可以請 ChatGPT 列出以上會話的英文單字，並提供英文例句（中文解說）說明。

請用繁體中文列出以上會話英文單字，並提供英文例句(中文解說)說明 **1.輸入提示**

 以下是會話中出現的英文單字及其例句： **2.ChatGPT回應**

1. table [n.] - a piece of furniture with a flat top and one or more legs, used as a surface for working at, eating from, or on which to place things
   例句：Can we have a table by the window, please?（我們可以要一張靠窗的桌子嗎？）

2. menu [n.] - a list of dishes available in a restaurant
   例句：I'm having a hard time deciding what to order from this menu.（我在這份菜單上挑選要點什麼感到有點困難。）
   以上只列出部分內容其餘省略。

Step 2 列出 10 個英文單字選擇題測驗

上一步驟中學習會話的單字後，你可以請 ChatGPT 列出 10 個英文單字選擇題測驗。

 請將以上英語會話，列出10個英文單字選擇題測驗 **1.輸入提示(prompt)**

 好的，以下是與以上英語會話相關的10個英文單字選擇題測驗： **2.ChatGPT回應**

1. What is the meaning of the word "menu"?
   (A) A list of dishes available in a restaurant
   (B) A type of drink
   (C) A table used for dining
   (D) A type of dessert

2. Which of the following words refers to a yellow citrus fruit with a sour taste?
   (A) Orange
   (B) Lemon
   以上只列出部分內容其餘省略。

以上 ChatGPT 會列出 10 個選擇題，你可以先預覽學習這些測驗題目。

STEP 3　進行第 1 題的測驗

當你學習這些測驗題目之後，你可以要求 ChatGPT 進行測驗，每次只顯示一題，然後等候你回答。首先，進行第 1 題的測驗。

 以上測驗每次只顯示一題，然後等候我回答 ← 1.學習者：要求ChatGPT每次只顯示一題

 好的，讓我來提出第一個問題： ← 2.ChatGPT：提出第1題的測驗題

1. What is the meaning of the word "menu"?
   (A) A list of dishes available in a restaurant
   (B) A type of drink
   (C) A table used for dining
   (D) A type of dessert

 B ← 3.學習者：回答第1題的答案

STEP 4　進行第 2 題的測驗

接下來，進行第 2 題的測驗。

1.ChatGPT：回答第1題的答案錯誤，並且解釋為何錯誤

 不好意思，答案是 A，"menu" 指的是餐廳提供的菜單列表。下一題：

2.ChatGPT：繼續提出第2題的測驗題

2. Which of the following words refers to a yellow citrus fruit with a sour taste?
   (A) Orange
   (B) Lemon
   (C) Grapefruit
   (D) Lime

 C ← 3.學習者：回答第2題的答案

 不好意思，答案是 B，"lemon" 是一種味道酸的黃色柑橘類水果。下一題：

4.ChatGPT：回答第2題的答案錯誤，並且解釋為何錯誤

你可依照相同的方式來繼續完成 10 題的測驗。

8.4　學習與測驗餐廳英語會話中的文法

在會話中，可能有很多英語文法需要學習，ChatGPT 能幫助你學習這些文法。

STEP 1　列出會話的英文文法

例如：請 ChatGPT 列出以上會話英文文法，並提供英文例句（中文解說）說明。

 請用繁體中文列出以上會話英文文法，並提供英文例句(中文解說)說明 ← 1.輸入提示

 以下是會話中出現的英文文法及其例句： 2.ChatGPT 回應

1. Can we have a table for two, please?

   情態動詞 can + 主詞 + 動詞原形，用來表達請求或許可。

   例句：Can I have a glass of water, please?（我可以要一杯水嗎？）

2. Here are your menus.

   主詞 + be 動詞 + 代名詞 / 名詞，用來指出某個人或物的位置。

   例句：Here is your order, sir.（先生，這是您的點餐內容。）

   以上只列出部分內容其餘省略。

STEP 2　列出以上會話的英文文法選擇題測驗

上一步驟中學習會話的英文文法後，你可以請 ChatGPT 列出 10 個英文文法選擇題測驗。

請將以上英語會話，列出10個文法選擇題測驗 ← **1.輸入提示(prompt)**

 以下是10個與以上英語會話相關的文法選擇題測驗： ← **2.ChatGPT回應**

1. What is the main function of the word "menus" in the sentence "Here are your menus."?

   (A) Verb

   (B) Noun

   (C) Adjective

   (D) Adverb

2. Which of the following is NOT a type of meat mentioned in the conversation?

   (A) Beef

   以上只列出部分內容其餘省略。

以上 ChatGPT 會列出 10 個選擇題，你可以先預覽學習這些題目。

Step 3　進行第 1 題的測驗

當你學習這些測驗題目之後，你可以要求 ChatGPT 進行測驗，每次只顯示一題，然後等候你回答。首先，進行第 1 題的測驗。

 以上測驗每次只顯示一題，然後等候我回答 ← **1.學習者：要求ChatGPT每次只顯示一題**

 好的，讓我來提出第一個問題： ← **2.ChatGPT：提出第1題的測驗題**

1. What is the main function of the word "menus" in the sentence "Here are your menus."?

   (A) Verb

   (B) Noun

   (C) Adjective

   (D) Adverb

 A ← **3.學習者：回答第1題的答案**

Step 4 進行第 2 題的測驗

接下來,進行第 2 題的測驗。

┌───┐
│ **1.ChatGPT**:回答第1題的答案正確,並且解釋為何正確 │
└───┘

正確!"menus" 在這裡的主要功能是名詞,用來指代菜單。下一題:

┌─────────────────────────────────┐
│ **2.ChatGPT**:繼續提出第2題的測驗題 │
└─────────────────────────────────┘

2. Which of the following is NOT a type of meat mentioned in the conversation?

   (A) Beef

   (B) Chicken

   (C) Salmon

   (D) Steak

B   ┌─────────────────────────┐
     │ **3.學習者**:回答第2題的答案 │
     └─────────────────────────┘

很好!"chicken" 在對話中沒有被提到。下一題:

┌───┐
│ **1.ChatGPT**:回答第2題的答案錯誤,並且解釋為何錯誤 │
└───┘

你可依照相同的方式來繼續完成 10 題的測驗。

8.5 練習英語會話

ChatGPT 的原本功能就是聊天機器人,我們可與 ChatGPT 聊天來練習英語會話。

Step 1 要求開始會話練習

例如:我們可以進行角色扮演來練習之前的英語會話,ChatGPT 扮演服務人員,學習者則扮演顧客。

😊 　1.**學習者**：要求與ChatGPT聊天，練習英語會話

讓我們開始練習以上英語會話，請你扮演服務員，我扮演顧客。每次服務員只顯示一句話，然後等候我回答

🅞 　2.**ChatGPT**：理解你所提出的要求

好的，我會扮演服務員，你扮演顧客。我們可以開始練習了。讓我們假設你正在一家餐廳裡用餐，我們可以開始練習了。讓我來提出第一句話：

👍 👎

😊 請開始　3.**學習者**：要求開始與ChatGPT聊天

STEP 2　開始會話練習

🅞 好的，第一句話是：　1.**ChatGPT扮演服務生**：提問

"Good evening. Do you have a reservation?"

😊 No　2.**學習者扮演顧客**：回答

　3.**ChatGPT扮演服務生**：提問

🅞 That's alright. We should be able to find a table for you. How many people are in your party? ↓

😊 We have two.　4.**學習者扮演顧客**：回答

你可依照相同的方式來繼續完成會話練習。

8.6　學習與測驗所有的英文文法

英語的學習者往往最頭痛的是英文文法，現在 ChatGPT 能夠協助你學習。

Step 1　列出所有的英文文法主題

英語的文法主題很多，你可以請 ChatGPT 列出所有的英文文法主題。

 請以繁體中文列出所有的英文文法主題 ← 1.輸入提示(prompt)

 以下是所有的英文文法主題： ← 2.ChatGPT回應

1. 名詞 (Nouns)
2. 代名詞 (Pronouns)
3. 形容詞 (Adjectives)
4. 副詞 (Adverbs)
5. 動詞 (Verbs)
6. 情態動詞 (Modal Verbs)
7. 動名詞 (Gerunds)
8. 不定詞 (Infinitives)

以上只列出部分內容其餘省略。

Step 2　介紹英文文法主題：[名詞]，並且舉例說明

例如：你想要學習名詞，你可以請 ChatGPT 介紹英文文法主題：[名詞]，並且舉例說明。

 請以繁體中文介紹英文文法主題：[名詞]，並且舉例說明 ← 1.輸入提示(prompt)

2.ChatGPT回應

 名詞 (Nouns) 是指用來代表人、事物、概念等事物的詞語，通常用來當作句子中的主詞、賓語或補語。在英文中，名詞通常有單數和複數兩種形式，並且可以加上所有格表示所有關係。

以下是名詞的幾個例子：

1. 人名：Tom, Mary, John
2. 地名：Taipei, Paris, New York
3. 物品：book, pencil, computer
4. 動物：dog, cat, bird

以上只列出部分內容其餘省略。

你也可以輸入以下提示來開始學習其他的英文文法主題，例如：「請以繁體中文介紹英文文法主題：[代名詞]，並且舉例說明」、「請以繁體中文介紹英文文法主題：[形容詞]，並且舉例說明」。

┃Step 3　列出英文文法選擇題測驗

上一步驟中學習會話的英文文法後，你可以請 ChatGPT 列出 10 個英文文法選擇題測驗。

 請將以上英文文法主題，列出10個選擇題測驗 ← 1.輸入提示(prompt)

 好的，以下是關於名詞的10個選擇題測驗： ← 2.ChatGPT回應

1. What is a noun?
   a. A word used to describe an action
   b. A word used to describe a person, place, or thing
   c. A word used to describe a feeling
   d. A word used to describe a time
2. Which of the following is an example of a proper noun?
   a. chair
   b. girl

以上只列出部分內容其餘省略。

以上 ChatGPT 會列出 10 個選擇題，你可以先預覽學習這些題目。

┃Step 4　進行第 1 題的測驗

當你學習這些測驗題目之後，你可以要求 ChatGPT 進行測驗，每次只顯示一題，然後等候你回答。首先，進行第 1 題的測驗。

以上測驗每次只顯示一題，然後等候我回答 **1.學習者**：要求ChatGPT每次只顯示一題

 好的，讓我們開始第一題： **2.ChatGPT**：提出第1題的測驗題

1. What is a noun?

    a. A word used to describe an action

    b. A word used to describe a person, place, or thing

    c. A word used to describe a feeling

    d. A word used to describe a time

 c **3.學習者**：回答第1題的答案

很抱歉，答案不是 a. "A word used to describe an action"。正確的答案是 b. "A word used to describe a person, place, or thing"，因為名詞通常用來代表人、地方、事物、想法、概念等。名詞在句子中可以作為主語、賓語、補語、所有格等。

4.ChatGPT：回答第1題的答案錯誤，並且解釋為何錯誤

Step 5 進行第 2 題的測驗

接下來，進行第 2 題的測驗。

 繼續下一題測驗 **1.輸入提示(prompt)**

 好的，以下是第二題： **2.ChatGPT回應**

2. Which of the following is an example of a proper noun?

    a. chair

    b. girl

    c. Paris

    d. car

你可依照相同的方式來繼續完成 10 題的測驗。

8.7　學習與測驗所有的英語時態

英語的學習者常常搞不清楚英語時態，現在 ChatGPT 能夠協助你學習。

Step 1　列出所有的英語時態

你可以請 ChatGPT 列出所有的英語時態。

請以繁體中文列出所有的英語時態 ← 1.輸入提示(prompt)

以下是所有英語時態： ← 2.ChatGPT回應

1. 一般現在式 (Simple Present Tense)
2. 一般過去式 (Simple Past Tense)
3. 一般未來式 (Simple Future Tense)
4. 現在進行式 (Present Continuous Tense)
5. 過去進行式 (Past Continuous Tense)
6. 未來進行式 (Future Continuous Tense)
7. 現在完成式 (Present Perfect Tense)
8. 過去完成式 (Past Perfect Tense)
   以上只列出部分內容其餘省略。

Step 2　詳細解說英語 [現在式]

例如：你想要學習 [現在式]，則可以請 ChatGPT 詳細解說英語 [現在式]，並且舉 5 個英語例句 (含中文說明)。

請以繁體中文詳細解說英語[現在式]，並且舉5個英語例句(含中文說明) ← 1.輸入提示

2.ChatGPT回應

英語的現在式（Simple Present Tense），表示目前正在發生的動作或狀態，或是常態的行為或狀態，可以用來描述現在的情況。此時態的動詞不需加上助動詞 (do, does)。

以下是五個英語現在式的例句，含中文說明：

1. I play basketball every weekend. (我每週末都打籃球。)
   - play 是一個現在式動詞，表示一個習慣性的動作。
2. She walks to work every day. (她每天步行上班。)
   - walks 是一個現在式動詞，表示一個習慣性的動作。

以上只列出部分內容其餘省略。

你也可以輸入以下提示來開始學習其他英語時態主題，例如：「請以繁體中文詳細解說英語 [未來式]，並且舉 5 個英語例句（含中文說明）」。

Step 3 列出 10 個選擇題測驗

上一步驟中學習會話的英語時態後，你可以請 ChatGPT 列出 10 個英語時態選擇題測驗。

請將以上英文文法主題，列出10個選擇題測驗 ← **1.輸入提示(prompt)**

好的，以下是 10 個選擇題測驗，考試者需選擇正確的答案： ← **2.ChatGPT回應**

1. Which sentence is in the Simple Present Tense?
   A. She will go to the party tonight.
   B. They were swimming in the pool yesterday.
   C. He plays guitar every day.
2. Which verb form is used in the Simple Present Tense?
   A. V1 + -ing
   B. V2
   C. V1

以上只列出部分內容其餘省略。

Step 4 開始第 1 題的測驗

當你學習這些測驗題目之後，你可以要求 ChatGPT 進行測驗，每次只顯示一題，然後等候你回答。首先，進行第 1 題的測驗。

以上測驗每次只顯示一題，然後等候我回答 ← **1.學習者：** 要求ChatGPT每次只顯示一題

 好的，以下是第一題： ← **2.ChatGPT：** 提出第1題的測驗題

　　1. Which sentence is in the Simple Present Tense?

　　　　A. She will go to the party tonight.

　　　　B. They were swimming in the pool yesterday.

　　　　C. He plays guitar every day.

 A ← **3.學習者：** 回答第1題的答案

 正確答案是 C. He plays guitar every day.

4.ChatGPT： 回答第1題的答案正確，並且解釋為何正確

以上只列出部分內容其餘省略。

| STEP 5　開始第 2 題的測驗

有時 ChatGPT 不會自動解說，你可以在此輸入提示：「請用中文解說」。

 請用中文解說 ← **1.輸入提示(prompt)**

2.ChatGPT回應

 這道題目問的是哪個句子是使用現在簡單式（Simple Present Tense）的句子。而在這三個選項中，只有選項 C "He plays guitar every day." 使用了現在簡單式，表示 "他每天都會彈吉他"，是一個習慣性的行為或狀態。因此，答案為 C。

　👍　👎

 繼續下一題

你可以依照相同的方式來繼續完成 10 題的測驗。

8.8 學習單字的同義詞與反義詞

ChatGPT 能夠幫我們學習單字的同義詞與反義詞。

Step 1 詳細說明單字

你可以要求 ChatGPT 詳細說明某單字。

 請以繁體中文詳細說明energetic  1.輸入提示(prompt)

2.ChatGPT回應

 Energetic 是一個英文形容詞，用來形容人、事物或者行為具有活力、精力充沛、積極進取的特質。以下是 energetic 的詳細解釋：

1. 活力充沛：Energetic 用來形容人時，通常指那些精力充沛、精神旺盛、有活力、熱情洋溢的人。這些人通常能夠在工作或者生活中保持高度的熱情和動力，並且表現出很強的耐力和毅力。

2. 行動力強：Energetic 也可以用來形容行為，表示具有積極進取、行動力強的特質。例如：一個企業家通常都是 energetic 的，他們有強烈的企圖心和行動力，能夠在市場中快速做出反應，抓住機遇。

   以上只列出部分內容其餘省略。

Step 2 整理單字的同義字，並且舉 5 個英語例句

你可以要求 ChatGPT 整理單字的同義字，並且舉 5 個英語例句（含中文說明）說明同義字。

 請整理energetic的同義字，並且舉5個英語例句(含中文說明)說明同義字 1.輸入提示

 以下是"Energetic"的同義字： 2.ChatGPT回應

1. Vigorous - 形容活力充沛的，通常指體力或精神方面。
   例句：He went for a vigorous run in the morning. (他早上跑了一場充滿活力的運動。)

2. Dynamic - 形容具有強大能量或活力的，常用於形容人或組織。

例句：She's a dynamic leader who inspires her team. (她是一位能夠激勵團隊的有活力領袖。)

3. Lively - 形容充滿活力和興奮的，通常用於形容場景、氣氛或人的個性。

例句：The lively atmosphere of the party kept everyone entertained. (派對充滿活力的氣氛讓大家玩得很開心。)

以上只列出部分內容其餘省略。

Step 3　整理單字的反義字，並且舉 5 個英語例句

你可以要求 ChatGPT 整理單字的反義字，並且舉 5 個英語例句（含中文說明）說明反義字。

 請整理energetic的反義字，並且舉5個英語例句(含中文說明)說明反義字 ← 1.輸入提示

 以下是"Energetic"的反義字： ← 2.ChatGPT回應

1. Lethargic - 形容缺乏精力、感到疲倦的，通常指身體或精神上的疲憊。

例句：After a long day at work, she felt lethargic and didn't want to do anything. (工作了一整天後，她感到疲倦無比，什麼事情都不想做。)

2. Apathetic - 形容缺乏熱情、興趣或動力的，通常指對某件事情感到無動於衷。

例句：The students were apathetic about the new school policy. (學生們對新的學校政策感到冷漠。)

3. Inactive - 形容不活躍、不積極的，通常指某人或某事物缺乏行動或參與。

例句：He spent most of the weekend being inactive and watching TV. (他花了大部分週末的時間都在無所事事地看電視。)

以上只列出部分內容其餘省略。

8.9 ChatGPT 語言學習的限制

雖然 ChatGPT 的功能強大，但是仍然有很多限制，我們必須了解 ChatGPT 語言學習的限制。

ChatGPT語言學習的限制 ← 1.輸入提示　　2.ChatGPT回應

1. 語言的時效性：ChatGPT是在2021年進行訓練的，因此可能沒有學習到最新的詞彙和語言變化。例如，隨著時間的推移，人們的語言使用和習慣可能會發生變化，ChatGPT可能無法完全理解或反應這些變化。

2. 語言的多樣性：ChatGPT可以生成各種語言的文本，但在某些特定的語言或方言中可能會有限制。例如，某些方言或口音可能會使用非標準的語言結構或詞彙，這可能會對ChatGPT的理解能力產生挑戰。

3. 語境的理解：ChatGPT可以生成文本，但它可能無法完全理解文本的含義或上下文。例如，在談論一個主題時，ChatGPT可能無法理解一些特定的文化或背景信息，這可能會影響其生成的文本的準確性和適當性。

4. 知識的缺乏：ChatGPT可以從龐大的語言數據庫中學習，但它可能無法理解某些特定領域的知識或專業術語。例如，在醫學或法律等專業領域中，ChatGPT可能需要額外的訓練或指導才能理解和生成相關的文本。

8.10 結論

　　ChatGPT 作為多國語言家教，能夠顯著提升你的語言能力。透過與 ChatGPT 的對話，你可以不斷練習閱讀、寫作和口說，有效擴展詞彙量，並改善語言表達。這個強大的語言模型具備廣泛的詞彙和語法知識，能夠提供即時的個性化語言指導，幫助你成為更流利和自信的語言使用者。不論是學習新語言還是提升現有語言水平，ChatGPT 都是一個可靠的伴侶，為你提供最佳的語言學習體驗，助你在多國語言的世界中脫穎而出。

　　可惜的是，ChatGPT 目前為純文字模式，必須以鍵盤輸入提示，然後 ChatGPT 再以文字回應。第 14 章我們會介紹到安裝 Talk-to-ChatGPT 擴充，透過你的麥克風與 ChatGPT 交談，並透過語音聽到 ChatGPT 的回應，此功能很適合使用於語言學習。

CHAPTER 09

提升求職競爭力：
使用 ChatGPT 產生中英文
履歷自傳

　　在當今競爭激烈的就業市場上，提升求職競爭力是每一個求職者的目標。使用 ChatGPT 可以幫助我們製作中英文履歷自傳，增強個人求職競爭力。ChatGPT 是一個基於強大的語言模型，能夠產生流暢且正確的中英文表達。透過 ChatGPT 的幫助，我們能夠編寫出吸引人的自傳，清楚地介紹自己的經歷、技能和成就，這有助於讓雇主對我們產生興趣，並提高我們在求職市場上的競爭力。使用 ChatGPT 生成的履歷自傳，可以讓我們展示出專業和自信，使我們在眾多求職者中脫穎而出。

9.1　撰寫履歷表

ChatGPT 能夠幫我們快速產生履歷表。

▍Step 1　請改寫以下履歷表

　　按下「New chat」按鈕，開啟新對話之後，輸入下列的提示：

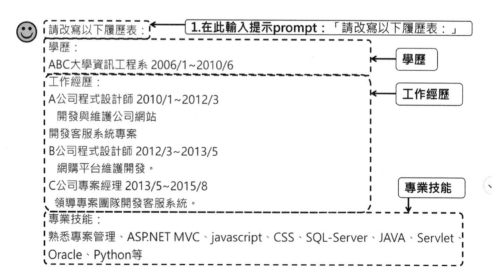

以上我們只需要大致上介紹自己的學經歷與技能。

█Step 2　ChatGPT 產生的履歷表

ChatGPT 就會幫我們產生下列的履歷表：

 以下是修改後的履歷表：　◄──── **ChatGPT回應產生履歷表**

學歷：

ABC大學 資訊工程系 2006/1~2010/6

工作經歷：

A公司 程式設計師 2010/1~2012/3

- 開發與維護公司網站
- 負責開發客服系統專案

B公司 程式設計師 2012/3~2013/5

- 負責網購平台的維護與開發

C公司 專案經理 2013/5~2015/8

- 領導專案團隊，負責開發客服系統

專業技能：

- 熟悉專案管理、ASP.NET MVC、JavaScript、CSS、SQL Server、Java、Servlet、Oracle、Python等程式語言。

9.2　履歷表加上量化數據

　　當求職者在履歷表中加入量化數據，更能呈現求職者能為公司或客戶帶來哪些好處，可以讓求職者的履歷表看起來令人信服。

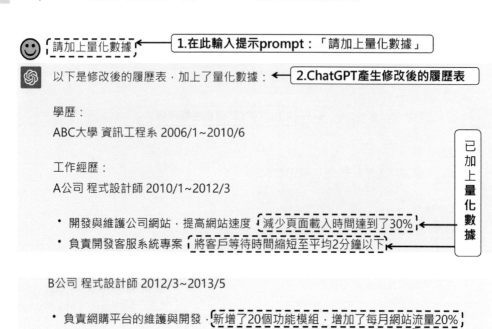

以上的量化數據是 ChatGPT 依照想像所編造出來，請務必修改為真實的數據。建議你在工作時就能夠養成良好的習慣，在專案開始前與完成後，分別記錄量化數據，就能得知改善的量化數據。有了量化數據，不論是對於目前的工作或是未來求職，都能夠讓你的工作的成果得到肯定。

9.3　依照 STAR 原則修改履歷表

　　履歷表使用 STAR 原則修改，能讓經歷呈現能有條理、有架構的敘述，更能呈現專業感與別人做出差異化。STAR 原則的說明如下：

- Situation（情境）：描述你參與的情境、組織或公司的背景、專案目標等，以及面臨的挑戰、問題、衝突或困難。

- Task（任務）：你提出的解決方案與任務的內容。

- Action（行動）：你具體執行了哪些解決方案與任務，包括你的角色、貢獻和策略。

- Result（結果）：強調你的行動是如何影響整個專案、團隊或組織，取得了哪些具體成果，以及你給公司或客戶帶來了哪些好處。

 依照STAR 法則，修改我的履歷表 ◄── 1. 輸入提示(Prompt)

 以下是按照 STAR 法則修改後的履歷表： ◄── 2.ChatGPT產生修改後的履歷表

學歷：
ABC大學 資訊工程系 2006/1~2010/6

工作經歷： ── 3. 將A公司經歷：依照STAR 原則，修改後的履歷表
A公司 程式設計師 2010/1~2012/3

以STAR法則描述：
- Situation：負責開發與維護公司網站，在線上服務的使用率逐漸提升
- Task：負責開發客服系統專案，以減少客戶等待時間為目標
- Action：重新架構網站，進行優化並減少頁面載入時間達到了30%；在客服系統中新增了自動回覆機制，將客戶等待時間縮短至平均2分鐘以下
- Result：網站的使用率得到顯著提升，客服系統等待時間縮短，獲得了客戶的好評和信任

B公司 程式設計師 2012/3~2013/5

4. 將B公司經歷：依照STAR 原則，修改後的履歷表

以STAR法則描述：

- Situation：負責網購平台的維護與開發，網站需要擴展更多的功能模組
- Task：負責新增20個功能模組，提高網站的流量
- Action：開發新功能模組，提高網站的使用體驗，進行網站優化以提高網站流量
- Result：新增的20個功能模組受到了用戶的好評，每月網站流量提高了20%

以上依照 STAR 原則修改後的履歷表，是 ChatGPT 依照想像所編造出來，請務必修改為真實的情況。

9.4 依照格式改寫履歷表

每一個公司或求職網站對於履歷表都有不同的格式要求，ChatGPT 可以依照你要求的格式產生履歷表。

1. 輸入提示(Prompt)要求GPT：依照格式改寫履歷表

☺ 請幫我依照STAR法則改寫履歷表，包含以下格式.一：個人資訊、二：照片、三：自我介紹、四：工作經驗、五：學歷、六：專業技能、七：獎項與成就 / 作品集與專案

⑤ 以下是修改後的履歷表，包含了給出的七個項目： ◄ **2.ChatGPT產生修改後的履歷表**

一、個人資訊： ◄ 項目一

姓名：某某某

聯絡電話：0912-345-678

電子郵件：xxx@xxx.com

通訊地址：台北市xxx路xxx號

二、照片： ◄ 項目二

（在此插入照片）

三、自我介紹： ← 項目三

我是一位有豐富網站開發經驗的程式設計師。我善於使用多種程式語言和技術，包括 ASP.NET MVC、JavaScript、CSS、SQL Server、Java、Servlet、Oracle、Python等。我擅長團隊合作，熟悉專案管理，並有豐富的客戶服務經驗。我希望將我的技能和經驗應用到更具挑戰性的項目中，同時學習和成長。

四、工作經驗： ← 項目四

A公司 程式設計師 2010/1~2012/3

- 以STAR法則描述：
  - Situation：負責開發與維護公司網站，在線上服務的使用率逐漸提升
  - Task：負責開發客服系統專案，以減少客戶等待時間為目標
  - Action：重新架構網站，進行優化並減少頁面載入時間達到了30%；在客服系統中新增了自動回覆機制，將客戶等待時間縮短至平均2分鐘以下
  - Result：網站的使用率得到顯著提升，客服系統等待時間縮短，獲得了客戶的好評和信任

其餘工作經歷省略…

五、學歷： ← 項目五

ABC大學 資訊工程系 2006/1~2010/6

六、專業技能： ← 項目六

- 熟悉專案管理、ASP.NET MVC、JavaScript、CSS、SQL Server、Java、Servlet、Oracle、Python等程式語言。

七、獎項與成就 / 作品集與專案： ← 項目七

- 以STAR法則描述：
  - Situation：2018年獲得A公司最佳員工獎
  - Task：以積極的態度和努力工作，表現出色
  - Action：專注於工作，經常嘗試新的技術和工具，與團隊合作解決問題
  - Result：表現受到了公司和同事的肯定，獲得了最佳員工獎

9.5　加入更多技能

ChatGPT 所產生的履歷表也許不完全符合你的需求，你可以要求加入更多技能。

1.輸入提示(Prompt)要求GPT：
履歷表加入「接洽客戶」、「提案規劃」、「溝通協商技巧」等技能

😊 請幫我加入「接洽客戶」、「提案規劃」、「溝通協商技巧」等技能

2.ChatGPT產生修改後的履歷表

以下是修改後的履歷表，新增了接洽客戶、提案規劃、溝通協商技巧等技能：

一、個人資訊：

姓名：某某某

聯絡電話：0912-345-678

電子郵件：xxx@xxx.com

通訊地址：台北市xxx路xxx號

三、自我介紹：

我是一位有豐富網站開發經驗的程式設計師。我善於使用多種程式語言和技術，包括
ASP.NET MVC、JavaScript、CSS、SQL Server、Java、Servlet、Oracle、Python等。我
擅長團隊合作，熟悉專案管理，並有豐富的客戶服務經驗。我擁有良好的溝通協商技巧，能
夠與客戶進行良好的溝通，並根據客戶需求進行提案規劃。我希望將我的技能和經驗應用到
更具挑戰性的項目中，同時學習和成長。

增加「接洽客戶」　　**增加「提案規劃」**　　**增加「溝通協商技巧」**

四、工作經驗：

A公司 程式設計師 2010/1~2012/3

- 以STAR法則描述：
  - Situation：負責開發與維護公司網站，在線上服務的使用率逐漸提升
  - Task：負責開發客服系統專案，以減少客戶等待時間為目標
  - Action：重新架構網站，進行優化並減少頁面載入時間達到了30%；在客服系統中新增了自動回覆機制，將客戶等待時間縮短至平均2分鐘以下；與客戶進行溝通協商，根據客戶需求進行提案規劃

    > 增加「溝通協商技巧」

  - Result：網站的使用率得到顯著提升，客服系統等待時間縮短，獲得了客戶的好評和信任

以上修改後的履歷表，你可以發現 ChatGPT 已經幫你的履歷表加入了「接洽客戶」、「提案規劃」、「溝通協商技巧」等技能。

9.6 針對應徵職務改寫履歷表

我們在求職網站中對於職位描述（Job description）會有不同，因為每個職務都有不同的要求，我們可以針對所應徵的職務來改寫履歷表。

Step 1 針對應徵職務改寫履歷表

> 1.輸入提示(Prompt)要求GPT：
> 請依照下列工作內容，修改我的履歷表

☺ 我想應徵軟體專案經理，請依照下列工作內容，修改我的履歷表

工作內容
1.具備專案管理經驗。
2.監控專案進度、產出工作說明書、各期成果報告撰寫及簡報。
3.具備系統分析能力，轉化客戶需求為規格說明文件，能與程式設計師溝通資料庫及應用系統開發內容，並規劃軟體測試及驗證作業，確保軟體品質。
4.協助業務推動工作，如提案企劃書、繪製Prototype(雛型系統)與流程圖(Flow Chart)、投標階段服務建議書及評選簡報
5.獨立完成專案規劃、成本計算、專案控管並確保準點完成
6.機關會議及標案文書處理作業
7.網頁UI概念，並有規劃至user flow及layout尤佳。
8.有學習或知識問答相關網站經驗者尤佳
9.具備軟體開發經驗者尤佳
10.熟悉Figma等工具尤佳。
11.具備PMP證照尤佳。

2.複製貼上：求職網站上的職位描述

▍Step 2　ChatGPT 產生改寫後的履歷表

　　上一步驟執行後，ChatGPT 產生改寫後的履歷表。在自我介紹部分，你可以發現 ChatGPT 針對應徵職務改寫了內容。

三、自我介紹： ◄── **ChatGPT產生修改後的履歷表**

我是一位具有豐富專案管理經驗的軟體專案經理。我擅長監控專案進度、撰寫工作說明書和成果報告，並能夠編寫簡報，提供高效的溝通與報告。我擁有優秀的系統分析能力，能夠將客戶需求轉化為規格說明文件，並能夠與程式設計師進行資料庫和應用系統開發的溝通。我熟悉軟體測試和驗證作業，能夠確保軟體品質。我也能夠協助業務推動工作，如提案企劃書、繪製Prototype和流程圖、投標階段服務建議書及評選簡報等。我獨立完成專案規劃、成本計算、專案控管並確保準點完成，具備機關會議及標案文書處理作業經驗。我也有網頁UI概念，並能夠進行規劃至user flow及layout，並且有知識問答相關網站和軟體開發經驗，熟悉Figma等工具。我持有PMP證照，具備完善的專案管理技能。

ChatGPT針對應徵職務改寫的內容

　　以上是 ChatGPT 依照你的要求而編造出來，請務必修改為真實的情況。

9.7 寫自傳

很多的求職網站或是公司都需要提供自傳。由於 ChatGPT 之前已經產生過你的履歷表，對於你的個人經歷很了解，所以 ChatGPT 可以直接產生你的自傳。

1.輸入提示(Prompt)要求GPT：請幫我寫自傳

😊 請幫我寫自傳

🤖 好的，以下是一篇自傳範例： ◀── **2.ChatGPT產生的自傳**

親愛的招聘經理：

非常感謝您花時間閱讀我的自傳。我是一位資深的資訊工程師，擁有豐富的網站開發、專案管理和問題解決經驗。我非常熱愛這個行業，並且不斷學習和提高自己的專業技能，以確保自己始終處於行業的前沿。

從大學開始，我就對計算機和程式設計產生了濃厚的興趣。在大學期間，我主修資訊工程並且通過了多次的專業考試和競賽，取得了優異的成績和經驗。在校期間，我也通過了實習和參加社團的方式，獲得了豐富的工作經驗和團隊合作能力。

介紹學歷

畢業後，我進入了A公司，成為一名程式設計師。在A公司的三年期間，我負責開發和維護公司網站，並且通過優化和重構，實現了網站訪問量和用戶體驗的大幅提升，取得了良好的業績和信譽。

之後，我轉到了B公司，成為一名網站開發工程師。在B公司的兩年期間，我負責維護和開發網購平台，並且通過數據分析和優化，實現了網站流量和轉換率的大幅提升，得到了公司和客戶的高度評價和信任。

最近，我加入了C公司，擔任專案經理。在C公司的兩年期間，我領導團隊進行客服系統開發和專案管理，並且通過控制專案進度和風險，提高客戶滿意度和控制專案成本，得到了公司和團隊的認可和讚揚。

介紹工作經歷

我相信，我的豐富的工作經驗、優秀的技術能力和團隊合作精神，能夠成為貴公司的一名優秀員工。如果我有機會加入貴公司，我將全力以

 繼續

 赴任，充分發揮自己的專業技能和潛力，貢獻自己的力量，同時也不斷學習和進步，以適應行業和公司的發展需求。

在平時，我也非常關注社會和環境問題，並且通過參加志願活動和綠色行動，積極參與社會公益和環保活動，貢獻自己的一份力量。

最後，再次感謝您閱讀我的自傳，期待有機會和貴公司進一步交流和了解。 ↓

以上 ChatGPT 產生的自傳已經很不錯了，但是有一些缺點，例如：履歷表中只是將工作經歷改為以文字描述，有點像流水帳，而且所占的篇幅太多，段落也分得比較多，而看起來沒有重點。

9.8 指示格式段落寫自傳

如果你對上一小節中 ChatGPT 所產生的自傳不滿意，則可以告訴 ChatGPT 你希望產生的段落與內容，ChatGPT 會依照你的要求來產生自傳。

Step 1 告訴 ChatGPT 自傳要分為哪些段落

你可以告訴 ChatGPT 自傳要分為哪些段落且每個段落有哪些內容。

1.輸入提示(Prompt)要求GPT：要求將自傳分為5個段落

 請用繁體中文幫我寫自傳，建議參考以下5個段落：
1. 開頭：敘述職缺或企業需要的個人特質，例如家庭背景、求學經歷、興趣或工作經驗等。
2. 求學歷程：在本科系、選修的知識技能、課外活動、社團活動或實習。
3. 工作經驗：敘述過去工作的經驗，並從中展現自己學到的工作技能、以數據化方式說明達成的成效。
4. 特殊成就：求學過程或工作中的特殊成就。
5. 結尾：簡短敘述自己的未來規劃，及預期在此職位上達成的目標。 ↓

2.說明：5個段落有哪些內容

STEP 2　ChatGPT 產生的自傳

上一步驟執行後，ChatGPT 產生的自傳已經依照我們的要求分為五個段落，說明如下：

1.ChatGPT依照我們的要求，產生的自傳

尊敬的招聘主管：

2.開頭：敘述職缺或企業需要的個人特質，例如家庭背景、求學經歷、興趣或工作經驗等。

您好！我是一位擁有多年資訊科技相關工作經驗的求職者，我對貴公司提供的職缺非常感興趣。我相信，我的工作經驗、技能和態度，都能夠符合貴公司所需的人才特質，我期待能夠加入貴公司成為團隊的一員。

我在ABC大學資訊工程系取得學士學位，期間學習了各種程式語言和開發工具，並積極參與校內外相關實習和競賽活動，對資訊科技產業有著堅定的興趣。我的專業知識、技能以及自主學習的能力，讓我能夠不斷適應快速變化的科技環境。

3.求學歷程：在本科系、選修的知識技能、課外活動、社團活動或實習。

4.工作經驗：敘述過去工作的經驗，並從中展現自己學到的工作技能、以數據化方式說明達成的成效。

我之前的工作經驗主要是在程式設計和專案管理方面，其中包括在A、B、C公司的工作經驗。我曾負責開發和維護公司的網站，開發客服系統專案以及網購平台維護開發。我具備優秀的專案管理能力，可以掌握預算、時間和資源的平衡，讓項目順利完成。在過去的工作中，我也積極使用數據分析和評估工具，並成功提高用戶轉換率、減少客訴率和提高客戶滿意度。

我的一些特殊成就包括獲得過ABC大學優秀學生獎學金、參與過國內知名IT競賽活動、以及參與過公益活動並擔任志工。這些經驗讓我不斷挑戰自己，不斷提高自己的技能和自信心，也讓我具備更加全面的視野和更強的責任心。

5.特殊成就：求學過程或工作中的特殊成就。

最後，我期待能夠在貴公司的團隊中發揮所長，並持續學習和成長。我希望能夠運用我的知識和經驗，為貴公司創造價值和成就。我相信，在貴公司的工作環境中，我能夠實現自己的職業目標，成就自己的事

 繼續

 事業。如果有機會加入貴公司，我將會全力以赴，展現我的工作能力和貢獻，同時與團隊成員攜手合作，共同實現公司的目標。

非常感謝您撥冗閱讀我的自傳，如果您需要進一步瞭解我的工作經驗和技能，請隨時與我聯繫，我期待能夠有機會參與貴公司的面試。再次感謝您。

6.結尾：簡短敘述自己的未來規劃，及預期在此職位上達成的目標。

9.9　產生英文履歷

　　如果你應徵比較國際化的公司或外商公司，通常會要求提供英文履歷，ChatGPT 也可以幫你產生英文履歷。

 請將履歷表改寫為英文 ◄—— **1.輸入提示(Prompt)要求GPT**：要求將履歷表改寫為英文

 Resume ◄—— **2.ChatGPT產生的英文履歷**

Personal Information: ◄—— 個人資訊
Name: XXX
Email: xxx@gmail.com
Phone: 123-456-7890
Address: No.123, Lane 456, Street 789, City, Country
Objective: ◄—— 求職目標
To obtain a software project manager position in a dynamic and challenging organization that offers opportunities for growth and development.

Summary: ← 概括說明

Experienced software project manager with strong skills in project management, system analysis, software development, and testing. Possesses exceptional communication and interpersonal skills, with the ability to work collaboratively in a team environment. Experienced in proposal planning, client communication, and negotiation, with a proven track record of delivering high-quality projects on time and within budget.

Education: ← 學歷

Bachelor of Science in Information Engineering, ABC University, 2010-2014

Skills: ← 技能

- Project management
- System analysis
- Software development and testing
- Client communication and negotiation
- Proposal planning
- User interface design and layout planning
- Proficient in Figma, PMP certification

Experience: ← 工作經驗

Software Project Manager, C Company, 2018-Present

- Manage and oversee software development projects, ensuring that projects are delivered on time, within budget, and to the satisfaction of the client
- Monitor project progress and report to management on a regular basis, providing work instructions, periodical reports, and presentations
- Conduct system analysis to transform client requirements into specification documents, communicate data models to development teams, and plan software testing and verification operations

Software Developer, B Company, 2016-2018

- Designed and developed web-based software applications using ASP.NET MVC, JavaScript, CSS, and SQL Server
- Conducted system testing and debugging to ensure software quality and reliability
- Participated in software development projects and collaborated with project managers to achieve project goals

Software Developer, A Company, 2014-2016

- Developed and maintained company websites using HTML, CSS, and JavaScript
- Worked on customer service system projects and participated in system design, development, and testing
- Assisted in software development projects and collaborated with project managers to achieve project goals

Achievements: ◄── 特殊成就

- Received company recognition for delivering exceptional customer service and increasing customer satisfaction ratings
- Designed and developed multiple software applications that were widely used by customers

Conclusion: ◄── 結論

I am a self-motivated and hardworking individual who is passionate about software development and project management. With my extensive experience in the industry, I am confident that I possess the skills and knowledge required to excel in the role of software project manager. Thank you for considering my application.

9.10　產生英文自傳

ChatGPT 也可以幫你產生英文自傳。

請將自傳改寫為英文 ← **1.輸入提示(Prompt)要求GPT:** 要求將自傳改寫為英文

Personal Statement
Dear Hiring Manager,

2. ChatGPT產生的英文自傳:
開頭: 敘述職缺或企業需要的個人特質,例如家庭背景、求學經歷、興趣或工作經驗等。

I am writing to express my strong interest in the software project manager position at your company. As an experienced project manager with a background in software development and testing, I believe that my skills and qualifications make me a strong candidate for this role.

Throughout my career, I have honed my skills in project management, system analysis, and software development. I possess exceptional communication and interpersonal skills, with a proven ability to work collaboratively in a team environment. I am experienced in proposal planning, client communication, and negotiation, and have a track record of delivering high-quality projects on time and within budget.

In addition to my professional experience, I hold a Bachelor of Science in Information Engineering from ABC University. I am also proficient in Figma and hold a PMP certification.

2.求學歷程: 在本科系、選修的知識技能、課外活動、社團活動或實習。

3.工作經驗: 敘述過去工作的經驗,並從中展現自己學到的工作技能、以數據化方式說明達成的成效。

My current position as a software project manager at C Company has allowed me to further develop my skills in managing and overseeing software development projects. I have been responsible for monitoring project progress, conducting system analysis, and planning software testing and verification operations. I have also been involved in proposal planning and have prepared presentation materials for clients.

Prior to this role, I worked as a software developer at B and A Companies. In these positions, I designed and developed software applications, conducted system testing and debugging, and collaborated with project managers to achieve project goals.

I am a self-motivated and hardworking individual who is passionate about software development and project management. I am confident that my skills and experience make me a strong fit for the software project manager position at your company.

Thank you for considering my application. I look forward to the opportunity to discuss my qualifications further.

4.結尾：簡短敘述自己的未來規劃，及預期在此職位上達成的目標。

9.11　結論

　　本章中我們介紹了使用 ChatGPT 來產生個人中英文履歷表自傳，透過 ChatGPT 生成的履歷自傳，我們能夠清楚地介紹自己的經歷、技能和成就，吸引雇主的關注，這不僅提高了我們在求職市場上的競爭力，也讓我們在眾多求職者中脫穎而出，提供了一個優勢。不過，你必須注意這些內容要符合你的實際情況，並修改確認無誤後，再更新你的求職網站資料。下一章中我們將介紹「求職全方位攻略：使用 ChatGPT 針對特定公司求職」。

CHAPTER 10

求職全方位攻略：
使用 ChatGPT 針對特定
公司求職

　　本章中我們將介紹如何使用 ChatGPT 針對特定公司職務求職，這包括使用 ChatGPT 編寫針對特定公司與職務的求職信，請 ChatGPT 幫忙找出修改後的錯誤，再回覆面試通知信，並模擬練習面試問題及撰寫面試後的感謝信。無論你是剛踏入職場或是想要轉換職務，這些實用的技巧都能幫助你增加成功的機會。讓我們一起深入研究吧！

10.1　寫中文求職信

　　人資或用人主管閱讀你的履歷之前，會透過求職信大致了解你，並初步判斷是否適合該職缺，所以好的求職信能讓人資、主管在短時間內決定是否閱讀你的履歷。

　　很多求職網站都有自動產生求職信發給應徵公司的功能，這種方式產生的罐頭求職信，例如：「你好，我是 Kevin，近日得知貴公司正在徵人，我覺得很適合這個職位，希望能有參加面試的機會，謝謝！」。這樣的罐頭求職信會讓人資、主管認為沒有足夠的誠意，很可能直接被刷掉資格，但是如果針對每一個公司的職務都寫一個求職信，會是一個很大的工作量，不過還好 ChatGPT 可以幫助你，針對每一個公司的職務產生求職信，讓求職信能用最簡潔、最吸引人、最讓人印象深刻的方式，替自己建立良好的第一印象。

▌Step 1　要求 ChatGPT 針對公司與職務寫求職信

　　由於我們要求 ChatGPT 針對公司與職務寫求職信，所以我們必須提供公司介紹與職務需求給 ChatGPT。下列的提示包含以下三個部分：

1. 要求針對公司與職務寫求職信

請用繁體中文針對以下公司職務幫我寫求職信：

公司介紹：(請展現對公司領域的熱忱與興趣)
我們著重在四個領域替客戶作客製化開發，FinTech、IoT、Social、AR，我們增加使用了AI人工智慧，針對使用人工智慧協助我們的客戶進行數據分析、預測、演算、乃至AI Chat bot。

職務：

2.複製貼上：求職網站的公司介紹

軟體專案經理 Senior Project Manager 要從事的工作：負責管理專案開發流程，擬定專案範疇、規劃時程、協調驗收。確保專案符合成本、品質、規格目標。客戶維繫良好溝通管道，將客戶需求轉換為專案開發目標。負責協調專案人力，分派專案任務與提供資源協助。規劃能力，主動提案使部門流程優化。

3. 複製貼上：求職網站的職務需求

STEP 2　ChatGPT 產生的求職信

上一步驟執行後，ChatGPT 所產生的求職信包含以下的部分：

親愛的招聘團隊：

1. ChatGPT產生的求職信

前言：強調企業需要的個人特質與工作經驗，符合職務需求

我很高興有機會向您介紹自己。我是一位軟體專案經理，擁有10年以上的軟體開發經驗。我有豐富的專案管理經驗，熟悉專案開發流程，並且能夠有效地管理團隊，確保專案在時間和預算方面的成功。

我對貴公司所從事的FinTech、IoT、Social、AR領域深感興趣。尤其是貴公司采用AI人工智慧技術協助客戶進行數據分析、預測、演算和AI Chat bot，我覺得非常有前途，我很期待能夠加入貴公司，與同事們共同探索、實踐更多新技術。

對公司介紹所提到的領域：展現的熱忱與興趣

因為職務需求有專案管理：所以在此強調自己在專案管理的工作經驗

在我的職業生涯中，我有豐富的專案管理經驗，成功地帶領團隊完成了多個重要的軟體開發專案。例如，在我任職的上一家公司，我負責領導團隊開發新產品，我成功地協調了多個部門，將專案按照規定的時間範圍內交付。此外，我也熟悉客戶需求轉換為專案開發目標，能夠確保專案符合成本、品質和規格目標。

因為職務需求有客戶溝協調：所以在此強調自己在溝通協調的工作經驗

此外，我的溝通能力和協調能力也非常強。我可以與客戶和團隊有效地溝通，並協調團隊內部的工作分配和資源協助。在以往的專案中，我也通過主動提案優化部門流程，達到了更好的效果。

我相信，我擁有豐富的經驗和技能，能夠為貴公司帶來價值。如果您認為我適合這個職位，請不要猶豫，與我聯繫。我期待著能夠有機會加入貴公司，與您一起工作。

結尾：強調適合此職位，並期待加入貴公司

以上是 ChatGPT 依照你的要求所產生的結果，請務必修改為真實的情況。

10.2 請 ChatGPT 找出修改內容後的錯誤

上一章中 ChatGPT 所產生的中英文履歷表、自傳以及本章所介紹的求職信，都必須要經過修改，以符合真實情況，修改後你應該確保沒有錯誤，才不會讓招聘主管留下不好的印象。但是，通常我們很難找出自己的錯誤，因為會有盲點，此時 ChatGPT 能幫你找出內容的錯誤。

本小節示範「請 ChatGPT 找出修改後求職信的錯誤」。關於「請 ChatGPT 找出修改後中英文履歷表自傳的錯誤」，其作法相同，請自行練習。

STEP 1　請 ChatGPT 找出修改內容後的錯誤

以下的提示是請 ChatGPT 找出修改後的求職信的錯誤，並且以表格顯示。

> **1.輸入提示(prompt)：請ChatGPT找出錯誤並以表格顯示**

請修改以下錯字，並且製作表格列出：原文、修改後、錯誤原因

親愛的招聘主管：

非常感謝您的時間查閱我的申請信。我非常有興趣加入貴公司，貢獻自己的技能與能力。

貴公司在 FinTech、IoT、Social、AR 等領域進行客制化開發，並且引進了 AI 人工智慧協助客戶進行數據分析、預測、演算、以及 AI Chat bot，這些都非常吸引我，因為我對於這些新興領域充滿熱情與興趣。

作為一位軟體專案經理，我擁有豐富的專案管理經驗，負責管理專案開發流程、確保專案符合成本、品質、規格目標、客戶維繫良好溝通管道，並協調專案人力，分派專案任務與提供資源協助。

我相信，這些技能可以使我更好地完成我的工作職責，並在貴公司的項目中取得更好的成果。

感謝您考慮我的申請。我期待與您進一步交流，以更深入地介紹我的經驗和技能，並討論我的貢獻，以實現我在貴公司的職業目標。

XXX 敬上

> **2.複製貼上：修改後的求職信**

Step 2 ChatGPT 產生表格來顯示有錯字的地方

上一步驟執行後，ChatGPT 產生表格來顯示有錯字的地方，並且建議如何修改，還說明了錯誤原因。

> **1. ChatGPT產生表格**

原文	修改後	錯誤原因
查閱	查閱	無錯字
客制化	客製化	詞語用法不當
進行數據分析、預測、演算	進行數據分析、預測、演算、以及 AI Chat bot	遺漏一項技術項目
專案範籌	專案範疇	詞語拼寫不正確
維繫	維持	詞語用法不當

請依照上列表格來修改你的求職信。

10.3　寫英文求職信

當你應徵外商公司的時候，必須要有英文的求職信，ChatGPT 可以幫助你針對每一個公司的職務產生英文求職信，其作法與產生中文求職信的方法相同。

STEP 1　請 ChatGPT 產生英文求職信

以下的提示是要求 ChatGPT 針對公司與職務寫英文求職信

1.提示(prompt)：要求ChatGPT針對公司與職務寫求職信

請針對以下公司職務幫我寫英文cover letter：
公司介紹：(請展現對公司領域的熱忱與興趣)
Security Products is a leading innovator in the security technology industry. Our video surveillance equipment is used by homeowners, businesses, federal and municipal organizations, retailers, dealers, distributors and integrators across the globe.

2. 複製貼上：求職網站的公司介紹

職務：
We are looking for software project manager to reinforce our software team.
In this position, you will be responsible for the development of our new product and to communicate with our internal development team and also the third party.
You will work closely with our teams in the US and China to ensure the specification deliveries on time.
Responsibilities
• Ensure the project requirements are correctly gathered, understood and properly translated for execution
• Responsible for project execution / manage the work within scope, quality, time and cost constraints
• Responsible for project risk reviews and appropriate mitigation

3. 複製貼上：求職網站的職務需求

STEP 2 ChatGPT 產生的英文求職信

上一步驟執行後，ChatGPT 所產生的英文求職信包含以下的部分：

Dear Hiring Manager, **← 1. ChatGPT產生的英文求職信**

前言：強調企業需要的個人特質與工作經驗，符合職務需求

I am writing to express my interest in the Software Project Manager position at Security Products. As a professional with experience in software development and project management, I believe that I have the skills and qualifications necessary to excel in this role and contribute to the success of your company.

I am particularly drawn to Security Products' innovative and cutting-edge approach to security technology. It is exciting to know that your video surveillance equipment is being used by such a wide range of customers, from homeowners to federal organizations, across the globe. As someone who is passionate about the role technology can play in keeping people and property safe, I believe that I could make a valuable contribution to your team.

← 對公司介紹所提到的領域：展現的熱忱與興趣

因為職務需求有專案管理：所以在此強調自己在專案管理的工作經驗

In my previous roles as a software project manager, I have successfully managed projects from conception to completion, ensuring that they are delivered on time, within budget, and to a high standard of quality. I am adept at gathering project requirements, managing risks, and communicating effectively with stakeholders at all levels of an organization. In addition, I have experience leading cross-functional teams, working collaboratively to achieve shared goals and objectives.

I am confident that my skills and experience make me an ideal candidate for this role. I am excited about the opportunity to join the Security Products team and contribute to the development of your new products. Thank you for your consideration, and I look forward to hearing from you soon.

結尾：強調適合此職位，並期待加入貴公司

以上是 ChatGPT 依照你的要求所產生的結果，請務必修改為真實的情況。

10.4　回覆面試通知信

當你寄出求職信之後，如果一切順利，可能會收到面試通知信，ChatGPT 也能幫你回覆面試通知信。

STEP 1　請 ChatGPT 回覆面試通知信

☺ 請幫我回覆以下 e-mail ◀── 1.提示(prompt)：請ChatGPT回覆面試通知信

Dear Kevin,

感謝您申請應徵我們公司的專案經理職位。我們非常期待有機會與您見面並深入了解您的專業技能和經驗。

我們誠摯地邀請您參加我們的面試，以下是面試的詳細資訊:

日期: 2023/4/6　時間: 14:00　地點: 本公司會議室A

在面試中，您將有機會與我們的團隊進行深入的討論，包括您的專業背景、專案管理經驗、領導能力、解決問題的能力以及與團隊合作的能力等。我們希望您能夠在面試中展示您的專業技能和態度，以及對於這份工作的熱情和興趣。

如果您同意參加面試，請回覆此電子郵件，確認您的出席。如果您無法參加此次面試，也請盡快回覆此電子郵件，讓我們可以重新安排時間。

如果您有任何疑問或需要進一步的幫助，請隨時與我們聯繫。謝謝！

人事主管

2. 複製貼上：面試通知信

STEP 2　ChatGPT 回覆面試通知信

上一步驟執行後，ChatGPT 回覆的面試通知信如下：

尊敬的人事主管：←──[**1. ChatGPT回覆面試通知信**]

非常感謝您邀請我參加貴公司的面試，我非常期待有機會和您和貴公司的團隊見面，並展示我在專案管理方面的經驗和技能。

很高興知道面試日期是在2023年4月6日下午2點，在貴公司的會議室A。我非常樂意確認我會出席此次面試。如果有任何需要，我會在面試前與您聯繫。

再次感謝您給予我這個機會。期待很快能夠見到您和貴公司的團隊。

祝一切順利！

Kevin

10.5　模擬練習面試的問題

當你收到面試通知書之後，你可能會希望在面試前模擬練習面試的問題。

🤖 輸入提示：ChatGPT 模擬練習面試的問題

請開啟一個新的聊天，為了讓 ChatGPT 幫我們模擬練習面試的問題，我們必須讓 ChatGPT 了解我們所要面試公司、職務、求職者履歷表，輸入的提示如下：

請用一問一答的形式模擬面試場景，你是一個面試官，提出面試問題，求職者參考履歷表回答 ←── **1.提示(prompt)**：請ChatGPT 模擬練習面試的問題

面試的公司：[複製貼上要面試的公司簡介] ←── **2.面試公司**：讓ChatGPT了解要面試的公司

職務：[複製貼上要面試的職務] ←── **3.面試職務**：讓ChatGPT了解要面試的職務

求職者的履歷表：[複製貼上求職者履歷表] ←── **4.求職者的履歷表**：讓ChatGPT了解求職者履歷表

┃Sᴛᴇᴘ 1　讓 ChatGPT 了解面試公司的職務、求職者履歷

請輸入下列的提示：

> **1.提示(prompt)：請ChatGPT模擬練習面試的問題**

☺ 請用一問一答的形式模擬面試場景，你是一個面試官提出面試問題，求職者參考履歷表回答
面試的公司介紹：
我們著重在四個領域替客戶作客製化開發，FinTech、IoT、Social、AR，我們增加使用了
AI人工智慧，針對使用人工智慧協助我們的客戶進行數據分析、預測、演算、乃至AI Chat
bot。

> **2.面試公司：讓ChatGPT了解要面試的公司**

職務：
軟體專案經理 Senior Project Manager 要從事的工作：負責管理專案開發流程，擬定專案
範疇、規劃時程、協調驗收。確保專案符合成本、品質、規格目標。客戶維繫良好溝通管
道，將客戶需求轉換為專案開發目標。負責協調專案人力，分派專案任務與提供資源協
助。規劃能力，主動提案使部門流程優化。

> **3.面試職務：讓ChatGPT了解要面試的職務**

> **4.求職者的履歷表：　讓ChatGPT了解求職者履歷表**

我的履歷表：
三、自我介紹：
我是一位具有豐富專案管理經驗的軟體專案經理。我擅長監控專案進度、撰寫工作說明書和
成果報告，並能夠編寫簡報，提供高效的溝通與報告。我擁有優秀的系統分析能力，能夠將
客戶需求轉化為規格說明文件，並能夠與程式設計師進行資料庫和應用系統開發的溝通。
四、工作經驗：
A公司 程式設計師 2010/1~2012/3
以STAR法則描述：
Situation：負責開發與維護公司網站，在線上服務的使用率逐漸提升
Task：負責開發客服系統專案，以減少客戶等待時間為目標
Action：重新架構網站，進行優化並減少頁面載入時間達到了30%；在客服系統中新增了自
動回覆機制，將客戶等待時間縮短至平均2分鐘以下
Result：網站的使用率得到顯著提升，客服系統等待時間縮短，獲得了客戶的好評和信任

　　以上求職者的履歷表，包括：「三、自我介紹」、「四、工作經驗」、「五、學歷」、
「六、專業技能」、「七、獎項與成就 / 作品集與專案」，為了節省篇幅，以上只
節錄了部分的畫面，詳細內容請參考上一章。

Step 2　ChatGPT 產生模擬面試的問題①

上一步驟執行後，ChatGPT 產生模擬面試的問題如下：

1.面試官提問

面試官：請問你對於本公司所著重的四個領域，FinTech、IoT、Social、AR的了解與看法是什麼？

求職者：我了解到這四個領域是目前科技產業非常熱門的發展方向，並且這些領域的應用範圍也非常廣泛。FinTech應用在金融領域，IoT可以應用在智慧家居和物聯網等領域，Social是社交媒體的縮寫，而AR是增強現實技術，可以用在遊戲、旅遊和教育等領域。我覺得本公司著重在這些領域的開發，可以提供客戶更多元化的解決方案，也可以讓我們在產品開發上擁有更多的發揮空間。

2. ChatGPT建議求職者的回答方式

Step 3　ChatGPT 產生模擬面試的問題②

1.面試官提問

面試官：你在履歷中提到你擅長將客戶需求轉化為規格說明文件，可以請你舉例說明過去是如何做到的嗎？

求職者：當我在C公司擔任專案經理時，負責開發客服系統。我先和客戶進行溝通，了解他們的需求，然後把這些需求進行分析和整理，將其轉化為一份詳細的規格說明文件。在這個過程中，我和開發團隊保持緊密的溝通，確保他們能夠理解和實現這些需求。最後，我通過和客戶進行反覆確認和修正，確保產品符合客戶的需求和期望。

2.ChatGPT建議求職者的回答方式

繼續 ← **3.只要輸入「繼續」然後按下ENTER：**
ChatGPT就會產生更多模擬面試的問題。

建議讀者依照上述方式來讓 ChatGPT 產生更多模擬面試的問題。在面試之前，先準備這些問題的回答方式，相信對於你的面試會有很大的幫助。

10.6　輸入面試常見問題：請 ChatGPT 建議回答方式

在網路上，你可以找到很多面試常見問題，這些問題通常不好回答，通常主考官希望透過問這些問題，看面試者的人格特質與臨場反應。

面試常見問題①：你有什麼缺點？

除了 ChatGPT 產生的模擬面試問題，你也可以輸入面試常見問題，例如：「你有什麼缺點」，這個問題很難回答，回答沒有缺點不可能，回答太多缺點，又怕造成不好的印象，我們可以請 ChatGPT 建議如何回答此問題。

面試官提問：您有什麼缺點？ 建議如何回答？ **1.輸入問題：請ChatGPT建議回答方式**

 當面試官問到這個問題時，您可以誠實地承認自己的一些缺點，但同時也要強調您正在努力改進和克服這些缺點。以下是一些可能的回答：

1. "我的一個缺點是有時會過分關注細節，導致工作進度有些緩慢。但我正在透過學習如何更有效地分配時間，並透過與同事進行更好的合作來改進這一點。"

2. "我有時可能會感到過於自我要求，這可能會讓我有點過於焦慮和壓力。但我已經學會了通過有效的時間管理、放鬆技巧和尋求反饋來處理這種情況。"

3. "我認為我的一個缺點是有時會缺乏決策力，需要更多的時間來做出決定。但我正在學習如何更好地收集信息和評估風險，以便更快地做出決定。"

不論您選擇哪種方式回答，請確保您在回答時展現出對自己的客觀認識和自我反省的態度，並強調您正在積極改進和成長。

2.ChatGPT建議的回答方式

你會發現 ChatGPT 的建議很有用，你可以依照自己的個人特質，事先思考如何回答。

常見問題②：你可以接受加班嗎？對加班有什麼看法？

加班問題是不好回答的問題。

😊 面試官提問：「您可以接受加班嗎？對加班有什麼看法？」 建議如何回答？

> **1.輸入問題：**
> **請ChatGPT建議回答方式**

⑤ 這是一個很常見的問題，面試官通常想要了解您對於工作壓力和彈性的態度。以下是一些可能的回答：

1. "我了解在一些特定的時候可能需要加班來滿足工作要求，因此我願意在必要時進行加班。但我也認為平衡工作和生活很重要，因此我會努力安排時間，以便避免長時間的加班。"

2. "我相信加班應該是一個例外，而不是常態。當工作需要時，我願意在必要時加班，但我也認為必須保持健康的生活和工作平衡。因此，我會努力規劃和管理我的時間，以最大程度地減少需要長時間加班的情況。"

無論您選擇哪種方式回答，請確保表達出您對工作的責任感和認真態度，同時也強調您重視健康和工作平衡。

> **2.ChatGPT建議的回答方式**

 常見問題③：請問你離開上一份工作的原因是什麼？

離開上一份工作的原因也是不好回答的問題。

> **1.輸入問題： 請ChatGPT建議回答方式**

😊 面試官提問：「請問您離開上一份工作的原因是什麼？」建議如何回答？

⑤ 這是一個非常常見的問題，面試官通常想要了解您為什麼離開之前的工作，以及您對於離職的原因是否能夠適應新職位。以下是一些可能的回答：

1. "我離開之前的工作是因為那家公司正在縮小規模，並且已經開始裁員。我認為這是一個好的時機來尋找新的挑戰和機會，並且我希望能夠在新公司發揮我的專業技能和貢獻。"

2. "我之前的工作是一個非常好的機會，讓我獲得了許多專業技能和經驗。但我認為現在是時候尋找更具挑戰性和發展潛力的機會，這也是我對這個職位感興趣的原因之一。"

無論您選擇哪種方式回答，請確保表達出對於以前的工作和公司的正確和尊重態度，同時也強調您現在尋找新機會的原因和動機。請確保回答簡潔明確，不要過於詳細地談論以前的離職原因。

> **2.ChatGPT建議的回答方式**

　　將其他常見的面試問題輸入 ChatGPT，讓 ChatGPT 建議如何回答：

- 面試官提問：「如果一直達不到工作目標時，你會怎麼辦？」建議如何回答。

- 面試官提問：「你可以講述一個困難的工作情況，以及你如何克服嗎？」建議如何回答。

- 面試官提問：「還有什麼問題想問我嗎？」建議如何回答。

　　建議求職者看了以上 ChatGPT 的建議，然後依照自己的真實情況，事先思考如何回答。

10.7　寫面試後的感謝信

　　求職者在撰寫面試後的感謝信時，重點是表達感謝，並且強調你適合這份工作，ChatGPT 可以幫助你寫面試後的感謝信。

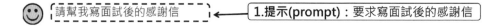

😊 請幫我寫面試後的感謝信 ← 1.提示(prompt)：要求寫面試後的感謝信

🤖 親愛的 [面試官的姓名]， ← 2. ChatGPT產生的面試後的感謝信

感謝您給予我這次面試的機會。非常感謝您撥出寶貴的時間，讓我更深入地了解這個職位和公司的文化。

在面試過程中，我深深地被公司所專注的技術領域和使用人工智慧的發展方向所吸引。我也很欣賞公司強調客戶需求的價值觀，以及在團隊協作和創新方面的承諾。

我相信，我的技能和經驗能夠使我成為這個職位的優秀候選人。如果我有進一步的機會，我將致力於在公司和團隊中做出貢獻，與您和團隊一起實現公司的目標和願景。

再次感謝您給我這次面試的機會。如果您對我的履歷有任何疑問或需要進一步的信息，請隨時聯繫我。祝願您和團隊在未來的工作中取得更大的成功。

10.8 結論

透過本章的介紹，我們學習了如何運用 ChatGPT 在特定公司職務求職的過程中提供協助。無論是撰寫針對特定公司與職務的求職信，請 ChatGPT 檢查修改後的內容，以及回覆面試通知信、模擬練習面試問題、寫面試後的感謝信，ChatGPT 都能成為有力的助手。這些方法都能幫助你提升求職成功的機會，讓我們運用 ChatGPT 來開啟一段充滿可能性的求職之旅吧！

CHAPTER 11

全能職涯顧問：讓 ChatGPT 助你實現職業目標

　　上一章中我們已經介紹了如何使用 ChatGPT 針對特定公司職務求職，如果順利的話，就可以收到錄取通知，開始上班了。本章中我們將介紹 ChatGPT 職涯管理，ChatGPT 是一個強大的 AI 工具，透過分析廣泛的知識庫，提供客觀且全面的職涯建議。這個系統能理解你的公司、職業和技能，然後依照最新的行業動態、就業趨勢、試用期、晉升加薪、遇到瓶頸、避免裁員、創業、領導、退休，為你提供專業的指導。讓 ChatGPT 成為你的職涯顧問，實現你的職業目標。

11.1　ChatGPT 擔任職涯顧問專家

　　我們可以請 ChatGPT 擔任職涯顧問專家，它會為我們提供建議，我們也可以進行諮詢。

Step 1　開啟新聊天

　　建議你開啟一個新的聊天，請 ChatGPT 擔任職涯顧問。建議不要在同一個聊天中請 ChatGPT 擔任 2 個以上的專家，以免 ChatGPT 角色錯亂。如果你需要詢問另外的專家，請另外開啟一個新的聊天。

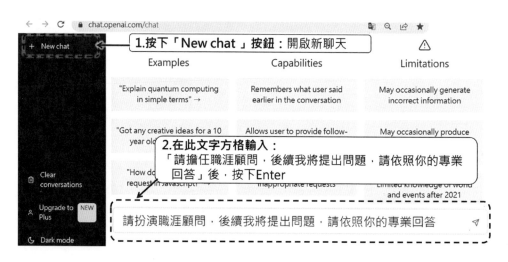

STEP 2　請 ChatGPT 擔任職涯顧問專家

上一步驟執行後，ChatGPT 將擔任職涯顧問專家。

> **1 輸入提示(prompt)：請 ChatGPT 擔任「職涯顧問」專家**

請扮演職涯顧問，後續我將提出問題，請依照你的專業回答

好的，請問您有任何職涯上的問題需要我協助嗎？

> **2. ChatGPT回應：將擔任「職涯顧問」專家**

11.2　什麼是職涯管理

上一小節已經請 ChatGPT 擔任職涯顧問專家，我們可以先問它什麼是「職涯管理」?

請問職涯管理 ◀ **1 輸入提示(prompt)：請問職涯管理**

> **2. ChatGPT回答什麼是「職涯管理」**

職涯管理是指個人在職場上所做的努力和策略，以實現自己職業生涯的目標和願望。它包括以下方面：

1. 職業目標設定：職涯管理開始於設定明確的職業目標。這包括決定自己的長期和短期職業目標，以及確定這些目標的具體行動計劃。
2. 個人發展計劃：在職場上不斷發展自己的技能和知識是成功的關鍵。個人發展計劃可以包括學習新技能、獲得證書、參加培訓課程和研討會等。
3. 建立人脈：建立良好的人脈可以為職業發展帶來重要的機會和支持。在職場上積極參與社交活動、與同事建立關係以及參加行業會議等都是建立人脈的有效方式。

4. 自我行銷：自我行銷是通過展示自己的技能和成就來增強職業形象和提高知名度的方法。這可以包括創建個人品牌、在社交媒體上發佈專業內容和參加演講等。

5. 職業轉換：職業轉換是在職業生涯中轉換到不同的行業或角色。職涯管理可以幫助個人評估自己的技能和興趣，並開始為轉換做準備，例如通過進修或接受職業輔導等。

總的來說，職涯管理是一個動態的過程，需要不斷的自我評估、計劃和行動來實現自己的職業目標和發展。

ChatGPT 的建議還有很多，限於篇幅，我們只顯示部分的內容。

11.3　請 ChatGPT 擔任職涯顧問專家，依照工作職務提供建議

你可以請 ChatGPT 擔任職涯顧問專家，依照你的工作職務提供建議。如以下提示，先提供你的公司與職務，然後問 ChatGPT 職涯顧問專家能提供哪些建議，並且將建議分類。

1.提供你的公司與職務　**2.請問能提供那些建議**

 我是一位軟體公司專案經理，請問你能夠提供我那些建議? 請分類為：行業動態、就業趨勢、試用期、晉升加薪、遇到瓶頸、避免裁員、創業、領導、退休、每個分類列出5項

3.指定分類方式：你也可以指定希望的分類　**4.顯示項目數量**：你也可以指定更多項

 當然，以下是針對你作為軟體公司專案經理的各個方面的建議　**5. ChatGPT「職涯顧問」專家提供的建議**
行業動態：

1. 持續學習和更新技能：軟體行業變化迅速，保持對新技術和趨勢的敏感性，並積極學習和更新你的技能，以保持競爭力。

2. 關注人工智能和機器學習：人工智能和機器學習在軟體行業中扮演著重要角色，了解並掌握相關技術對於你的職業發展非常有利。

3. 數據隱私和安全性：數據隱私和安全性成為越來越重要的議題，了解相關法規和最佳實踐，並在專案中加入相應的保護措施。

4. 雲端技術和服務：雲端技術持續發展，對企業業務產生深遠影響，保持對雲端平台和服務的了解，以在專案中充分利用相應的優勢。

5. 敏捷和DevOps：敏捷開發和DevOps方法的應用越來越廣泛，了解並採用這些方法，以提高專案交付效率和品質。

就業趨勢：

1. 技術專業：著重發展自己在特定領域的技術專業知識和能力，這將使你在就業市場上更有競爭力。

2. 敏捷和DevOps：敏捷開發和DevOps方法的應用越來越廣泛，具備相關知識和經驗將提升你的就業機會。

3. 雲端技術：雲端運算和相關服務的需求不斷增長，熟悉相關技術和平台將有助於你在就業市場上脫穎而出。

4. 數據分析和人工智能：數據分析和人工智能在各個行業中扮演重要角色，具備相關技能將成為就

5. 跨領域技能：擁有多領域的技能和知識將使你更具彈性和適應力，能夠應對不同類型的專案和職位要求。

試用期：

1. 主動學習和表現：在試用期內，展現你的學習能力和進步態度。主動參與培訓和學習機會，並在工作中展現積極主動的態度。

2. 建立良好的專案管理紀錄：確保你能夠清晰記錄專案進展、問題和解決方案。這有助於評估你的工作表現和貢獻。

3. 積極尋求反饋：主動尋求上級和同事的反饋，並願意接受並改進自己的工作。這展示了你的成長態度和對於個人發展的重視。

4. 建立良好的專業形象：保持專業態度和外表形象，與同事和上級保持良好的溝通和合作關係。

5. 適應公司文化：努力適應公司的價值觀和文化，並積極參與團隊活動和社交場合。

ChatGPT 職涯顧問專家的建議還有很多，限於篇幅，我們只顯示部分的內容。

11.4 請 ChatGPT 職涯顧問專家詳細解說建議

上一小節中 ChatGPT 職涯顧問專家提供了建議，你可以選擇你有興趣的建議，請 ChatGPT 職涯顧問詳細解說建議。

1 輸入提示 (prompt)

 請詳細解說：要主動向主管提出晉升或加薪的要求，並提供相應的證明和數據支持。

2. ChatGPT「職涯顧問」詳細解說建議

 在工作中，如果你希望得到晉升或加薪，通常需要主動向主管提出申請或請求。以下是一些提出晉升或加薪要求的建議：

1. 準備好證明和數據支持。在向主管提出晉升或加薪要求之前，你需要準備好相關的數據和證明文件，以證明你的價值和貢獻。這些數據可能包括你完成的任務和項目、你的工作成果和成就、你的技能和知識等。這些數據可以幫助你向主管證明你的價值和重要性。

2. 做好準備，清楚地表達自己的要求。在向主管提出晉升或加薪要求之前，你需要做好準備，清楚地表達自己的要求。你需要準備好相關的請求信或建議信，並詳細地說明你的要求和理由。你需要強調你的工作成果和貢獻，並表達你對公司和工作的熱情和責任感。

3. 了解公司的政策和程序。在向主管提出晉升或加薪要求之前，你需要了解公司的政策和程序。你需要了解公司的晉升和加薪政策，以及相關的程序和要求。你需要清楚地知道公司的標準和要求，以便你能夠在申請中符合這些標準和要求。

4. 展現自己的價值和能力。在向主管提出晉升或加薪要求之前，你需要展現自己的價值和能力。你需要在工作中表現出色，展現出你的技能和知識，並提供具體的證據和成果。你需要讓主管認識到你的重要性和價值，並證明你是公司的重要資產。

5. 尊重主管的決定。在向主管提出晉升或加薪要求之後，你需要尊重主管的決定。即使你的要求被拒絕，你也需要保持積極的態度和專業的態度。你需要繼續努力工作，展現自己的價值和能力，以便在將來獲得更好的機會。

11.5 請 ChatGPT 職涯顧問專家列舉能提供諮詢的問題

　　你也可以向 ChatGPT 職涯顧問專家提出問題，如果你不知道要提出什麼問題，你可以詢問 ChatGPT。如以下提示，先提供你的公司與職務，然後問 ChatGPT 職涯顧問專家，請它提供諮詢的問題，並且將問題分類。

> **1.提供你的公司與職務**　　**2.列舉提供諮詢的問題**
>
> 我是一位軟體公司專案經理，請列舉你能提供諮詢的問題，請分類為：行業動態、就業趨勢、試用期、晉升加薪、遇到瓶頸、避免裁員、創業、領導、退休，每一主題提供5個
>
> **3.指定分類方式：** 你也可以指定希望的分類　　**4.顯示項目數量：** 你也可以指定更多項

> 好的，以下是我能夠提供諮詢的問題：　◄── **5. ChatGPT的回應**

行業動態：

1. 最新的軟體開發技術和趨勢有哪些？如何應用它們到你的專案中？
2. 在當前數據隱私和安全議題日益重要的情況下，你如何確保專案的數據安全？
3. 人工智能和機器學習在軟體行業中的應用和前景是什麼？
4. 雲端運算和服務的發展如何影響軟體開發和交付？你如何適應這一變化？
5. 開源軟體在軟體行業中的重要性和應用有哪些？

就業趨勢：

1. 哪些技能和知識在軟體行業中最受歡迎和有需求？如何提升自己的就業競爭力？
2. 雲端運算和相關服務的需求如何變化？如何適應這種變化並開發相關的技能？
3. 數據分析和人工智能在軟體行業中的發展前景如何？如何準備自己參與這個領域？
4. 在敏捷開發和DevOps環境中的就業機會和要求有哪些變化？如何應對這些變化？
5. 如何在競爭激烈的就業市場中脫穎而出？如何建立和發展自己的專業網絡？

晉升加薪：

1. 如何制定明確的晉升和加薪目標，並制定相應的計劃和策略？
2. 如何展示你的價值和貢獻，以獲得晉升和加薪的機會？
3. 如何提升個人技能和知識，以符合晉升的要求？
4. 如何有效地進行諮詢前的薪酬談判，以獲得合理的薪資調整？
5. 如何建立良好的工作關係，以獲得上級和同事的支持和推薦？

可提供諮詢的 ChatGPT 的問題還有很多，限於篇幅，我們只顯示部分的內容。

11.6　向 ChatGPT 職涯顧問專家提出問題

你可以從上一小節的問題中選擇你有興趣的問題，然後向 ChatGPT 職涯顧問專家提出問題。

1輸入提示(prompt)：向ChatGPT「職涯顧問」專家，提出問題

如何適應新的職位和角色，並提高自己的工作效率和產能？

2. ChatGPT「職涯顧問」的回應

適應新的職位和角色是一個挑戰，需要花時間和精力來學習和適應。以下是一些建議，可以幫助你適應新的職位和角色，並提高自己的工作效率和產能：

1. 了解你的職責和目標。當你接受一個新的職位或角色時，你需要了解自己的職責和目標。你需要知道你被要求完成的任務和項目，以及這些任務和項目的重要性和期限。你需要了解公司的目標和策略，以便你能夠為公司的成功做出貢獻。
2. 學習新的技能和知識。當你接受一個新的職位或角色時，你需要學習新的技能和知識。你需要了解新的工作流程和系統，以及相關的技術和工具。你可以參加相關的培訓和課程，閱讀相關的文獻和資料，以便你能夠快速適應新的職位和角色。
3. 與同事和上級建立良好的關係。當你接受一個新的職位或角色時，你需要與同事和上級建立良好的關係。你需要了解他們的需求和期望，並與他們合作完成任務和項目。你需要建立良好的溝通和協作機制，以便你能夠順利地完成工作。

4. 建立良好的工作習慣和時間管理。當你接受一個新的職位或角色時，你需要建立良好的工作習慣和時間管理。你需要制定計劃和目標，並合理安排時間和資源。你需要優先處理重要和緊急的任務和項目，並採取有效的方法來提高工作效率和產能。

5. 尋求反饋和改進。當你接受一個新的職位或角色時，你需要尋求反饋和改進。你可以與同事和上級進行溝通和交流，了解你的工作表現和問題，以及如何改進和提高工作效率和產能。你需要持續學習和進步，以便你能夠適應新的職位和角色，並為公司的成功做

6. 建立正確的心態和態度。當你接受一個新的職位或角色時，你需要建立正確的心態和態度。你需要保持積極樂觀的態度，並對新的工作和挑戰持開放和學習的態度。你需要保持耐心和毅力，以克服困難和挑戰。

11.7 結論

ChatGPT 擁有海量的知識與學習能力，能為你提供客觀、全面的職涯規劃建議。無論是行業動態、就業趨勢、試用期、晉升加薪、遇到瓶頸、避免裁員、創業、領導、退休，ChatGPT 都能給出實用的指南。透過智慧互動，實現你的職業目標，並提供全面的支援。

全面提升生產力：
ChatGPT 解鎖事半功倍的
工作模式

　　ChatGPT 可以幫助許多行業的員工提高工作生產力，也可以讓你在更短的時間內完成更多的工作，提高工作效率和表現，同時減少時間上的壓力和焦慮感，從而提高生活品質、增加自由時間和開拓更多的機會，可以幫助個人和企業獲得更大的成功和競爭優勢。本章以專案經理為例，示範 ChatGPT 如何提高你的工作生產力，讓你事半功倍。

12.1　如何使用 ChatGPT 提高工作生產力

　　在工作中，大多數人的目標是提高工作生產力、減少犯錯，最後達到升職的目的。我們可以詢問 ChatGPT 如何達成這個目標。

Step 1　如何使用 ChatGPT 提高工作生產力

　　詢問 ChatGPT 如何提升工作生產力時，最好告訴 ChatGPT 你所屬的公司與職務，這樣 ChatGPT 更能夠準確回答你的問題。如下列的提示：

| 1. 你的公司 | 2. 你的職務 | 3.列出20個提高工作生產力方法 |

😊　我們是一家網站開發公司，我是專案經理，請列出20個chatgpt能幫我提昇工作生產力的方法

🔷　當然，這只是一個開始，取決於您的工作性質和需要，還有很多其他的應用和技巧可以幫助提高您的生產力。以下是20種方法：

1. 使用 ChatGPT 自動回覆電子郵件和信息：這可以幫助您更快地回覆客戶和團隊成員，並且更有效地管理您的電子郵件和信息流。

2. 使用 ChatGPT 翻譯工具：如果您需要與不同語言的客戶和合作夥伴溝通，ChatGPT 可以幫助您快速翻譯和理解不同的語言。

3. 使用 ChatGPT 創建待辦事項列表：這可以幫助您更好地組織您的工作並確保您不會忘記任何重要的任務。
以上只列出部分內容其餘省略。

Step 2 如何使用 ChatGPT 來避免工作中犯錯

你可以詢問：如何使用 ChatGPT 來避免工作中犯錯。

 我們是一家網站開發公司，我是專案經理，請列出10個常犯的錯誤，以及如何使用ChatGPT避免

 當然，這只是一個開始，取決於您的專案和團隊，還有很多其他的錯誤可能會發生。以下是10個常見的錯誤和如何使用ChatGPT避免它們：

1. 沒有明確的專案目標和計劃：使用ChatGPT可以幫助您快速創建一個清晰的專案目標和計劃，同時還可以幫助您與團隊成員共享計劃，確保每個人都了解專案的目標和方向。

2. 忽視風險管理：使用ChatGPT可以幫助您快速識別和評估潛在的風險，並創建應對措施來減輕風險。ChatGPT還可以幫助您定期更新風險評估，以確保您的專案保持在正確的軌道上。

3. 沒有足夠的溝通：使用ChatGPT可以幫助您快速建立與團隊成員之間的溝通，同時還可以定期更新專案的進度和狀態。ChatGPT還可以幫助您快速回答問題和解決問題，以確保專案順利進行。
以上只列出部分內容其餘省略。

Step 3 如何使用 ChatGPT 達成升職

你可以詢問：如何使用 ChatGPT 達成升職。

 我們是一家網站開發公司，我是專案經理，請列出10個ChatGPT能幫我達成升職

 以下是10個ChatGPT可以幫助您達成升職的方法：

1. 創建專案報告：使用ChatGPT可以快速生成專案報告，幫助您展示的項目管理和領導能力。這可以幫助您在公司中獲得更高的信任和權威。

2. 創建培訓計劃：使用ChatGPT可以幫助您創建培訓計劃，並將其分享給團隊成員。這可以幫助您提高整個團隊的技能水平，同時顯示您的領導能力和企業責任感。

3. 創建行銷策略：使用ChatGPT可以幫助您創建行銷策略，以推廣公司產品和服務。這可以幫助您在公司中獲得更高的影響力和信任。

4. 創建客戶關係管理策略：使用ChatGPT可以幫助您創建客戶關係管理策略，以確保客戶得到最佳的體驗和支持。這可以幫助您在公司中獲得更高的信任和影響力。
以上只列出部分內容其餘省略。

12.2　ChatGPT 產生專案管理主項目與次項目

「專案管理」是一門複雜的多方面學科，需要領導力、溝通能力、技術技能的結合。專案經理需要使用正確的工具，來幫助他們成功管理專案。本小節將介紹 ChatGPT 產生網站開發專案管理表格。首先，產生專案管理主項目與次項目。

▌Step 1　產生專案管理主項目與次項目

輸入下列的提示來產生專案主項目與次項目。

 請幫我產生網站開發專案管理，請包含主項目與次項目 ◀━━ 1.輸入提示(prompt)

▌Step 2　ChatGPT 產生的結果

上一步驟執行後，ChatGPT 產生專案管理主項目與次項目。

━━▶ 1. ChatGPT產生的結果

 以下是一份網站開發專案管理的主項目與次項目，供您參考：

1. 計畫階段
   - 競爭對手分析
   - 目標設定
   - 用戶研究
   - 網站需求分析
   - 技術選型
   - 預算規劃

2. 設計階段
   - 網站結構規劃
   - UI/UX 設計
   - 設計稿評審

- 網站風格指南
- 設計元素準備

3. 開發階段
- 網站原型開發
- 前端開發
- 後端開發
- 整合測試
- 網站安全設置

4. 測試階段
- 系統整合測試
- 單元測試
- 功能測試
- 預上線測試

5. 部署階段
- 伺服器配置
- 網站上線
- 網站優化
- 監控與維護

6. 維護階段
- 錯誤回報與修正
- 整體效能監測
- 安全更新
- 資料備份
- 改進優化建議

12.3　ChatGPT 產生專案管理表格

　　之前 ChatGPT 已經產生專案管理主項目與次項目。接下來，請 ChatGPT 產生專案管理表格。

1.輸入提示(prompt)

請將以上內容，以表格產生專案管理項目，包括任務編號，主任務、次任務，相依任務編號，開始日期，結束日期，參與人員，任務說明。

2.ChatGPT產生專案管理表格：主任務包括 1.計畫階段、2.設計階段、3.開發階段、4.測試階段、5.部署階段、6.維護階段。

以下是將網站開發專案管理的主項目與次項目以表格形式呈現的範例：

任務編號	主任務	次任務	相依任務編號	開始日期	結束日期	參與人員	任務說明
1	計畫階段	競爭對手分析		2023/03/17	2023/03/21	專案經理	分析競爭對手的網站和行銷策略，提供參考意見
2	計畫階段	目標設定	1	2023/03/22	2023/03/23	專案經理	設定專案目標和目標達成指標，制定計畫
3	計畫階段	用戶研究	1	2023/03/21	2023/03/24	用戶研究員	研究目標客戶群體和用戶需求，撰寫用戶人asux目標設定
4	計畫階段	網站需求分析	2,3	2023/03/24	2023/03/28	專案經理	分析用戶研究結果和專案目標，制定網站需求
5	計畫階段	技術選型	4	2023/03/28	2023/03/29	技術主管	根據網站需求和預算選擇適合的技術和開發平臺

6	計畫階段	預算規劃	4	2023/03/29	2023/03/31	財務主管	制定網站開發預算，包括技術成本、人工成本、硬體設備等
7	設計階段	網站結構規劃	4	2023/04/01	2023/04/04	設計師	設計網站的架構、導航、頁面佈局和功能
8	設計階段	UI/UX 設計	7	2023/04/05			

9	設計階段	設計稿評審	8	2023/04/06	2023/04/08	專案經理	檢查並評審UI/UX設計稿，提供反饋和建議
10	設計階段	網站風格指南	9	2023/04/09	2023/04/10	設計師	制定網站風格指南，包括配色方案、字型、圖像風格等
11	設計階段	設計元素準備	10	2023/04/11	2023/04/12	設計師	準備網站所需的設計元素，如圖像、按鈕、圖示等

以上只顯示計劃階段與設計階段，其餘省略。

　　你可以使用以下提示：「請將以上表格轉換成 CSV 格式」，將以上表格轉換成 CSV 格式，方便你後續匯入專案管理軟體來進行專案管理。

12.4　ChatGPT 產生專案相關 E-mail

專案經理日常工作中經常需要發送 E-mail，ChatGPT 可以根據你提供的資訊，自動產生符合相應的電子郵件格式和內容，省去手動編寫郵件的時間和工作量。

Step 1　列出 20 個 ChatGPT 工作中能幫我寫 E-mail 類型

你可以詢問 ChatGPT：工作中能幫你寫什麼 E-mail。

1.輸入提示(prompt)

我們是一家網站開發公司，我是專案經理，請列出20個chatgpt工作中能幫我寫e-mail的類型與說明

2. ChatGPT 產生的結果

以下是20個 ChatGPT 可以幫您寫 E-mail 的類型與說明：

1. 建議信：提出具體的建議或解決方案，幫助您的團隊或客戶解決問題。

2. 確認信：確認特定的約定、安排或事項，以確保雙方之間的溝通和理解正確無誤。

3. 感謝信：感謝團隊成員、客戶或合作夥伴的支持、助力或貢獻，加強良好關係。

4. 詢問信：詢問對方的意見、看法或建議，以便更好地了解客戶需求或決策。

5. 催促信：提醒對方履行他們的承諾，以確保任務按時完成。

6. 合約信：編寫合同，明確約定各方的權利、義務、條件和責任。

7. 投訴信：向對方反映不滿或問題，並要求解決方案。

8. 公告信：發佈公告，通知團隊、客戶或合作夥伴重要的事件、更新或變化。

9. 資訊信：提供特定信息或更新，以便其他人了解有關項目的進展。

10. 推銷信：推銷產品、服務或方案，鼓勵潛在客戶採取行動。

11. 警告信：發出警告，提醒對方注意某些事情，以避免可能出現的問題。

12. 請求信：請求對方提供幫助、支持、意見或資源。

13. 邀請信：邀請參加會議、活動、聚會或合作機會，加強關係 ← **後續示範ChatGPT 產生邀請函 e-mail**

14. 調查信：進行調查，收集反饋和意見，以幫助改進產品、服務或過程。

15. 向上報告信：向管理層匯報項目進度、問題、解決方案和建議。
16. 說明信：解釋某些事情、策略、決策或結果，以確保對方理解。
17. 推薦信：推薦某個人或公司，幫助他們獲得更好的商機或機會。
18. 面試邀請信：邀請求職者參加面試，提供面試時間、地點和其他相關信息。
19. 離職信：告知離職原因、離職日期和工作職責，表達對公司的感激和尊重。
20. 紀念信：紀念某些特殊事件、節日或個人成就，表達祝賀和祝福。

▌Step 2 邀請客戶參加本公司資訊展覽

例如：你可以請 ChatGPT 幫你寫以下的 E-mail，邀請客戶參加本公司資訊展覽。

 請幫我寫客戶邀約電子郵件：邀請客戶參加本公司資訊展覽 ◀── 1.輸入提示(prompt)

 尊敬的 [客戶姓名]：◀── 2. ChatGPT產生的結果

您好！我是本公司的 [您的職位]，非常感謝您一直以來對我們公司的支持與信任。

本公司即將在 [展覽地點] 舉辦一場重要的資訊展覽，本次展覽將展示我們公司最新的產品和解決方案，我們誠邀您參加這次展覽。

展覽時間：[展覽時間]
展覽地點：[展覽地點]

此次展覽是我們公司的一次重要機會，我們將展示最新的技術和解決方案，以及我們的市場和行業趨勢分析。您可以在這次展覽中與我們的產品和技術專家交流，了解最新的產品發展和應用情況，同時也可以與其他行業專家和客戶交流互動，擴大您的人脈和交流圈。

如果您能參加這次展覽，將會是我們最大的榮幸。如有任何疑問，請隨時與我們聯繫。

謝謝您對我們公司的支持，期待著您的參與！

此致
敬禮！

12.5　ChatGPT 產生專案各階段會議通知 E-mail

　　管理專案很重要的是「良好溝通」，促進了團隊成員之間的溝通和協作。專案各階段都需要召開會議，專案經理每天都要花很多時間撰寫 E-mail 與專案成員溝通，然而 ChatGPT 可以幫助專案經理寫這些 E-mail 能節省大量時間，讓專案經理可以與團隊快速高效地達成一致。

Step 1　列出規劃與設計階段中需要召開的會議

1. 輸入提示(prompt)

我是專案經理，請列出規畫階段，需要召開那些會議，與會人員、討論議題

以下是在規劃階段需要召開的會議，以及與會人員和討論議題：　**2. ChatGPT 產生的結果**

1. 項目啟動會議　**後續示範ChatGPT產生邀請函 e-mail**
    - 與會人員：專案經理、項目所有人、關鍵利益相關者
    - 討論議題：確定項目目標、範圍、時程、預算和其他關鍵因素
2. 需求收集會議
    - 與會人員：專案經理、客戶代表、相關利益相關者
    - 討論議題：收集客戶需求，確定功能和特性
3. 風險評估會議
    - 與會人員：專案經理、技術專家、風險專家
    - 討論議題：評估可能出現的風險和問題，制定風險管理計劃

5. 技術設計會議
    - 與會人員：專案經理、技術專家、開發人員
    - 討論議題：討論技術架構、設計和實施方案，制定技術實現計劃
6. 成本預算會議
    - 與會人員：專案經理、財務人員、利益相關者
    - 討論議題：制定預算計劃、評估成本和財務預算

7. 進度追蹤會議
   * 與會人員：專案經理、項目團隊、關鍵利益相關者
   * 討論議題：追蹤項目的進度和進展，評估項目風險和問題

你也可以詢問 ChatGPT，在專案的其他階段中需要召開哪些會議、與會人員、討論議題。例如：

* 輸入以下提示：「我是專案經理，請列出設計階段中需要召開哪些會議、與會人員、討論議題」。

* 輸入以下提示：「我是專案經理，請列出開發階段中需要召開哪些會議、與會人員、討論議題」。

* 輸入以下提示：「我是專案經理，請列出測試階段中需要召開哪些會議、與會人員、討論議題」。

* 輸入以下提示：「我是專案經理，請列出部署階段中需要召開哪些會議、與會人員、討論議題」。

* 輸入以下提示：「我是專案經理，請列出維護階段中需要召開哪些會議、與會人員、討論議題」。

Step 2　產生 E-mail 來召開專案啟動會議的提示

例如：我們可以請 ChatGPT 產生 E-mail 來召開專案啟動會議。

1.輸入提示(prompt)

我是專案經理(Bill Lin)，幫我寫e-mail召開專案啟動會議 ←—— Who(寫的人?)
與會人員：專案經理、項目所有人、關鍵利益相關者 ←—— Whom(給對象?)
討論議題：確定專案目標、範圍、時程、預算和其他關鍵因素 ←—— Why(為何要寫?)
時間：2023/04/01 ←—— When(時間?)
地點：公司會議室A ←—— Where(地點)

尊敬的各位： ← 2. ChatGPT產生的e-mail

您好！我是本公司的專案經理 Bill Lin。我很高興通知您，我們將在 2023 年 4 月 1 日，星期五上午 10 點，在公司會議室A舉行專案啟動會議。

此次會議的與會人員包括專案經理、項目所有人和關鍵利益相關者。在會議中，我們將討論確定專案目標、範圍、時程、預算和其他關鍵因素。

我們希望通過此次會議，確定項目的目標和方向，讓我們能夠在進一步的項目規劃中有一 ↓ 明確的目標和框架。同時，此次會議也是一個機會，讓所有與會人員有機會提出任何疑問和建議，以確保項目能夠順利進行。

我們非常重視您的參與和貢獻，希望您能在指定時間到場參加。如果您無法參加，請盡快通知我們，我們將重新安排會議時間。

感謝您的支持和配合，期待著與您在會議中見面！ ↓

此致
敬禮！

STEP 3 產生英文 E-mail 來召開專案啟動會議的提示

若是你的專案成員有外國人，你一樣可以產生英文 E-mail 來召開專案啟動會議。

1.輸入提示(prompt)

 我是專案經理(Bill Lin)，請用英文幫我寫e-mail召開專案啟動會議
與會人員：專案經理、項目所有人、關鍵利益相關者
討論議題：確定專案目標、範圍、時程、預算和其他關鍵因素
時間：2023/04/01
地點：公司會議室A

Dear all, ← **2. ChatGPT產生的英文e-mail**

I am writing to inform you that the project kickoff meeting will be held on Friday, April 1st, 2023 at 10:00am in Conference Room A at our office.

The attendees for this meeting will include the project manager, project sponsor, and key stakeholders. During the meeting, we will be discussing the project goals, scope, timeline, budget, and other critical factors.
We hope that through this meeting, we will be able to establish a clear direction for the project and have a defined framework for further project planning. Additionally, this meeting is an opportunity for all attendees to raise any questions or suggestions to ensure the smooth progression of the project.

Your attendance and contributions are greatly appreciated, and we hope that you wil be able to attend at the designated time. If you are unable to attend, please let us know as soon as possible so that we can arrange an alternative meeting time.

Thank you for your support and cooperation, and we look forward to seeing you at the meeting.

Best regards,

Bill Lin
Project Manager

12.6 整理並產生中文會議紀錄

公司的日常工作中，會議是非常重要的部分，但是每次會議後的會議紀錄往往需要花費很多時間。本小節將介紹如何使用 ChatGPT 自動化產生中文會議紀錄，來節省你大量的時間。

產生中文會議紀錄的提示包含三個部分，説明如下：

1.提示prompt：
請ChatGPT依照下列格式產生會議紀錄

2. 中文會議紀錄格式：
告訴ChatGPT，希望產生的中文會議紀錄格式

3.中文會議發言紀錄：
如何產生會議發言紀錄呢?有以下幾種方式：
- **線上會議(能自動產生發言紀錄)**：很多線上會議軟體都能夠自動產生文字發言紀錄，例如Microsoft Teams - meeting https://reurl.cc/GeAlL3
- **會議錄音(語音轉文字)**：市面上有很多軟體可以將語音檔案轉文字，例如：雅婷逐字稿https://asr.yating.tw/，goodtype可支援多語言轉文字：https://www.mygoodtape.com/
- **人工打字，輸入會議發言紀錄**：不建議採用這種方式，太浪費時間與人力。

STEP 1　輸入產生中文會議紀錄的提示

請輸入提示，以告訴 ChatGPT 希望產生的中文會議紀錄格式（很多公司都有他們自己標準的會議紀錄格式，你可以加以修改來符合公司的格式），以及會議發言紀錄。

1. 提示prompt：請ChatGPT依照下列格式產生會議紀錄

請按以下格式寫會議記錄。
會議主題：[會議主題]
會議資訊：(以表格顯示欄位包括：日期、時間、地點、與會人員)　　[會議資訊(以表格顯示)]
議程(以表格顯示欄位包括：議程項目、討論內容)　[議程(以表格顯示)]
行動項目(以表格顯示欄位包括：行動項目、負責人、截止日期)　[行動項目(以表格顯示)]
會議決議：[會議決議]
下一次會議(以表格顯示欄位包括：日期，時間，地點)　[下次會議日期，(以表格顯示)]

2. 中文會議紀錄格式：告訴ChatGPT，希望產生的中文會議紀錄格式

會議主持人：歡迎各位出席今天的業務會議。今天我們將討論關於市場推廣的最新進展和未來的計劃。首先，我們有來自銷售部門的代表，請您分享一下最近的銷售狀況。

銷售代表：感謝主持人。最近我們的銷售狀況不錯，我們成功地獲得了一些大客戶的訂單。但是我們還需要更多的客戶來實現我們的銷售目標。我們正在與市場部門合作，通過網絡推廣和廣告宣傳來增加知名度和銷售額。

市場部門代表：謝謝銷售代表。我們的市場部門一直在不斷努力推廣產品，通過社交媒體、廣告投放等方式來提高品牌曝光度。但是我們還需要更多的數據來確定哪些渠道是最有效的。我們正在尋找一些新的數據分析工具來幫助我們做出更明智的決策。

3.中文會議發言紀錄：還有很多筆，以上只列出3筆其餘省略

以上是中文會議發言紀錄，詳細內容請參考本書的範例提示。

STEP 2 ChatGPT 產生的中文會議紀錄

上一步驟執行後，ChatGPT 會幫你產生的中文會議紀錄如下：

會議主題：市場推廣進展和計劃 ← **1.會議主題：**ChatGPT依照你輸入的發言紀錄，幫你彙整產生

會議資訊：

日期	時間	地點	與會人員
2023/4/8	10:00am	A廳	銷售、市場、研發、財務、人力資源

2.會議日期、時間、地點：因為我們沒有輸入這些資訊，所以ChatGPT自己產生這些資訊，請修改為正確的內容。

3.與會人員：ChatGPT依照你輸入的發言紀錄，幫你產生與會人員

議程：←—— **4.議程**：ChatGPT幫你由發言紀錄中整理產生議程：包括議程項目與討論內容。

議程項目　　討論內容

議程項目	討論內容
銷售狀況報告	成功獲得大客戶訂單，仍需增加客戶數
市場推廣報告	通過社交媒體、廣告宣傳提高品牌曝光度，需要更多數據分析工具
研發進展報告	開發新產品功能滿足市場需求，與銷售和市場部門合作以確保方向一致
財務狀況報告	監督成本和營收，建議銷售團隊關注高利潤產品銷售
人力資源進展報告	招聘新員工，提高現有員工職業素質和滿意度

行動項目：←—— **5.行動項目**：為實現會議中確定的目標。後續需要採取的步驟。
(ChatGPT幫你由發言紀錄中，整理產生行動項目還有很多筆，以下只列出前4筆其餘省略)

行動項目　　　　　　負責人　　　截止日期：由ChatGPT自動產生，請修改為正確日期

行動項目	負責人	截止日期
尋找新的數據分析工具	市場部門代表	2023/4/19
關注高利潤產品的銷售	銷售部門代表	2023/5/1
招聘新員工	人力資源部門代表	2023/4/30
提高現有員工職業素質和滿意度	人力資源部門代表	2023/6/30

 會議決議：←—— **6.決議事項**：ChatGPT幫你由發言紀錄中整理產生會議決議

1. 市場部門應該尋找新的數據分析工具，以提高決策準確性。

2. 銷售團隊應該加強對高利潤產品的銷售，以提高公司整體盈利能力。

3. 人力資源部門應該持續增加員工的職業素質和滿意度，以提高公司的競爭力。

4. 各部門應該加強協作，關注客戶的反饋，並根據市場變化和競爭對手的動向調整業務策略。

下一次會議：← 7.下次會議

下次會議日期、時間、地點：由ChatGPT自動產生，請修改為正確日期、時間、地點

日期	時間	地點
2023/05/08	14:00-16	會議室B

會議主題：業務會議討論市場反饋和業務策略調整 ← 下次會議主題：由ChatGPT自動產生，請修改為正確主題

當 ChatGPT 無法正確以表格來顯示，則你可以按下「Regenerate Response」按鈕來再次產生會議紀錄。

12.7　產生英文會議紀錄

之前我們已經介紹如何以 ChatGPT 產生中文的會議紀錄，使用同樣的方式，你也可以產生英文的會議紀錄。

STEP 1　產生英文會議紀錄的提示

產生英文會議紀錄的方式與之前產生中文會議紀錄的方式相同。

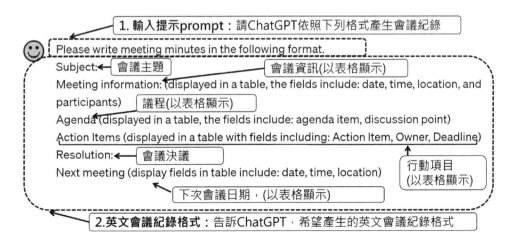

1. 輸入提示prompt：請ChatGPT依照下列格式產生會議紀錄

Please write meeting minutes in the following format.
Subject: 會議主題
Meeting information: (displayed in a table, the fields include: date, time, location, and participants) 會議資訊(以表格顯示)
Agenda (displayed in a table, the fields include: agenda item, discussion point) 議程(以表格顯示)
Action Items (displayed in a table with fields including: Action Item, Owner, Deadline) 行動項目(以表格顯示)
Resolution: ← 會議決議
Next meeting (display fields in table include: date, time, location) 下次會議日期，(以表格顯示)

2.英文會議紀錄格式：告訴ChatGPT，希望產生的英文會議紀錄格式

> Moderator: Welcome to today's business meeting. Today we will discuss the latest developments and future plans regarding marketing. First of all, we have a representative from the sales department, can you please share the latest sales status.
>
> Sales representative: Thank you, moderator. Our sales are going well recently, and we have successfully won orders from some big customers. But we still need more customers to achieve our sales target. We are working with the marketing department to increase awareness and sales through web promotion and advertising.

3.英文會議發言紀錄：還有很多筆，以上只列出2筆其餘省略

以上是英文會議發言紀錄，詳細內容請參考本書的範例提示。

STEP 2 ChatGPT 產生的英文會議紀錄

上一步驟執行後，ChatGPT 幫你產生的英文會議紀錄如下：

Subject: Business Meeting - Marketing and Sales Updates

1.會議主題： ChatGPT依照你的輸入的發言紀錄，幫你彙整產生

Meeting Information:

Date	Time	Location		Participants
2023-04-12	10:00AM	Conference Room		Moderator, Sales Rep, Marketing Rep, R&D Rep, Finance Rep, HR

2.會議日期、時間、地點：因為我們沒有輸入這些資訊，所以ChatGPT自己產生這些資訊，請修改為正確的內容。

3. 與會人員：ChatGPT依照你輸入的發言紀錄，幫你產生與會人員

4.討論議題：ChatGPT幫你由發言紀錄中整理產生Discussion Points：包括議程項目與討論議題。(ChatGPT產生的Discussion Points還有很多筆，只列出前3筆其餘省略)

Agenda:

議程項目　討論議題

Agenda Item	Discussion Point
Sales Update	The sales team has achieved success with some big customers but needs more customers to meet sales targets.
Marketing Update	Marketing has worked hard to increase brand exposure but needs more data analysis tools.
R&D Update	R&D is developing new product features to meet customer needs and working with sales and marketing.

5.行動項目(Action Items)：為實現會議中確定的目標，後續需要採取的步驟。ChatGPT會幫你由發言紀錄中整理產生行動項目。
(ChatGPT產生的行動項目還有很多筆，以下只列出前4筆其餘省略)

Action Items:

截止日期：由ChatGPT自動產生，請修改為正確日期

行動項目　負責人

Action Item	Owner	Deadline
Analyze marketing channel effectiveness	Marketing department	2023-05-01
Develop data analysis tools	Marketing department	2023-06-01
Monitor sales of high-margin products	Sales department	Ongoing
Enhance employee job satisfaction	HR department	Ongoing

6.決議事項：ChatGPT幫你由發言紀錄中整理產生會議決議

Resolution: The meeting was constructive and informative, and all departments will work together to improve the company's products, services, and sales. The action items were assigned to the relevant departments, and the results of the discussions will be compiled into a report for future reference.

Next Meeting: **7.下次會議**

下次會議日期、時間、地點：由ChatGPT自動產生，請修改為正確日期、時間、地點

Date	Time	Location
2023-05-12 日期	10:00AM 時間	Conference Room 地點

12.8 結論

　　本章介紹了 ChatGPT 能協助專案經理進行專案管理、產生專案各階段的相關 E-mail、整理並產生中英文會議紀錄，可提高工作生產力、節省大量的工作時間。你也可以依照本章的說明，使用 ChatGPT 提高工作生產力。

CHAPTER **13**

AI 線上行銷大揭祕：
ChatGPT 助你掌握商機

　　ChatGPT 是一種強大的工具，可用於線上行銷。行銷人員的最大任務之一是內容建立，由於 ChatGPT 的模型經過大量文件的訓練，這些文件是網路上各式各樣的行銷文，所以 ChatGPT 能幫你產生各種行銷文件，幫助你創意發想、提升行銷文字的品質與創意、掌握商機。

13.1　以 6W1H 速查表寫提示來讓 ChatGPT 產生行銷文字

　　ChatGPT 產生行銷文案時，如果你的提示可告訴 ChatGPT 越多詳細資訊，ChatGPT 越能夠產生符合你的需求的行銷文案，為了能夠讓你在輸入提示時，能完整輸入行銷文案的需求，建議你可以依照 6W1H 寫提示讓 ChatGPT 產生行銷文字。

6W1H	說明	提示詞語範例
Who	寫的人？角色扮演？	行銷專家、社群行銷專家、數位行銷專家、SEO 專家等。
What	寫什麼？	網站標題、網站說明、產品標題、產品說明、E-mail 行銷文、fb 行銷文、Instagram 行銷文、推特行銷文、Youtube 行銷、SEO 關鍵字、雜誌廣告文、電視廣告文等。
Whom	行銷對象？	20 歲少女、30 歲上班族、60 歲婦女、30 歲男性等。
Why	為何要寫此文件？	網站行銷、行銷產品、建立品牌形象等。
When	行銷時間？	聖誕節、情人節、新年、結婚紀念日等。
Where	行銷地點？	行銷地點：國家、城市、區域等。
How	文字語氣？	幽默的、正式的、非正式的、俏皮的、自信的、感性的、善解人意的、溫柔的等。

6W1H	說明	提示詞語範例
How	文字風格？	表格式、對話式、有創造力、詳細的、精簡的、啟發性的、新聞性的、故事形式、有說服力、詩意的、加入 SEO 關鍵字等。
How	輸出語言？	英語、繁體中文（台灣）、繁體中文（香港）、簡體中文（中國）等。

以上是 ChatGPT 行銷文字速查表的提示詞語範例，你可以依照不同的產業，自行修改擴充，說明如下：

- Who（寫的人？角色扮演？）：寫的人身分會影響產生文字的內容，你也可以請 ChatGPT 做角色扮演，例如：行銷專家、社群行銷專家。即使是相同的提示，由於角色扮演的不同，產生的文字也不同。

- What（寫什麼？）：ChatGPT 可以產生各式各樣行銷相關的文字。

- Whom（行銷對象？）：對於不同的行銷對象，會產生不同的行銷文字內容。

- Why（為何要寫此文件？）：寫此行銷文件的原因或目的。

- When（行銷時間？）：在不同的節日中，會有不同的行銷活動及行銷文字內容。

- Where（地點？）：很多國際公司都有全球各地的分公司，不同的行銷地點會產生不同的行銷文字內容。

- How（如何寫？）：產生行銷文件的語氣。

- How（如何寫？）：產生行銷文件的文體、風格。

- How（輸出語言？）：設定要產生行銷文件的語言。

13.2　請 ChatGPT 擔任數位行銷的專家

首先，我們可以請 ChatGPT 擔任數位行銷的專家，請它建議我們如何推廣我們的產品或服務。

STEP 1　請 ChatGPT 擔任數位行銷專家

首先，請 ChatGPT 擔任數位行銷專家，後續我們將請它提供建議。

 請擔任數位行銷專家，後續我將提出問題，請依照你的專業回答　← **1.輸入提示 (prompt)**

 好的，我樂意擔任數位行銷專家，請問有什麼問題需要我的幫助嗎？　← **2. ChatGPT 的回應**

STEP 2　請問如何使用行銷渠道來推廣我們的產品或服務

我們可以問 ChatGPT 如何使用行銷渠道來推廣我們的產品或服務。

 請問如何使用行銷渠道來推廣我們的產品或服務？　← **1.輸入提示 (prompt)**

2. ChatGPT的回應

 推廣產品或服務的最佳方式取決於您的目標市場和預算。以下是一些最常見的行銷渠道和如何使用它們的建議：

13.8節：介紹ChatGPT產生包含SEO關鍵字的產品說明

1. 搜尋引擎行銷（Search Engine Marketing, SEM）

　SEM 是透過付費方式在搜尋引擎中推廣產品或服務。透過設定廣告目標關鍵字，當使用者在搜尋引擎上輸入相關關鍵字時，您的廣告就會出現在搜索結果頁面上。這是一種能夠快速獲得曝光率和流量的方式。

13.10~13.11章節：介紹ChatGPT社群行銷

2. 社交媒體行銷（Social Media Marketing, SMM）

SMM 是透過社交媒體平台推廣產品或服務。您可以透過建立社交媒體帳號、分享高質量的內容和透過付費方式投放廣告來推廣產品或服務。透過社交媒體平台，您可以與潛在客戶互動，並增加品牌知名度。

3. 電子郵件行銷（Email Marketing）◀ **13.9章節：介紹ChatGPT客製化e-mail行銷**

透過電子郵件發送營銷訊息給您的潛在客戶和現有客戶，是一種有效的方式。透過電子郵件行銷，您可以直接與客戶溝通，提高客戶忠誠度和促銷。

13.3~13.8章節：介紹ChatGPT產生網站標題與說明、產品標題與說明

4. 內容行銷（Content Marketing）

內容行銷是透過創建高質量且有價值的內容來吸引潛在客戶。這可以包括博客文章、影片、演示文稿、電子書等。透過提供有用的資訊，您可以吸引潛在客戶，提高品牌知名度和建立信任。 **13.13章節：介紹影片行銷，ChatGPT產生Youtube腳本**

5. 影片行銷（Video Marketing）

影片行銷是透過影片來推廣產品或服務。這可以包括宣傳片、教學影片、產品評論等。透過影片行銷，您可以吸引更多的潛在客戶，增加品牌知名度和提高客戶忠誠度。

Step 3　請問如何使用行銷渠道來推廣我們的某一個產品

上一步驟中 ChatGPT 會回答原則型的建議，我們也可以直接問 ChatGPT：「如何使用行銷渠道來推廣我們的某一個產品？」ChatGPT 會提供針對此產品更具體的建議。

 請問如何使用行銷渠道來推廣我們的產品：貓眼石項鍊? ◀ **1.輸入提示(prompt)**

 推廣貓眼石項鍊的最佳方式，可以使用以下幾種行銷渠道： ◀ **2. ChatGPT 的回應**

1. 社交媒體行銷（Social Media Marketing, SMM）

透過建立社交媒體帳號並分享貓眼石項鍊的相關內容和圖片，例如產品資訊、穿搭建議、使用心得等等。透過這些內容的分享，您可以提高品牌知名度，並且透過社交媒體平台上的廣告投放功能，可以增加潛在客戶的曝光率和流量。

2. 搜尋引擎行銷（Search Engine Marketing, SEM）

透過搜尋引擎廣告系統，設定廣告目標關鍵字，例如貓眼石、貓眼石項鍊等關鍵字。當使用者在搜尋引擎上輸入這些關鍵字時，您的廣告就會出現在搜索結果頁面上，這能夠提高產品的曝光率和流量。

3. 影片行銷（Video Marketing）

可以製作貓眼石項鍊的相關影片，例如介紹產品的特點、產品穿搭等等。透過影片行銷，您可以提高潛在客戶的興趣和忠誠度。

4. 網路廣告（Display Advertising）

可以透過網路廣告在網站、社交媒體、網路雜誌等網站上投放廣告，提高品牌知名度和產品曝光率。

5. 合作行銷（Co-Marketing）

可以透過與其他品牌或產品進行合作，例如與寵物用品品牌合作，提供貓狗主人貓眼石項鍊和寵物食品、寵物衣服等相關產品的套餐優惠，增加曝光率和銷售量。

13.3　ChatGPT 幫忙想 10 個網站標題

假如你是網站或電子商務平台經營者，想建立一個屬於自己的賣場網站，首先你必須先想賣場網站的標題，ChatGPT 可以建議你吸引人的標題。

Step 1　提示：請 ChatGPT 發想 10 個網站標題

當我們請 ChatGPT 發想 10 個網站標題時，如果我們都不提供任何資訊，ChatGPT 可能會天馬行空產生各種的網站標題，而不符合我們的需求，所以在此我們提供網址與網站產品介紹，讓 ChatGPT 能夠產生符合我們需求的網站標題。

> **1.請ChatGPT發想10個網站標題**
>
> 😊 請幫我想以下網站的10個標題：
> https://shopee.tw/vivianscloset ← **2. 提供：網址**
> 1. 新品: 手創嬰幼童裝、國外採購精品、居家用品、服飾、配件...。 2. 藝術文創品: 布料、畫作原作、文創、手作商品。 3. 二手: 嬰幼童裝、女裝、配件、居家用品...
>
> **3.提供：網站產品介紹**

以上提供的網址，ChatGPT 實際上不會連網去看你的網站，但是它可以從網址中的英文了解你的網站。

Step 2　ChatGPT 產生 10 個網站標題

上一步驟執行後，ChatGPT 會產生 10 個網站標題如下：

1. ChatGPT產生10個網站標題

1. 愛不釋手！手創嬰幼童裝、精品配件熱銷中！
2. 精品藝術文創品，限量布料、原創畫作等你來收藏！
3. 環保又省錢！二手女裝、嬰童裝、居家用品大拍賣！
4. 一站式購物，國外採購精品、居家生活用品一應俱全！
5. 安心選購，品質保證！各式嬰童裝、配件，網羅在Vivian's Closet！
6. 華麗婚禮、浪漫約會必備！精緻飾品、手工珠寶，滿足妳的美麗心願！
7. 輕鬆DIY，手作愛好者必看！手工材料、DIY包材、文創用品一應俱全！
8. 零距離接觸藝術！原作畫作、文創手作商品，讓妳品味獨特的生活風格！

↺ Regenerate response

2. 如果都不滿意：你可以按下
「Regenerate response」按鈕再次產生

13.4　ChatGPT 幫忙想 10 個簡體中文的網站標題

如果你們是國際公司，那麼你們製作的網站也必須是多語系，ChatGPT 能幫你產出多語系的行銷文字。

Step 1　請 ChatGPT 發想 10 個簡體中文的網站標題

例如：以下請 ChatGPT 發想 10 個簡體中文的網站標題。

1.請ChatGPT發想10個簡體中文網站標題

☺ 請幫我想以下網站的10個標題：
https://shopee.tw/viviemscloset ← **2. 提供：網址**

3.提供：網站產品介紹

1. 新品: 手創嬰幼童裝、國外採購精品、居家用品、服飾、配件...。 2. 藝術文創品: 布料畫作原作、文創、手作商品。 3. 二手: 嬰幼童裝、女裝、配件、居家用品...。

行銷地點：中國 ← **4. 行銷地點**

輸出語言：簡體中文(中國) ← **5. 輸出語言**

Step 2　ChatGPT 產生 10 個簡體中文的網站標題

上一步驟執行後，ChatGPT 會產生 10 個簡體中文的網站標題如下：

1. ChatGPT產生10個簡體中文網站標題

1. 时尚新品上市，手工制作婴幼儿服装、精选海外精品！
2. 独特的艺术创意品，包括布料、原创画作、手工创意商品等等！
3. 二手货源丰富，婴幼儿服装、女装、配件、家居用品...应有尽有！
4. 【限时特惠】抢购！家居用品和配件低至5元起！
5. 为你的宝宝精选优质婴幼儿服装，亲肤舒适·安全可靠！
6. 【全场包邮】满199元免邮费，现在下单，即享受免邮特权！
7. 色彩缤纷，款式多样的女装服饰，轻松打造你的时尚搭配！
8. 闲暇时光，你需要的家居用品和文化创意品，尽在ViviansCloset！

↻ Regenerate response ← **2. 如果都不滿意：你可以按下「Regenerate response」按鈕再次產生**

以上你可以發現不僅文字產出是簡體中文，而且其中的用語也是中國大陸式的用語。

13.5　ChatGPT 幫忙想網站說明

你可以請 ChatGPT 幫忙想網站說明。

STEP 1 ChatGPT 幫忙想 200 字的網站説明

 請幫我想200字的網站説明 ← **1. 輸入提示(prompt)：請ChatGPT產生網站説明**

Vivian's Closet是一個網路購物平台，提供多種商品類別，包括手創嬰幼童裝、精品國外採購、居家用品、服飾、配件、藝術文創品、二手商品等等。我們相信每一位消費者都可以在這個平台上找到自己喜歡的商品。

首先，我們提供的手創嬰幼童裝款式多樣，不僅有可愛的印花圖案，還有簡單大方的基本款式，讓您的寶寶穿上感到舒適自在。另外，我們的精品國外採購商品不但高品質，也都經過嚴格的挑選，讓您在購物的同時，享受到優質的購物體驗。

其次，我們的居家用品種類豐富，從枕頭、毛巾到餐具、花瓶等等，都能滿足您對居家生活的需求。在服飾和配件方面，我們提供多種風格、設計各異的商品，無論您是走甜美風、閒風、復古風、還是其他風格，都能在這裡找到適合自己的商品。

2.ChatGPT產生的網站説明

STEP 2 ChatGPT 幫忙想 200 字的條列式網站説明

如果你比較喜歡條列式網站説明，你也可以依照下列的方式產生。

請幫我想200字的條列式網站説明 ← **1.輸入提示：**
請ChatGPT產生條列式網站説明

以下是Vivian's Closet網站的條列式説明：
- 商品類別多樣：我們提供多種商品類別，包括手創嬰幼童裝、精品國外採購、居家用品、服飾、配件、藝術文創品、二手商品等等。
- 手創嬰幼童裝：我們提供多種可愛的印花圖案和簡單大方的基本款式，讓您的寶寶穿上感到舒適自在。
- 精品國外採購：我們的精品商品都經過嚴格挑選，且品質優良，讓您享受到購物的樂趣。
- 居家用品：我們提供多種居家用品，從枕頭、毛巾到餐具、花瓶等等，都能滿足您對居家生活的需求。
- 服飾和配件：我們提供多種風格、設計各異的服飾和配件，讓您能夠找到適合自己的商

2.ChatGPT產生的網站説明

13.6　ChatGPT 幫忙想 10 個產品標題

當我們有了網站之後，我們就可以在網站上面行銷我們的產品。我們必須先想產品的標題，而 ChatGPT 可幫忙想產品標題。

STEP 1　請 ChatGPT 發想 10 個產品標題

我們提供產品簡介，請 ChatGPT 發想 10 個產品標題。

☺ 請幫我想10個產品標題

產品簡介：時尚-海豚造型-海綠色貓眼石項鍊!!(石可轉動)(附禮盒)-高貴獨特風格的珠寶-男女皆適用-送禮自用兩相宜

> 1. 輸入提示(prompt)：請ChatGPT發想10個產品標題
>
> 2.提供：產品簡介

STEP 2　ChatGPT 產生 10 個產品標題

上一步驟執行後，ChatGPT 會產生 10 個產品標題如下：

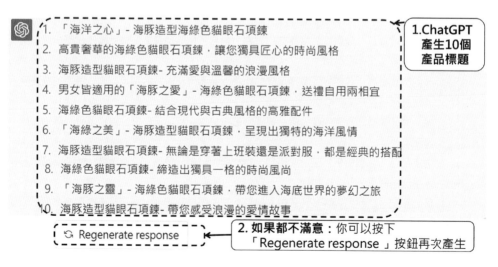

1. 「海洋之心」- 海豚造型海綠色貓眼石項鍊
2. 高貴奢華的海綠色貓眼石項鍊，讓您獨具匠心的時尚風格
3. 海豚造型貓眼石項鍊- 充滿愛與溫馨的浪漫風格
4. 男女皆適用的「海豚之愛」- 海綠色貓眼石項鍊，送禮自用兩相宜
5. 海綠色貓眼石項鍊- 結合現代與古典風格的高雅配件
6. 「海綠之美」- 海豚造型貓眼石項鍊，呈現出獨特的海洋風情
7. 海豚造型貓眼石項鍊- 無論是穿著上班裝還是派對服，都是經典的搭配
8. 海綠色貓眼石項鍊- 締造出獨具一格的時尚風尚
9. 「海豚之靈」- 海綠色貓眼石項鍊，帶您進入海底世界的夢幻之旅
10. 海豚造型貓眼石項鍊- 帶您感受浪漫的愛情故事

↻ Regenerate response

> 1.ChatGPT 產生10個產品標題
>
> 2. 如果都不滿意：你可以按下「Regenerate response」按鈕再次產生

13.7 ChatGPT 幫忙想產品說明

上一小節中已經產生產品標題，你可以選擇一個產品標題修改之後，請 ChatGPT 想產品說明。

STEP 1 請 ChatGPT 幫忙想產品說明

對於不同的產品標題，產品說明也不同，所以在此我們必須提供我們所選擇的產品標題給 ChatGPT。

> **1. 輸入提示(prompt)：請ChatGPT幫忙想產品說明**
>
> 請幫我想200字的產品說明
> 產品標題：海豚造型海綠色貓眼石項鍊 - 時尚珠寶的完美代表 **2.提供產品標題**
>
> 這款海豚造型海綠色貓眼石項鍊是一款高貴獨特風格的珠寶，男女皆適用，非常適合送禮自用兩相宜。項鍊的設計充滿著海洋風格，海豚造型呈現出高貴優雅的風格，綠色貓眼石的光芒輝映著您的氣質，讓您瞬間置身於大海之中。這款項鍊經過精心的設計與製作，以綠色貓眼石為主角，綻放出迷人的光芒。石頭可旋轉，令人心情舒暢，散發出令人陶醉的氛圍。
>
> 項鍊的材質採用高品質的不銹鋼，經過精湛的手工鑲嵌，呈現出完美的細節，質感優良。項鍊附贈精美禮盒，不僅保護項鍊，更可以作為送禮的完美選擇。

3.ChatGPT產生：產品說明

STEP 2 請 ChatGPT 幫忙想條列式產品說明

如果你比較喜歡條列式產品說明，你可以依照下列的方式產生。

1.輸入提示： 請ChatGPT產生條列式產品說明

 請幫我想200字的條列式產品說明

產品標題：海豚造型海綠色貓眼石項錬－時尚珠寶的完美代表 2.提供產品標題

這款海豚造型海綠色貓眼石項錬是一款時尚珠寶，下面是它的詳細條列式產品說明：

- 設計：海洋風格的設計，海豚造型呈現出高貴優雅的風格，綠色貓眼石的光芒輝映著您的氣質，讓您瞬間置身於大海之中。
- 材質：採用高品質的不銹鋼，經過精湛的手工鑲嵌，呈現出完美的細節，質感優良，不易褪色、變形或腐蝕。
- 功能：石頭可旋轉，令人心情舒暢，散發出令人陶醉的氛圍。
- 適用性：男女皆適用，無論是配搭休閒裝還是正式場合，都能為您增添一份高雅品味。

3. ChatGPT產生：條列式的產品說明

13.8 ChatGPT 產生包含 SEO 關鍵字的產品說明

　　潛在的產品購買者可能會使用搜尋引擎或賣場平台的搜尋功能，來輸入關鍵字搜尋產品，如果我們在產品說明加入 SEO 關鍵字，就能夠增加被使用者搜尋到的機率。

STEP 1 請 ChatGPT 想 10 個 SEO 關鍵字

　　首先，我們可以請 ChatGPT 想 10 個 SEO 關鍵字。

1. 輸入提示(prompt)：請幫我將以上產品，想10個SEO關鍵字

😊 請幫我將以上產品，想10個SEO關鍵字

🤖 以下是時尚海豚造型綠色貓眼石項鍊的10個SEO關鍵字：

1. 海豚造型項鍊
2. 貓眼石珠寶
3. 時尚項鍊　　　　← **2. ChatGPT產生： 10個SEO關鍵字**
4. 綠色項鍊
5. 珠寶禮物
6. 優雅氣質
7. 造型獨特
8. 綠色貓眼石

ChatGPT 產生的 10 個關鍵字中，你可以選擇部分關鍵字加入到產品說明。

Step 2　請 ChatGPT 產生包含 SEO 關鍵字的產品說明

以下的提示是請 ChatGPT 產生條列式產品說明，與上一小節相同，只是我們加入了 SEO 關鍵字。

1.輸入提示： 請ChatGPT產生條列式產品說明

😊 請幫我想200字的條列式產品說明
包含關鍵字：時尚項鍊、海豚造型項鍊、貓眼石　← **提供SEO關鍵字**
產品標題：海豚造型海綠色貓眼石項鍊 - 時尚珠寶的完美代表 ← **提供產品標題**

▎Step 3　ChatGPT 產生包含 SEO 關鍵字的產品說明

上一步驟執行後，ChatGPT 就會產生包含 SEO 關鍵字的產品說明如下：

 這款海豚造型海綠色貓眼石項鍊是一款兼具時尚與個性的珠寶，下面是它的詳細條列式產品說明：

- 設計：海豚造型項鍊，展現出優雅與高貴的風格，讓您成為時尚達人。
- 材質：採用高品質的不銹鋼，經過嚴格的檢測，質感優良，不易變形或腐蝕。
- 石頭：綠色貓眼石是珠寶界中的名貴寶石，其獨特的色澤和閃爍的光芒能夠讓您散發出自信、知性、優雅等氣質。
- 功能：石頭可旋轉，令人心情舒暢，散發出令人陶醉的氛圍，是一款兼具美觀與實用性的項鍊。
- 適用性：男女皆適用，無論是配搭休閒裝還是正式場合，都能為您增添一份高雅品味。
- 禮盒：附贈精美禮盒，不僅保護項鍊，更可以作為送禮的完美選擇，是送禮自用兩相宜的產品。
- 用途：可以用來搭配各種衣服，增添您的時尚感，同時也是送給親朋好友的最佳選擇。

13.9　ChatGPT 客製化 E-mail 行銷

　　「客製化行銷」（Customized Marketing）是一種針對消費者的個別需求和興趣進行個性化行銷的策略。其主要目的是增強品牌與消費者之間的互動，提高消費者的參與度和忠誠度，從而實現更好的銷售效果。ChatGPT 能夠幫我們依照不同客戶屬性來產生行銷文字，例如：依照不同的年齡發想行銷 E-mail。

∣Step 1　針對 20 歲少女，寫貓眼石項鍊的行銷 E-mail

> **1. 輸入提示(prompt)：針對20歲少女，寫"貓眼石項鍊"行銷e-mail**

 用繁體中文針對20歲少女，寫"貓眼石項鍊"行銷e-mail

 親愛的xx小姐，

你是否正在尋找一款既時尚又獨特的項鍊來點綴你的日常穿搭呢？現在，我們為你推薦一款貓眼石項鍊，讓你在街頭、校園中輕鬆成為時尚焦點！　**2. ChatGPT產生的e-mail：針對年輕人**

貓眼石項鍊是一款以貓眼石為主題的設計，綠色的閃爍光芒和貓眼石獨特的形態，讓這款項鍊顯得格外迷人。它簡約時尚的設計風格，讓你可以輕鬆地與不同的服飾進行搭配，展現出自己的時尚品味。

現在，我們為新客戶提供優惠促銷，你只需要在我們的網站上完成註冊並使用促銷碼，即可獲得折扣和贈品。立即前往我們的網站選購，讓貓眼石項鍊為你帶來更多驚喜和美好！
　xx珠寶公司敬上

∣Step 2　針對 60 歲婦女，寫貓眼石項鍊的行銷 E-mail

> **1. 輸入提示(prompt)：針對60歲少女，寫"貓眼石項鍊"行銷e-mail**

 用繁體中文針對60歲婦女，寫"貓眼石項鍊"行銷e-mail

 親愛的xx女士，

您是否正在尋找一款高品質、獨特的珠寶來為自己的穿搭增添光彩？我們為您介紹一款貓眼石項鍊，結合經典元素和時尚設計，為您呈現出不同凡響的優雅氣質。

2. ChatGPT產生的e-mail：針對年長女性

貓眼石項鍊以貓眼石為主題，綠色閃爍的光芒和貓眼石的獨特形態，展現出一種獨特的美感，更是呈現出您迷人的成熟風情，此外，貓眼石項鍊的設計簡約而不簡單，完美地融合了經典與時尚，讓您能夠輕鬆地搭配各種服飾，展現出獨特的品味與氣質。

現在，我們為您提供優惠促銷活動，您可以在我們的網站上購買到心儀的貓眼石項鍊，同時還可以享受優惠價格和贈品。請您立即前往我們的網站選購，並使用您的優惠碼享受折扣和贈品。讓貓眼石項鍊成為您穿搭的完美配飾，也是您對愛的表現。

▌Step 3　針對 30 歲男性，寫給女朋友的行銷 E-mail

> **1. 輸入提示(prompt)：針對30歲男性，寫"貓眼石項鍊"行銷e-mail**

 用繁體中文針對30歲男性，寫"貓眼石項鍊"送給女朋友的行銷e-mail

 親愛的先生：

> **2. ChatGPT產生的e-mail：女朋友行銷**

您是否正在尋找一份特別的禮物，讓您的女朋友感受到您的愛和關心，貓眼石項鍊是一款兼具時尚和高品質的禮物，它不僅能夠為您的女朋友帶來美麗，更是一份富有意義和紀念價值的禮物。

貓眼石項鍊以貓眼石為主題，綠色閃爍的光芒和貓眼石的獨特形態，展現出女性的優雅氣質，更能夠突顯女性的個性魅力。貓眼石項鍊的簡約設計風格，與不同的服飾搭配都非常得宜，讓您的女朋友可以在日常穿搭中展現出自己獨特的風格。

祝您和女朋友永遠幸福快樂！

xx珠寶公司敬上

13.10　ChatGPT fb 社群行銷

「社群行銷」（Social Media Marketing）是一種利用社交媒體平台，與目標客戶進行互動、促進品牌認知、銷售和忠誠度的行銷策略。社交媒體平台提供了一個可以與消費者互動和分享訊息的平台，因此成為品牌宣傳和銷售的重要渠道之一。ChatGPT 能在不同社群平台（如 fb、instagram、推特等）幫你產生吸引人的行銷文字，並以個性化方式與行銷受眾互動，來提高社群平台上的受眾參與度。例如：使用以下的提示能幫你產生 fb 推文的標題、內文、建議照片、HashTag。

> **1. 輸入提示(prompt)：產生fb推文**

 用繁體中文寫"貓眼石項鍊"facebook推文：標題、內文、建議照片、HashTag

2.ChatGPT產生：fb推文

標題：【限時特價】貓眼石項鍊，搶購價 $599！ ← fb標題

fb內文

內文：優雅時尚的貓眼石項鍊現在限時特價！搶購價只要 $599，就能擁有這款精美的飾品，讓您更顯得迷人優雅！貓眼石象徵著祥瑞，能夠為您帶來好運和好兆頭，也是送禮的絕佳選擇！趕緊下單，限量供應，不要錯過！

建議照片

建議照片：建議使用一張高清晰度的貓眼石項鍊照片，讓消費者可以清晰地看到每一個細節和質感。

HashTag：#貓眼石項鍊 #限時特價 #優雅時尚 #送禮佳品 ← HashTag

13.11 ChatGPT Instagram 社群行銷

「Instagram 行銷」是一種透過 Instagram 平台來推廣產品或服務的行銷策略。Instagram 是一個主要以圖片和視頻分享為主的社交媒體平台，擁有數以億計的使用者，其中包括了很多潛在的客戶和目標受眾。通過 Instagram 行銷，企業可以與使用者互動，推廣品牌和產品，提高知名度和銷售量。

由於 instagram 年齡層比較年輕，以下的提示使用可愛的文風來產生 instagram 標題與內文，還有建議照片、Hashtags。

1. 輸入提示：用可愛的文風，產生instagram標題與內文，建議照片、Hashtags。

 用的可愛的文風，產生instagram標題與內文，建議照片、Hashtags。

標題：喵喵喵！貓奴們，你們的寶貝需要這款可愛的貓耳朵項鍊！🐱🖤　**2.ChatGPT 產生的 instagram 行銷文**

內文：← **內文**

嗨喵友們！你們的貓咪是否已經成為了你們生活中不可或缺的一部分？如果是的話，那麼你們的寶貝一定需要這款可愛的貓耳朵項鍊啦！🐾🖤 ← **加上可愛的特殊符號**

這款貓耳朵項鍊適合所有喵星人和喜歡貓咪的人，讓你們更加貼近貓咪的世界！而且，項鍊上的貓咪耳朵造型超可愛，讓你的寶貝看起來更加迷人！😍

不管是和貓咪出門逛街還是在家中和貓咪玩耍，這款貓耳朵項鍊都是必備的！讓你們和你們的貓咪更加可愛和迷人，吸引所有人的目光！✨

還等什麼呢？趕快讓你們的喵星人也擁有一個可愛的貓耳朵項鍊吧！🐱🖤

建議instagram的照片

建議照片：在家中拍攝，可以請模特戴上貓耳朵和貓咪一起拍攝照片，增添可愛和趣味性。可以拍攝一些和貓咪一起互動的照片，例如和貓咪一起玩球、吃飯等，讓照片更有趣味性。

Hashtags: #貓奴必備 #貓耳朵項鍊 #喵星人 #貓咪造型 #可愛配件 #寵物愛好者 #寵物配件 #貓奴生活 #貓咪愛好者

建議instagram的HashTag

以上 ChatGPT 產生的 instagram 標題與內文非常可愛，而且建議的照片也很有趣。

13.12　ChatGPT 節慶行銷

「節慶行銷」（Holiday Marketing）是指在特定節日或節慶期間，例如：情人節、聖誕節、萬聖節、中秋節、春節等，品牌利用節慶主題進行的行銷活動，以吸引消費者購買其產品或服務。這種行銷方式通常會結合節慶的文化、傳統和價值

觀，以建立一種與消費者情感共鳴的氛圍。ChatGPT 能在不同平台上，例如：fb、instagram、推特等平台，幫你產生不同的節慶行銷文字。

由於 instagram 年齡層比較年輕，以下的提示使用活潑的文風來產生「情人節」的 instagram 標題與內文，還有建議照片。

1. 輸入提示：用活潑的文風，產生「情人節」instagram標題與內文，建議照片

☺ 用的活潑的文風，產生 「情人節」 instagram：標題、內文，建議照片、Hashtags。

⬡ 標題：情人節最甜蜜的禮物，就是這款巧克力項鍊！📱💜 ← **2.ChatGPT產生的 instagram行銷文**

內文：← **內文**

嗨大家！情人節快到了，想必大家也在為情人節禮物煩惱吧！那麼小編今天為大家推薦一款超甜蜜的巧克力項鍊，讓你們的情人節更加甜蜜和浪漫！😍💜

這款巧克力項鍊不僅是可愛，還充滿著甜蜜和浪漫的氣息。項鍊上掛著一個巧克力造型，透過這個小小的巧思，呈現出充滿愛意的情人節氛圍。而且，項鍊上還有一個小小的心形造型，更加突出了甜蜜和浪漫的氣息！✨

這款巧克力項鍊適合男女皆宜，是一個不容錯過的精美禮物，無論是在辦公室還是在派對中都能成為焦點。讓你的另一半在每一個場合中都散發著甜蜜和浪漫的氣息！🥰

還等什麼？趕快給你的戀人一份甜蜜的禮物，讓他/她感受到你的愛意和甜蜜！🍫

建議instagram的照片

建議照片：在一個浪漫的環境中拍攝，例如在咖啡館、花園等地方。可以拍攝一些手持項鍊的照片，或者將項鍊放在巧克力盒中拍攝，增添情人節的氛圍。可以將照片加上紅色的濾鏡，或者心形的貼圖，更加突出浪漫的氣息。

Hashtags: #情人節禮物 #巧克力項鍊 #甜蜜禮物 #情人節浪漫 #男女皆宜 #戀人必備 #愛情禮物 #情人節氣氛 #浪漫禮物

建議instagram的HashTag

以上 ChatGPT 產生的 instagram 標題與內文非常活潑，而且建議的照片也很有趣。

13.13　影片行銷：ChatGPT 產生 Youtube 腳本

「影片行銷」是指利用影片媒體進行產品或品牌宣傳的行銷策略，這種行銷方式已經成為現代網路行銷中的重要組成部分，因為人們對視覺內容的關注度越來越高。現代 Youtube 網紅行銷非常盛行，ChatGPT 也能幫你產生 Youtube 腳本。

Step 1　輸入 6W1H 提示：產生 Youtube 腳本

以下我們採用 6W1H 的方法寫提示，由於需求列得太詳細，可能會限制 ChatGPT 產生文件的創意，所以在此我們只簡單地列出產生 Youtube 腳本的需求，讓 ChatGPT 發揮創意。

請寫一個Youtube影片腳本 ←————————What　　寫什麼？
介紹公司新產品：手機 ←————————Why　　為何要寫此文件？
目標客群：20-40歲、學生、上班族、家庭主婦 ←————Whom　給對象？
時間：現代 ←————————When　　時間？
地點：台北 ←————————Where　　地點？
風格：時尚 ←————————How　　風格？

Step 2　ChatGPT 產生 Youtube 腳本

執行後，ChatGPT 就能依照我們的需求產生 Youtube 腳本。

開場：　　　　　　　● 依照提示(prompt)的要求：時尚風格

影片開始，出現一個時尚的場景，可以是一個現代的咖啡店或是一個設計感十足的辦公室。配合著輕快的音樂，一名年輕的主持人出現在畫面中，向觀眾問好。

主持人：大家好，歡迎來到我們的影片，今天我們要向大家介紹一款全新的手機，它擁有許多令人驚艷的功能，特別是針對年輕族群所設計，非常適合學生、上班族和家庭主婦使用。現在就跟著我們一起來了解吧！

介紹產品特點：

主持人：現在，讓我們來看看這款手機有哪些特點吧！首先，它採用了最新的技術，擁有超高清的螢幕和超強的處理器，讓你可以在使用上有更順暢的體驗。此外，它還擁有一個非常優秀的相機系統，可以拍攝出色的照片和影片，絕對讓你在社交媒體上脫穎而出。

除此之外，這款手機還有一個非常實用的功能，那就是它可以將你的手機變成一個行動辦公室，讓你隨時隨地處理工作，提高你的工作效率。

針對不同客群的特別設計：　　● **依照提示(prompt)的要求：目標客群學生**

主持人：除了這些基本功能之外，這款手機還有一些針對不同客群的特別設計。比如，針對學生，這款手機有一個非常棒的學習模式，可以讓你更加專注於學習，還有一個非常方便的課程表功能，讓你可以更加有效地管理自己的時間。

● **依照提示(prompt)的要求：目標客群上班族**

對於上班族來說，這款手機還有一個智能的行程規劃功能，可以根據你的日程安排自動安排路線和提醒，讓你不再擔心遲到或是錯過重要的會議。

針對不同客群的特別設計：

主持人：除了這些基本功能之外，這款手機還有一些針對不同客群的特別設計。比如，針對學生，這款手機有一個非常棒的學習模式，可以讓你更加專注於學習，還有一個非常方便的課程表功能，讓你可以更加有效地管理自己的時間。

對於上班族來說，這款手機還有一個智能的行程規劃功能，可以根據你的日程安排自動安排路線和提醒，讓你不再擔心遲到或是錯過重要的會議。

最後，針對家庭主婦，這款手機還有一個非常實用的家庭管理功能，可以讓你輕鬆管理家庭
主持人：支出、行事曆和家庭成員的聯絡資訊。此外，還有一個簡單易用的購物清單功能，讓你輕鬆地記錄需要購買的物品，而不用再擔心忘記了什麼。

● **依照提示(prompt)的要求：目標客群家庭主婦**

手機外觀設計：

主持人：除了這些功能之外，這款手機的外觀設計也非常吸引人。它的機身採用了最新的時尚設計風格，外觀簡潔大方，顏色也非常多樣化，讓你可以選擇最喜歡的顏色。

而且，這款手機的重量非常輕，握在手上非常舒適，非常適合日常使用。同時，它還採用了最新的防水防塵技術，讓你可以在任何環境下使用，不必擔心損壞。

推薦購買：

主持人：總而言之，這款手機非常適合20-40歲的學生、上班族和家庭主婦使用，它擁有許多令人驚艷的功能，而且外觀設計也非常時尚，絕對能夠滿足你的需求。

所以，如果你正在尋找一款功能強大且外觀時尚的手機，那麼這款手機絕對是你的不二之選。現在就點擊下方的購買鏈接，開始體驗它帶給你的無限可能吧！感謝各位觀眾的收看，我們下期再見！

　　你可以繼續發揮你的創意，要求 ChatGPT 修改 Youtube 腳本，例如：你可以嘗試輸入以下的提示：「修改為情人節促銷」、「修改為更多幽默有趣」、「請將 Youtube 影片腳本加入配樂」，你可以無限要求修改 Youtube 腳本，直到你滿意為止。

13.14 結論

　　本章中我們請 ChatGPT 擔任數位行銷專家給我們建議，並使用 ChatGPT 幫忙發想網站標題與說明、產品標題與說明、含 SEO 關鍵字的產品說明、客製化行銷，fb、Instagram 社群行銷、節慶行銷、影片行銷，ChatGPT 真是強大的行銷工具。

Talk-to-ChatGPT 擴充：
與 ChatGPT 輕鬆語音對話

ChatGPT 目前是純文字模式，必須使用鍵盤輸入提示，然後 ChatGPT 以文字回應。然而，如果你有安裝 Talk-to-ChatGPT 擴充，透過你的麥克風與 ChatGPT 交談，並透過語音聽到 ChatGPT 的回應，此功能很適合不太會使用鍵盤輸入的小朋友以及使用於語言學習。

14.1 安裝 Talk-to-ChatGPT 擴充

首先介紹如何在 Chrome 瀏覽器安裝 Talk-to-ChatGPT 擴充。

▌Step 1 搜尋 Talk-to-ChatGPT 擴充

▌Step 2 Chrome 線上應用程式商店：擴充頁面

上一步驟完成後，會開啟 Chrome 線上應用程式商店的 Talk-to-ChatGPT 擴充頁面，請依照下列步驟將擴充加到 Chrome。

STEP 3　將 Talk-to-ChatGPT 擴充加入 Chrome

上一步驟完成後，會開啟「新增擴充」對話框，請依照下列的步驟新增此擴充功能。

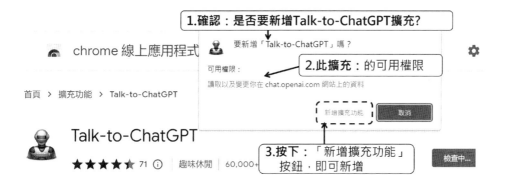

14.2　執行 Talk-to-ChatGPT 擴充

之前我們已經安裝 Talk-to-ChatGPT 擴充，接下來將執行 Talk-to-ChatGPT 擴充。

STEP 1　進入 ChatGPT 介面

進入 ChatGPT 介面後，就可以看到 Talk-to-ChatGPT 擴充。

STEP 2　開始使用麥克風講話輸入提示

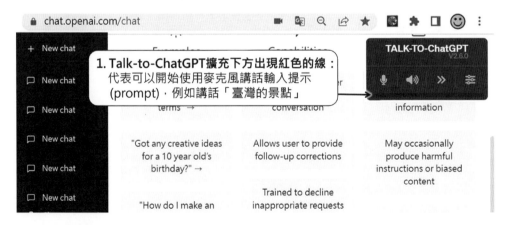

Step 3　語音播放 ChatGPT 回答

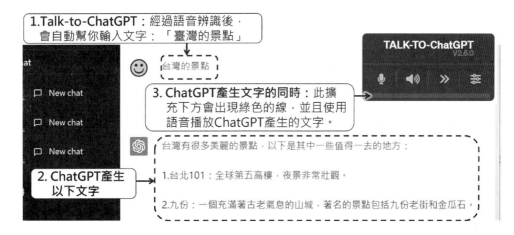

Step 4　Talk-to-ChatGPT 工具列介紹

Talk-to-ChatGPT 擴充的工具列能執行或設定 Talk-to-ChatGPT 擴充的功能，説明如下：

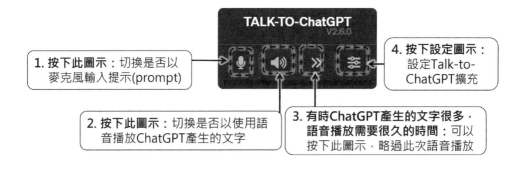

14.3 設定 Talk-to-ChatGPT 擴充學習英語

上一小節已經了解 Talk-to-ChatGPT 擴充的基本使用方式，接下來介紹如何設定 Talk-to-ChatGPT 擴充，能讓它發揮更多功能。

Step 1 按下設定圖示

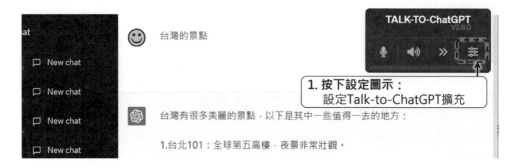

Step 2 Talk-to-ChatGPT 擴充：預設設定介紹

上一個步驟中按下設定圖示後，會出現以下的設定畫面，由於瀏覽器的設定是臺灣的繁體中文，所以預設語音辨識與播放語音會自動設定為「中文」。

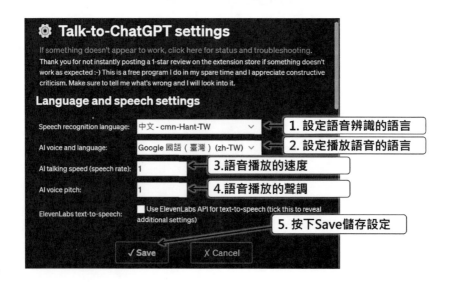

Step 3　Talk-to-ChatGPT 擴充：學習英語的設定

如果你希望使用 Talk-to-ChatGPT 擴充來學習英語，你可以將語音辨識與播放語音改為「美式英語」。

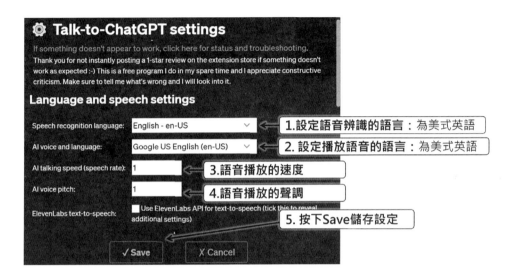

以上設定完成後，你就可以透過此擴充以口說英語與 ChatGPT 溝通，並且 ChatGPT 也會用英語語音回答。如果你要學習日語或法語，你都可以設定為你要學習的語言。

14.4　設定不要自動送出

Talk-to-ChatGPT 擴充預設設定是「說出一句話後，經過短暫時間語音辨識，所產生的文字會自動送出給 ChatGPT」，這樣的好處是「說一句話後 ChatGPT 就會自動以語音回應，感覺很自然與 ChatGPT 語音對話」，而缺點是「無法說很多句話後，再送出至 ChatGPT」。本小節會介紹可以語音輸入很多句話之後，說「送出」才會送出至 ChatGPT。

▎STEP 1　切換至下一頁設定

> **1.使用「拖曳卷軸」或「滑鼠滾輪」：**
> 至下一頁設定

▎STEP 2　Voice Control 設定說明

　　上一個步驟中，使用「拖曳捲軸」或「滑鼠滾輪」至下一頁後，會出現以下 Voice Control 設定畫面。

> **1.是否自動送出(預設勾選)：**說出一句話，經過語音辨識後，所產生文字，會自動送出至ChatGPT

> **2.預設關鍵語是「send message now」：**
> 你也可以修改關鍵語，例如「送出」

STEP 3 修改 Voice Control 設定

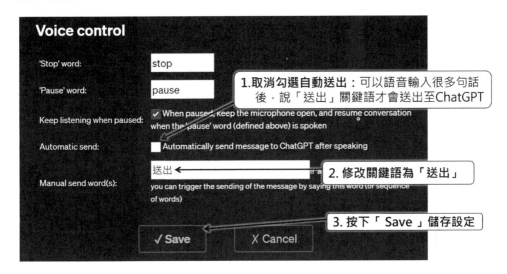

STEP 4 語音輸入很多句話，再送入 ChatGPT

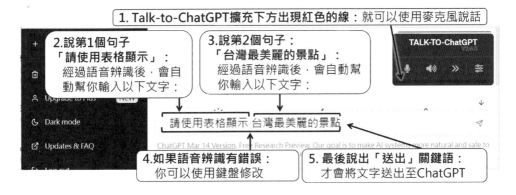

█Step 5 語音輸入很多句話後的執行結果

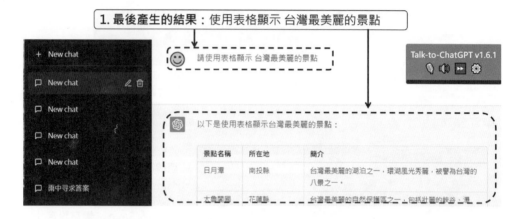

14.5 結論

　　這個 Talk-to-ChatGPT 擴充真的很好用，當我將語音辨識與播放語音設定為「中文」時，小朋友可以很自然地使用口語和 ChatGPT 聊天，聊得很開心，又能學習到一些知識，真是寓教於樂。當我將語音辨識與播放語音設定為「英語」時，就好像請了一位外籍老師，它的語音辨識功能，能夠考驗我的英語口說能力，當它使用英語回應時，又能訓練我的聽力。

ReaderGPT 擴充： 總結網頁文章的好幫手

　　這是一個資訊爆炸的時代，我們每天都必須在網頁上閱讀很多文章或新聞，花費很多時間，然而使用 ReaderGPT 擴充，它可以透過 ChatGPT 幫你總結網頁上的文章或新聞，節省你很多的閱讀時間。

15.1　安裝 ReaderGPT 擴充

首先介紹如何在 Chrome 瀏覽器安裝 ReaderGPT 擴充。

|Step 1　搜尋 ReaderGPT 擴充

|Step 2　Chrome 線上應用程式商店：擴充頁面

　　上一步驟完成後，會開啟 Chrome 線上應用程式商店的 ReaderGPT 擴充頁面，請依照下列步驟將擴充加到 Chrome。

STEP 3　將 ReaderGPT 擴充加入 Chrome

上一步驟完成後，會開啟「新增擴充」對話框，請依照下列步驟新增此擴充功能。

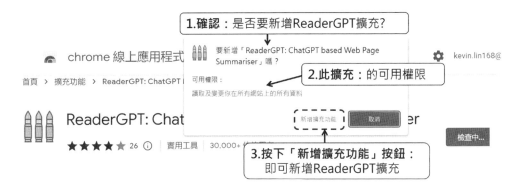

STEP 4　新增 ReaderGPT 擴充中文提示

將 ReaderGPT 擴充加入 Chrome 後，此擴充會要求你設定提示。由於預設提示是英文，導致總結產生的文章也是英文，所以我們將新增中文提示，讓總結產生的文章是繁體中文，說明如下：

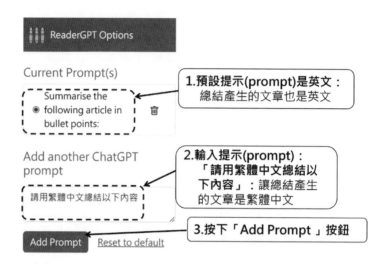

STEP 5　已經新增的 ReaderGPT 擴充中文提示

之前的步驟完成後，會出現已經新增的 ReaderGPT 擴充中文提示。

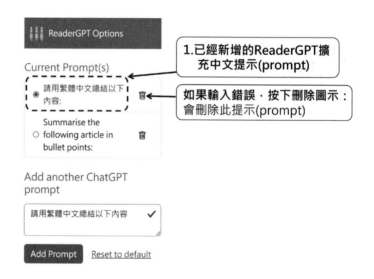

15.2 執行 ReaderGPT 擴充

安裝 ReaderGPT 擴充後，我們就可以執行 ReaderGPT 擴充來總結網頁上的文章。

STEP 1 進入要總結文章的網頁，點選 ReaderGPT

以下是財政部全民共享普發現金的網頁（短網址：URL https://reurl.cc/b7mA43），
我們可以使用 ReaderGPT 總結此文章。

STEP 2 總結此網頁的文章

之前的步驟完成後，ReaderGPT 就會幫你總結此網頁的文章。

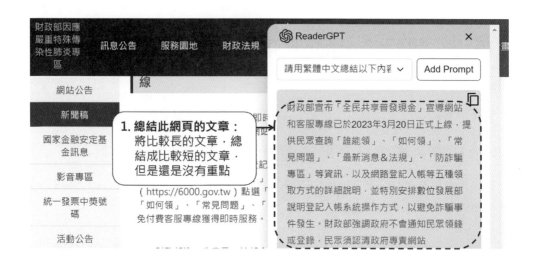

15.3　新增 ReaderGPT 擴充提示

　　為了解決上一小節中總結網頁的文章沒有重點的問題，本小節將新增 ReaderGPT 擴充提示。

STEP 1　按下「Add Prompt」按鈕

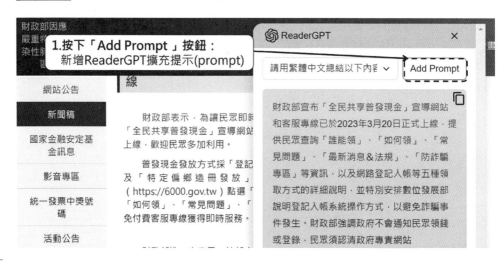

| Step 2　新增 ReaderGPT 擴充中文提示

之前的步驟完成後，就會出現新增 ReaderGPT 擴充中文提示的畫面。

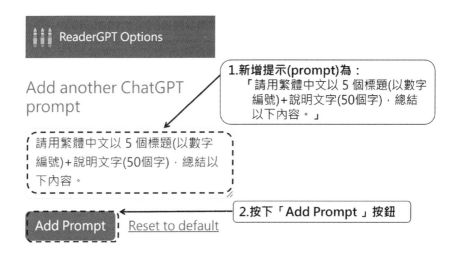

除了以上我們新增的提示，你也可以依照你的需求將提示新增如下：

- 請用繁體中文以 5 個標題（以數字編號）+ 說明文字（50 個字），總結以下內容。

- 用 3 個簡潔的要點總結以下文章。

- 將以下文章翻譯成日語。

- 請為 5 歲的孩子簡化以下文章。

- 根據以下文字寫一個標題。

- 請用繁體中文總結以下內容。

- 請用繁體中文以 10 個簡潔的要點總結以下文章。

- 請用英語以 5 個標題（以數字編號）+ 說明文字（50 個字），總結以下內容。

- 請用繁體中文為小學生寫一個教學大綱。

▍Step 3　已經新增的 ReaderGPT 擴充中文提示

之前的步驟完成後，會出現已經新增的 ReaderGPT 擴充中文提示。

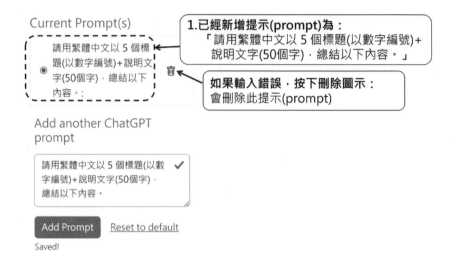

15.4　執行新增 ReaderGPT 擴充提示

之前新增 ReaderGPT 擴充提示後，我們就可以執行 ReaderGPT 擴充提示來總結網頁上的文章。

STEP 1 進入要總結文章的網頁，點選 ReaderGPT

STEP 2 總結此網頁的文章

之前的步驟完成後，ReaderGPT 就會幫你總結此網頁的文章，以 5 個標題幫你掌握此網頁的 5 個重點，而且每個重點還有詳細說明。

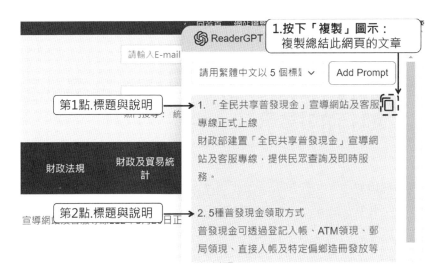

以上你可以點選「複製」圖示，來複製總結此網頁的文章。

▌Step 3　開啟記事本：貼上之前總結網頁的文章

請開啟你要貼上的軟體（如記事本），再貼上之前總結網頁的文章。

> 1.開啟記事本

> 2.按下：Ctrl+V貼上之前總結網頁的文章

```
*未命名 - 記事本
檔案(F)  編輯(E)  格式(O)  檢視(V)  說明
1. 全民共享普發現金宣導網站及客服專線上線
財政部建置全民共享普發現金宣導網站及客服專線「1988」，提供民眾查詢普發現金相關資
2. 普發現金發放方式
普發現金發放方式有「登記入帳」、「ATM領現」、「郵局領現」、「直接入帳」及「特定
3. 身分證字號或居留證尾數分流登記
為因應線上登記開放，數位發展部特別安排前5天（3月22日至3月26日）以身分證或居留證
4. 全民共享普發現金對象
全民共享普發現金對象包括勞保年金、職保年金、國民年金、老農津貼、勞工退休金月退金
5. 防範詐騙
財政部強調政府不會通知領錢或登錄，也不會要求民眾到ATM或網銀操作轉帳，提醒民眾提
```

15.5　執行 ReaderGPT 擴充並選擇你要執行的提示

之前我們已經新增了 2 個 ReaderGPT 擴充中文提示，加上原來的 ReaderGPT 擴充英文提示，共有 3 個 ReaderGPT 擴充提示，你可以執行 ReaderGPT 擴充，並選擇你要執行的提示。

STEP 1　選擇英文提示

請點選下拉選單，會出現 3 個提示，請選擇「英文提示」。

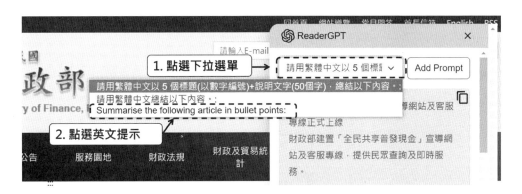

STEP 2　使用英文總結此網頁的文章的結果

之前的步驟完成後，ReaderGPT 就會使用英文幫你總結此網頁的文章。

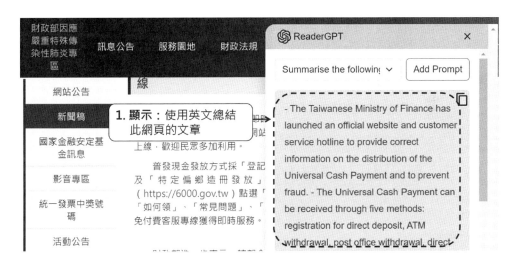

15.6　ReaderGPT 擴充無法總結太長的文章

由於 ChatGPT 本身無法總結太長的文章，所以 ReaderGPT 擴充會出現此錯誤訊息。

　　關於 ChatGPT 能處理文章或對話的長度，詳細內容請參考本書中 22.10 小節與 22.11 小節的說明。

15.7　管理已安裝的 Chrome 擴充

　　之前我們已經介紹安裝擴充 ReaderGPT 與 Talk-to-ChatGPT，後續章節我們還會介紹更多 ChatGPT 擴充。如果是暫時不使用的擴充，為了避免讓畫面很雜亂，你可以設定為「停用」；如果如果覺得不好用，也可以移除此擴充。

STEP 1　在瀏覽器點選「擴充」圖示

Chrome 瀏覽器安裝擴充後，會在瀏覽器的網址列的右邊出現「擴充」圖示，你可以點選此圖示來管理 Chrome 擴充。

STEP 2　管理已安裝的 Chrome 擴充

進入 Chrome 瀏覽器擴充介面後，你可以看到已安裝的 Chrome 擴充，接著你可以移除或停用擴充。

後續我們還會介紹更多 Chrome 擴充，管理的方式也是一樣的。

15.8　結論

　　ReaderGPT 擴充很有彈性，可以讓你新增多個自訂提示，後續你執行 ReaderGPT 擴充時，可以選擇你要執行的提示來幫你總結網頁上的文章或新聞，節省你很多的閱讀時間。

Merlin 擴充：讓 ChatGPT 成為處理日常工作的助手

　　梅林（Merlin）是亞瑟王傳說中的一個重要角色，被描繪成一位擁有強大智慧和魔法力量的法師和預言家。Merlin 擴充透過 ChatGPT 也能像功力強大的法師，幫你完成很多工作。

16.1　安裝 Merlin 擴充

首先介紹如何在 Chrome 瀏覽器安裝 Merlin 擴充。

▌Step 1　搜尋 Merlin 擴充

▌Step 2　Chrome 線上應用程式商店：擴充頁面

　　上一步驟完成後，會開啟 Chrome 線上應用程式商店的 Merlin 擴充頁面，請依照下列步驟將擴充加到 Chrome。

Step 3　將 Merlin 擴充加入 Chrome

上一步驟完成後，會開啟「新增擴充」對話框，請依照下列步驟新增此擴充功能。

16.2　註冊 Merlin 擴充帳號

上一小節的步驟完成後，會進入 Merlin 擴充的頁面。

▍Step 1　進入 Merlin 擴充網站：使用教學

　　進入 Merlin 擴充的頁面後，會進入 Merlin 擴充使用教學，請持續按下「Next」按鈕，繼續學習使用此擴充。

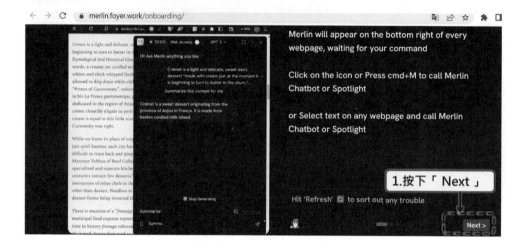

▍Step 2　建立 Merlin 帳號

Merlin 擴充使用教學完成後，按下此圖形來建立 Merlin 帳號。

STEP 3　使用 Google 帳號註冊 Merlin 帳號

STEP 4　選取要註冊的帳號

如果你有多個 Google 帳號，則請選取你要註冊的帳號，這個帳號必須與 ChatGPT 的帳號相同。

STEP 5　Merlin 帳號註冊完成

16.3　執行 Merlin 擴充來回覆 E-mail 或社群的留言

通常上班族每天在工作中回覆 E-mail，會占用了我們很多時間，如果你的工作需要回覆社群的留言，也是會占用很多時間。使用 Merlin 擴充並透過 ChatGPT，可以幫你回覆 E-mail、FB、推特、YouTube 留言來節省大量的時間。本小節示範執行 Merlin 擴充來回覆 E-mail，你也可以使用相同的方式回覆 FB、推特、YouTube 留言。

STEP 1　開啟要回覆的 E-mail

進入 Gmail 介面，開啟要回覆的 E-mail，如下畫面所示。

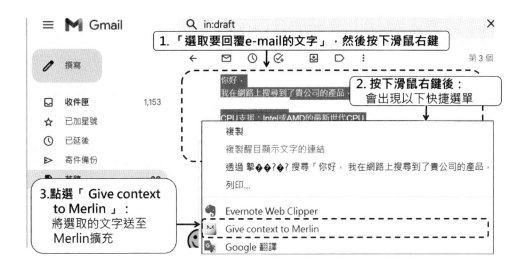

STEP 2 進入 Merlin 擴充的介面：回覆 E-mail

上一步驟完成後，就會進入 Merlin 擴充的介面。

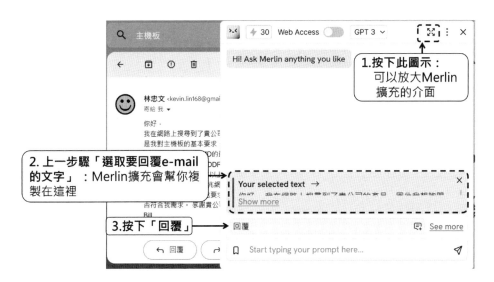

| Step 3　進入 Merlin 擴充的介面：回覆 E-mail

上一步驟完成並按下「回覆」後，就會進入 Merlin 擴充的介面，回覆 E-mail 步驟如下：

1. Merlin 擴充會將「選取要回覆 E-mail 的文字」以及「上一步驟按下『回覆』所產生的提示」整合後，送進 ChatGPT 作為提示。

2. ChatGPT 產生回覆 E-mail 的文字

3. 按下「複製」圖示，來複製 ChatGPT 產生回覆 E-mail 的文字。

4. 按下「關閉」圖示。

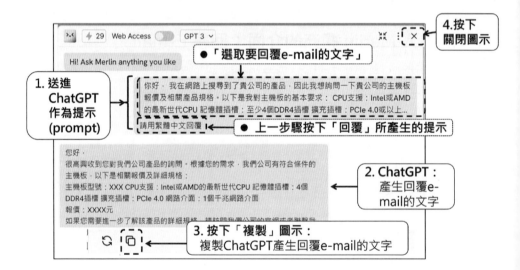

| Step 4　回到 Gmail 介面

之前的步驟完成後，就會回到 Gmail 介面。

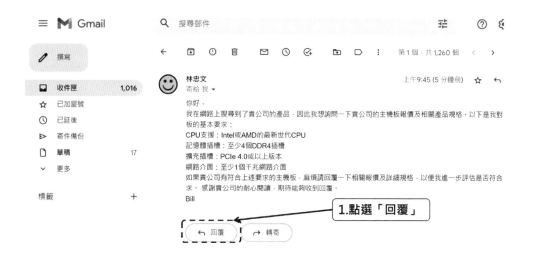

STEP 5　回覆 E-mail

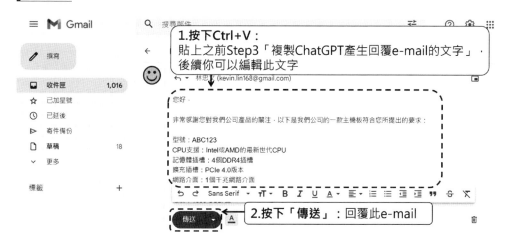

由於 ChatGPT 產生的回覆 E-mail 的文字可能不完全符合你的需求或不正確，請務必編輯「回覆 E-mail 的文字」，以符合你的需求，並且確認無誤之後，才能按下「傳送」按鈕來回覆此 E-mail。

16.4　新增自訂提示

　　Merlin 擴充一個很彈性的功能就是「可以自訂提示」。使用 Merlin 擴充並透過 ChatGPT，可以幫你回覆 E-mail、FB、推特、YouTube 留言，但是不同的使用情境之下，所需要的提示也不同，例如：我們可以自訂以下的提示：

● 回覆主管 E-mail：請用禮貌的語氣回覆主管的 E-mail。

● 回覆同事 E-mail：請用友善的語氣回覆同事的 E-mail。

● 回覆客戶 E-mail：請用專業的語氣回覆客戶的 E-mail。

● 回覆 fb 留言：請用友善的語氣回覆 fb 粉絲的留言。

● 回覆 youtube 留言：請用有趣的語氣回覆 youtube 網友留言。

● 回覆官網客戶留言：請用專業且有禮貌的語氣回覆官網客戶留言。

● 產生求職信：我的工作專長：[可描述專長]，請依照以下職位描述產生求職信。

● 彙整：請用繁體中文以 5 個標題（以數字編號）+ 說明文字（50 個字），總結以下內容。

　　以下示範如何彙整自訂提示，其餘的作法完全相同。

Step 1　Merlin 擴充介面

　　進入 Merlin 擴充介面後，點選圖示來新增自訂提示。

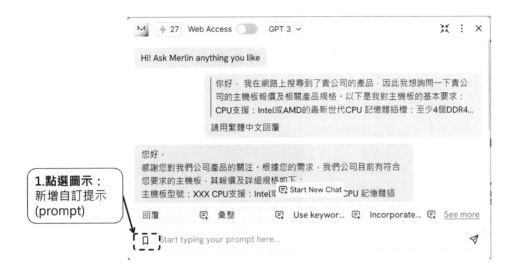

STEP 2　「新增自訂提示」對話框

之前的步驟完成後，就會開啟「新增自訂提示」對話框。

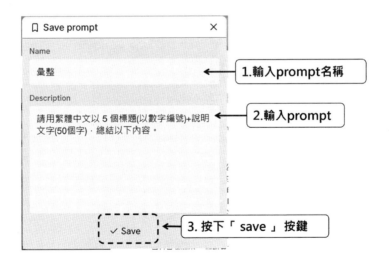

STEP 3　已經新增的：自訂提示

之前的步驟完成後，就可以看到已經新增的自訂提示。

16.5　使用自訂提示

上一小節新增自訂提示並彙整後，你就可以使用此自訂提示來彙整網頁文字。

STEP 1　選取要彙整的文字

以下是財政部全民共享普發現金的網頁（短網址：URL https://reurl.cc/b7mA43），請選取要彙整的文字。

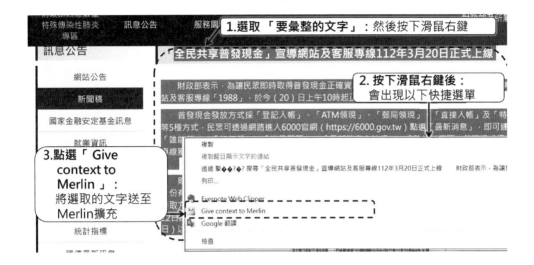

Step 2　使用「彙整」自訂提示

上一步驟執行後，會進入 Merlin 擴充介面，你就可以使用「彙整」自訂提示。

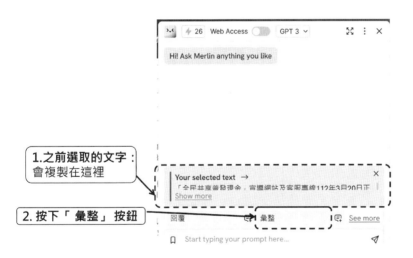

Step 3　進入 Merlin 擴充的介面：彙整網頁文字

上一步驟完成並按下「彙整」後，就會進入 Merlin 擴充的介面，彙整網頁文字的步驟如下：

1. Merlin 擴充會將「選取要彙整的網頁文字」以及「上一步驟按下『彙整』所產生的提示」整合後，送進 ChatGPT 作為提示。

2. ChatGPT 產生彙整的文字。

3. 按下「複製」圖示，來複製 ChatGPT 產生的回覆 E-mail 的文字。

4. 按下「關閉」圖示。

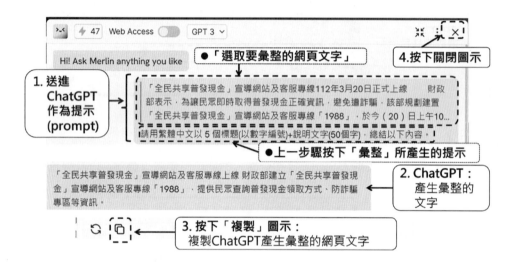

Step 4　開啟記事本：貼上之前總結網頁的文章

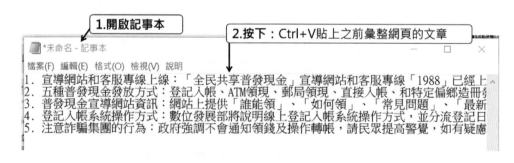

以上你可以發現每一條的標題與說明，顯示得非常有條理、非常清楚明瞭。

16.6 管理自訂提示

當你自訂很多的提示後,你可以管理自訂提示。

STEP 1 點選「See more」

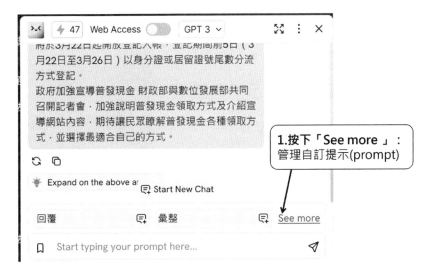

1.按下「**See more**」: 管理自訂提示(prompt)

STEP 2 「管理自訂提示」對話框

上一步驟完成後,就會開啟「管理自訂提示」對話框,你可以在此對話框中「編輯」與「刪除」自訂提示。

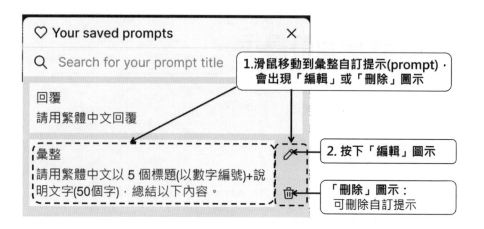

Step 3 「編輯自訂提示」對話框

在之前的步驟中按下「編輯」圖示後，就會開啟「編輯自訂提示」對話框，可編輯自訂提示。

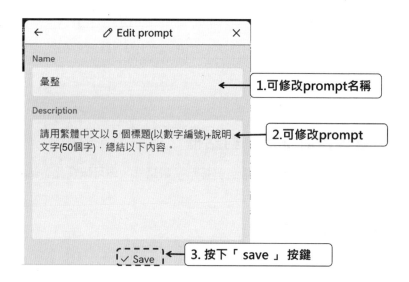

16.7 結論

Merlin 擴充非常方便使用，尤其有了「自訂提示」功能，可以讓 Merlin 擴充幫你處理各式各樣日常的工作，節省你大量的時間。

YouTube Summary with ChatGPT 擴充：總結 YouTube 影片

　　在日常生活或工作中，我們常常需要看影片，從而獲取新的知識，但是影片的時間往往很長，我們不知道這個影片的內容是否為我們想要看的內容。我們可以在看影片之前，先使用 YouTubeSummary with ChatGPT 擴充來總結 YouTube 影片的文字稿，就可以先了解影片內容，再來決定要不要繼續看下去，以節省我們寶貴的時間。

17.1　安裝 YouTube Summary with ChatGPT 擴充

　　首先介紹如何在 Chrome 瀏覽器安裝 YouTube Summary with ChatGPT 擴充。

Step 1　搜尋 YouTube Summary ChatGPT 擴充

Google

YouTube Summary with ChatGPT

1.Google搜尋文字框輸入：「YouTube Summary with ChatGPT」後按下 enter

Q 全部　　圖片　　影片　　新聞　　地圖　　更多　　　　　　　　　　工具

約有 52,800,000 項結果 (搜尋時間：0.36 秒)

google.com
https://chrome.google.com › detail ›...　翻譯這個網頁

2.點選「YouTube Summary with ChatGPT」連結

YouTube Summary with ChatGPT

7 天前 — YouTube Summary with ChatGPT is a free Chrome Extension that lets you quickly access the summary of the YouTube videos you are watching with ...

Step 2 Chrome 線上應用程式商店：擴充頁面

上一步驟完成後，會開啟 Chrome 線上應用程式商店的 YouTube Summary with ChatGPT 擴充頁面，請依照下列步驟將擴充加到 Chrome。

Step 3 新增 YouTube Summary with ChatGPT 擴充

上一步驟完成後，會開啟「新增擴充」對話框，請依照下列步驟新增此擴充功能。

17.2 設定 YouTube Summary with ChatGPT 擴充

安裝 YouTube Summary with ChatGPT 擴充完成後，需先設定總結 Youtube 文字稿的提示。

Step 1 設定 YouTube Summary with ChatGPT 擴充

依照下列步驟來設定 YouTube Summary with ChatGPT 擴充。

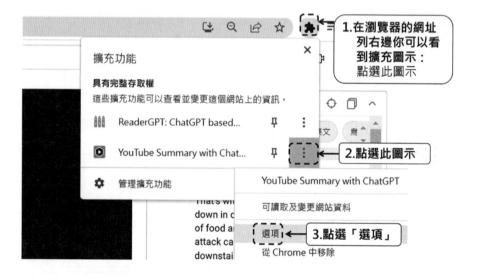

Step 2 設定擴充總結的提示

之前的步驟完成後，就會開啟設定 YouTube Summary with ChatGPT 擴充頁面，修改設定如下：

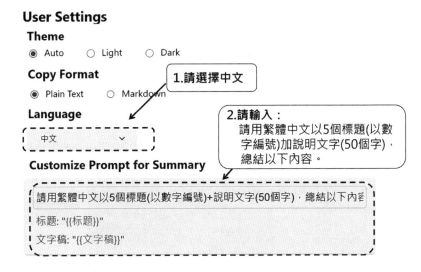

除了以上我們修改的提示，你也可以依照你的需求修改提示，例如：

- 請用繁體中文以 10 個簡潔的要點總結以下文章。

- 請用英語以 5 個標題（以數字編號）+ 說明文字（50 個字），總結以下內容。

- 請為 5 歲的孩子簡化以下文章。

- 請用繁體中文為小學生寫一個教學大綱。

17.3 執行 YouTube Summary with ChatGPT 擴充

安裝 YouTube Summary with ChatGPT 擴充後，我們就可以執行此擴充來總結 YouTube 影片的文字稿。

STEP 1　進入 Youtube

　　以下是比爾‧蓋茲在 Ted 的演講 YouTube 網址：　`URL` https://www.youtube.com/watch?v=6Af6b_wyiwI，進入 Youtube 介面後，就可以看到「Transcript & Summary」按鈕。

STEP 2　按下「Transcript & Summary」按鈕

　　按下「Transcript & Summary」按鈕後，會出現 Youtube 影片的講稿。

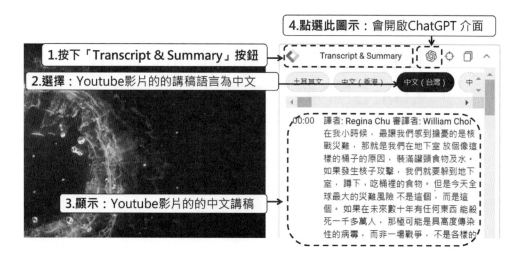

請注意，並不是每個 YouTube 影片都有文字稿，如果影片沒有提供文字稿，會顯示錯誤訊息「No Transcription Available...」，就無法使用此擴充。

Step 3　將擴充產生的提示送進 ChatGPT 執行

之前的步驟完成後，就會開啟 ChatGPT 介面，YouTube Summary with ChatGPT 擴充會產生提示：「17.2 小節：設定的擴充總結提示 + Youtube 影片的標題與中文講稿」送進 ChatGPT 執行，如下畫面所示。

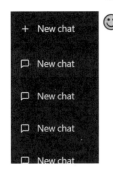

17.2節：設定的擴充總結提示(prompt)

請用繁體中文以5個標題(以數字編號)+說明文字(50個字)，總結以下內容。in Chinese. 標題: "(57) Bill Gates: The next outbreak? We're not ready | TED - YouTube" 文字稿: "譯者: Regina Chu 審譯者: William Choi 在我小時候，最讓我們感到擔憂的是核戰災難，那是我們在地下室 放個像這樣的桶子的原因，裝滿罐頭食物及水。如果發生核子攻擊，我們就要躲到地下室，蹲下，吃桶裡的食物。但是今天全球最大的災難風險 不是這個，而是這個。如果在未來數十年有任何東西 能殺死一千多萬人，那極可能是具高度傳染性的病毒，而非一場戰爭，不是各樣的飛彈，而是微生物。那麼，造成這種情況的部分原因 是 我們投進了大把鈔票在核武威脅上，卻極少投資在防止流行病的系統，我們還沒準備好對抗下一場流行病。來看一下伊波拉，我敢肯定你們都在報上讀過相關消息，很多艱難的挑戰。我透過我們追蹤根除 小兒麻痺症的個案分析工具 仔細追蹤伊波拉的情況。你看看當時的情況，問題不在系統沒有發揮足夠的作用，問題在於我們根本就沒有系統。事實上，是有

Youtube影片的中文標題與講稿 (以上只顯示部分內容其餘省略)

Step 4　產生總結 YouTube 影片內容

以下 ChatGPT 產生的文字包含 5 個標題與說明文字、Youtube 影片講稿。

1. 流行病可能是未來最大的災難風險

Bill Gates指出，未來最大的災難風險不是核戰災難，而是由具有高度傳染性的病毒引起的流行病。他認為，全球投資在核武威脅上的鈔票過多，卻極少投資在防止流行病的系統，這讓我們還沒準備好對抗下一場流行病。

2. 伊波拉疫情的教訓

Bill Gates談及伊波拉疫情，指出當時的問題不是系統沒有發揮足夠的作用，而是沒有系統。他強調需要投資在防止流行病的系統，包括待命的流行病學家、醫療團隊、替隊員預備部署的方法、研究治療方法和診斷學等等。

3. 空氣傳播的病毒傳染模式

Bill Gates提到1918年發生的西班牙型流感，強調一種經空氣傳播的病毒可能極快速地傳遍世界，造成嚴重破壞。

4. 對抗流行病需要做的事

Bill Gates提出幾個對抗流行病需要做的事，包括在貧窮國家完善醫療系統、建立醫療後備部隊、讓醫療人員與軍方配搭、模擬演練，以及研發疫苗和診斷方法等。

5. 投資提供顯著效益

Bill Gates強調，投資在防止流行病的系統和研發疫苗、診斷方法等方面提供的顯著效益不僅在於充分預備對抗流感疫情，還有基礎衛生醫療與研發，這些事都可能縮小全球健康公平性的差距，讓這個世界更公平更安全。

以上顯示的結果有條理且清楚明瞭，5個標題可以幫你掌握此影片的5個重點，而且每個重點還有詳細說明。

17.4　YouTube Summary with ChatGPT 語言學習

YouTube Summary with ChatGPT 擴充能幫助你使用 YouTube 影片進行語言學習，是一種很有效的語言學習方式。

Step 1　按下「Transcript & Summary」按鈕

以下是 YouTube 影片網址：🔗 https://www.youtube.com/watch?v=fDi-2_G_nGU，進入 Youtube 介面後，就可以看到「Transcript & Summary」按鈕。

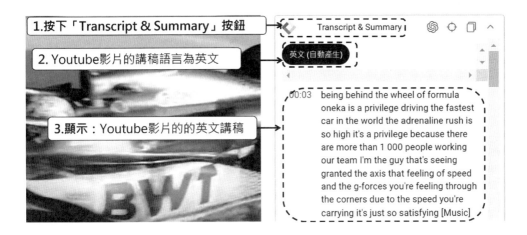

在 YouTube 的影片中常常都只有提供英文講稿,由於 ChatGPT 具有處理多國語言的能力,此時執行 YouTube Summary with ChatGPT 擴充,依舊能夠以繁體中文總結 Youtube 內容。

STEP 2 將擴充產生的提示送進 ChatGPT 執行

之前的步驟完成後,就會開啟 ChatGPT 介面,YouTube Summary with ChatGPT 擴充會產生提示:「17.2 小節:設定的擴充總結提示 +Youtube 影片的英文標題與講稿」送進 ChatGPT 執行,如下畫面所示。

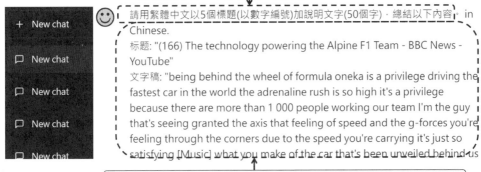

▌STEP 3 ChatGPT 產生總結 YouTube 影片內容

上一步驟的提示執行後，ChatGPT 會產生總結 YouTube 影片內容，包含 5 個標題與說明文字的 Youtube 影片講稿。

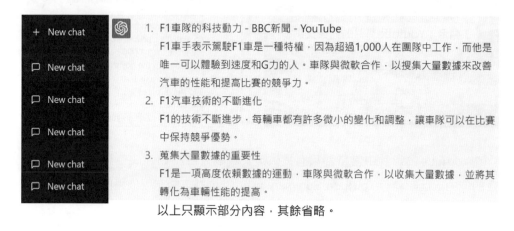

1. F1車隊的科技動力 - BBC新聞 - YouTube
   F1車手表示駕駛F1車是一種特權，因為超過1,000人在團隊中工作，而他是唯一可以體驗到速度和G力的人。車隊與微軟合作，以搜集大量數據來改善汽車的性能和提高比賽的競爭力。
2. F1汽車技術的不斷進化
   F1的技術不斷進步，每輛車都有許多微小的變化和調整，讓車隊可以在比賽中保持競爭優勢。
3. 蒐集大量數據的重要性
   F1是一項高度依賴數據的運動，車隊與微軟合作，以收集大量數據，並將其轉化為車輛性能的提高。

以上只顯示部分內容，其餘省略。

▌STEP 4 Youtube 影片文字稿以英中對照方式顯示

你可以輸入以下的提示，將 Youtube 影片文字稿以英中對照方式顯示，可用於語言學習。

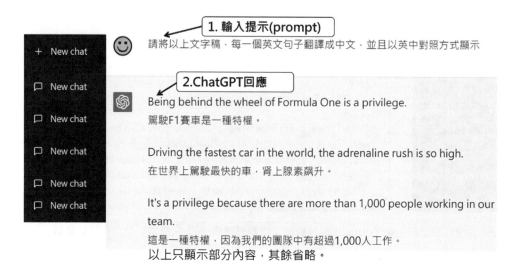

1. 輸入提示(prompt)

請將以上文字稿，每一個英文句子翻譯成中文，並且以英中對照方式顯示

2.ChatGPT回應

Being behind the wheel of Formula One is a privilege.
駕駛F1賽車是一種特權。

Driving the fastest car in the world, the adrenaline rush is so high.
在世界上駕駛最快的車，腎上腺素飆升。

It's a privilege because there are more than 1,000 people working in our team.
這是一種特權，因為我們的團隊中有超過1,000人工作。

以上只顯示部分內容，其餘省略。

STEP 5 將 Youtube 影片文字稿中 20 個困難的單字列出

你可以輸入以下的提示，將 Youtube 影片文字稿中困難的單字列出，可用於語言學習。

1. 輸入提示(prompt)

請幫我列出以上文字稿20個困難的單字、音標、中文說明、英文例句

2.ChatGPT回應

1. privilege /ˈprɪvəlɪdʒ/ (n.) 特權，特別待遇
   Example: Driving an F1 car is a privilege.
2. adrenaline /əˈdrɛnəlɪn/ (n.) 腎上腺素
   Example: The adrenaline rush of driving an F1 car is exhilarating.
3. g-forces /ˈdʒiː ˌfɔːrsɪz/ (n.) 重力加速度
   Example: The driver experiences high g-forces while navigating corners in an F1 car.

以上只顯示部分內容，其餘省略。

STEP 6 將 Youtube 影片文字稿中 10 個文法列出

你可以輸入以下的提示，將 Youtube 影片文字稿中 10 個文法列出，可用於語言學習。

1. 輸入提示(prompt)

請幫我列出以上文字稿10個文法、中文說明、英文例句

以下是10個文法、中文說明和英文例句： **2.ChatGPT回應**

1. 動名詞 (gerund)
   中文說明：動名詞是由動詞形式+ing組成的名詞形式，可以作主詞、賓語、介詞的後置賓語等。
   英文例句：Driving in Formula One is a thrilling experience. (駕駛方程式賽車是一種令人激動的體驗。)
2. 被動語態 (passive voice)
   中文說明：被動語態用於強調動作的承受者，動作的執行者變成句子的主語。

以上只顯示部分內容，其餘省略。

17.5　結論

　　YouTube Summary with ChatGPT 擴充可以讓我們在看影片之前，產生總結 YouTube 影片的講稿來節省我們寶貴的時間，並且可以用於語言學習。

AIPRM 擴充：
提示範本分享平台

AIPRM 是一個強大的分享平台，AIPRM 擴充具有其他使用者分享的各種類別的「提示範本」（Prompt Template），可以幫助提升 ChatGPT 的使用效率。此外，你可以建立「提示範本」來供個人使用或是與社群共享，以幫助他人。

18.1　安裝 AIPRM 擴充

首先介紹如何在 Chrome 瀏覽器安裝 AIPRM。

STEP 1　搜尋 AIPRM 擴充

STEP 2　Chrome 線上應用程式商店：擴充頁面

上一步驟完成後，會開啟 Chrome 線上應用程式商店的 AIPRM for ChatGPT 擴充頁面，請依照下列步驟將擴充加到 Chrome。

STEP 3　將 AIPRM 擴充加入 Chrome

上一步驟完成後，會開啟「新增擴充」對話框，請依照下列步驟新增此擴充功能。

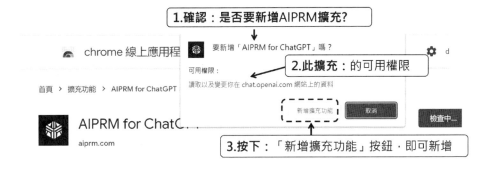

18.2　註冊 AIPRM 擴充帳號

上一小節的步驟完成後，會進入註冊 AIPRM 擴充帳號的頁面。

|Step 1　AIPRM 擴充建議你要註冊帳號

|Step 2　使用 Google 帳號註冊 AIPRM

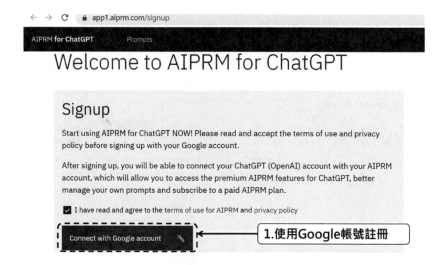

Step 3 選取要註冊的帳號

如果你有多個 Google 帳號，則選取你要註冊的帳號，這個帳號必須與 ChatGPT 的帳號相同。

Step 4 AIPRM 要求存取你的 Google 帳號資訊

你必須要允許 AIPRM 存取你的 Google 帳號資訊。

STEP 5　AIPRM 要求認證你的 E-mail 帳號

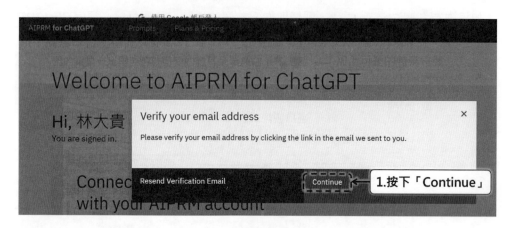

STEP 6　開啟你的 Gmail：認證你的 E-mail 帳號

開啟你的 Gmail 信箱，你應該會收到 AIPRM 的認證信。

Step 7　AIPRM 註冊帳號完成後的畫面

AIPRM for ChatGPT　　　Prompts　　Plans & Pricing

Welcome to AIPRM for ChatGPT

Hi, 林大貴
You are signed in.

Connect your ChatGPT (OpenAI) account
with your AIPRM account

18.3　AIPRM 擴充功能介紹

首先介紹 AIPRM 擴充功能。

Step 1　「關於 AIPRM 更多學習資源」對話框

第一次執行 AIPRM 擴充，會出現「關於 AIPRM 更多學習資源」對話框。

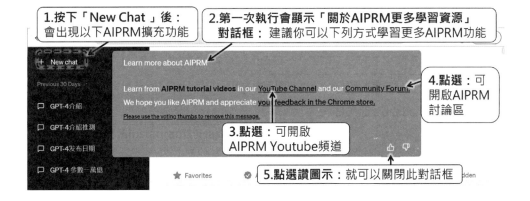

1.按下「New Chat」後：
會出現以下AIPRM擴充功能

2.第一次執行會顯示「關於AIPRM更多學習資源」
對話框：建議你可以下列方式學習更多AIPRM功能

4.點選：可
開啟AIPRM
討論區

3.點選：可開啟
AIPRM Youtube頻道

5.點選讚圖示：就可以關閉此對話框

Learn more about AIPRM

Learn from **AIPRM tutorial videos** in our YouTube Channel and our Community Forum.
We hope you like AIPRM and appreciate your feedback in the Chrome store.
Please use the voting thumbs to remove this message.

STEP 2 AIPRM 擴充的主要功能區塊

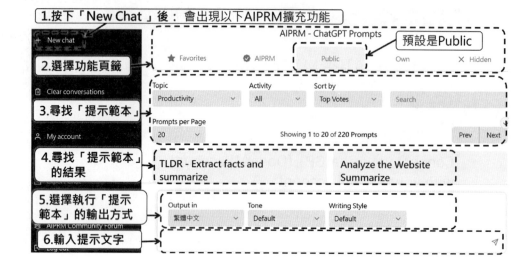

上圖的説明如下：

1. 按下「New Chat」後：會出現 AIPRM 擴充的主要功能區塊。

2. 選擇功能頁籤：

  - Public（預設）：此頁籤會顯示網友公開分享的提示範本，你可以執行這些提示範本。

  - Favorites：你可以將你最常用的提示範本加入「我的最愛」，就會出現在此頁籤，方便你後續使用。

  - AIPRM：此功能必須 AIPRM Pro plan 以上付費功能才能使用。由於公開分享的提示範本，有些可能會有執行錯誤的問題，你必須花很多時間試錯。然而在此頁籤下，所有的提示範本都經過認證執行無誤，可節省你試錯時間。

  - Own：你可以在此功能頁籤下建立自己的提示範本。

3. 尋找「提示範本」：你可以在此功能區塊下，尋找你需要公開的提示範本。

4.**尋找「提示範本」的結果**：尋找的結果會放在此功能區塊下，你可以點選你要執行的提示範本。

5.**選擇執行「提示範本」的輸出方式**：你可以選擇執行提示範本時，輸出的語言、語氣、寫作風格。

6.**輸入提示文字**：執行提示範本時，必須輸入的提示文字。

▌STEP 3 尋找你需要的提示範本

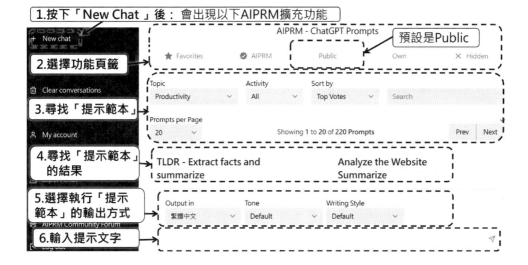

請依照下列方式來尋找你需要的提示範本：

1.**選擇主分類**：主分類有 Copywriting（文案）、DevOps（開發維運）、Generative Ai（生成式AI）、Marketing（行銷）、Operating System（作業系統）、Productivity（生產力工具）、SaaS（軟體即服務）、SEO（搜尋引擎優化）、Software Application（軟體應用）、Software Engineer（軟體工程）、UNSURE（不確定的分類）

2.**選擇次分類**：選擇主分類之後，會出現此主分類下的次分類，你可以選擇次分類來進一步篩選。

3.**選擇排序方式**：你可以選擇 Top Views（選擇最多人）、Top Votes（最多投票）、或 Latest Updates（最近更新的）。

4.**輸入搜尋關鍵字**：你也可以直接輸入搜尋關鍵字來查詢你需要的提示範本。

▌Step 4 尋找「提示範本」的結果

在以下的畫面中，當我們選擇主分類、次分類、排序方式後，搜尋的結果有很多筆提示範本，你可以設定每頁顯示的筆數或按「上一頁」、「下一頁」。

STEP 5 選擇執行提示範本的輸出方式

當執行提示範本來產生文字時,你可以設定產生的語言、語氣、寫作的風格。

1.選擇產生的語言:
可選擇很多的語言

2.選擇產生文字的語氣:
免費版只能選擇預設或
Emotional(情緒化的)

3.選擇寫作的風格:
免費版只能選擇預設或
Poetic (詩意的)

Output in
繁體中文 ∨

Tone
Default ∨

Default
Emotional

Upgrade for more

Writing Style
Default ∨

Default
Poetic

Upgrade for more

18.4 執行 AIPRM 公開的提示範本

上一小節已經了解 AIPRM 擴充的主要功能區塊,本小節中我們將執行 AIPRM 公開的提示範本,透過 ChatGPT 產生文字。

STEP 1 執行 AIPRM 公開的提示範本

執行 AIPRM 擴充功能,例如:我們選擇這個公開的提示範本,能幫你產生 30 則 FB 的貼文,還會建議你使用什麼影像,你只需要在提示欄位中輸入產品名稱(如手機)即可,說明如下:

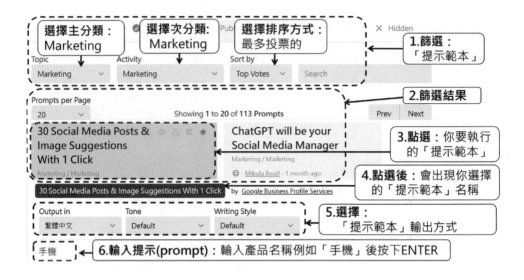

Step 2　執行 AIPRM 提示範本：產生的文字

上一步驟完成後，會執行之前選取的 AIPRM 提示範本來產生 30 則 FB 的貼文，還會建議你使用什麼影像，說明如下：

18.5　查看 AIPRM 公開的提示範本

之前在 AIPRM 輸入提示，你只能看到你輸入的「手機」，而看不到真正的提示，你一定很好奇 AIPRM 公開的提示範本所產生的提示是什麼？為什麼功能那麼強大？如果深入研究這些產生的提示，應該能讓你寫提示的功力大增。

STEP 1　按 Ctrl + C 鍵複製網址

請依照下列的步驟，就可以查看 AIPRM 公開的提示範本所產生的提示。

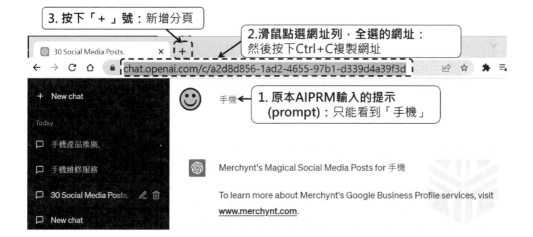

STEP 2　按 Ctrl + V 鍵貼上網址，然後按下 Enter 鍵開啟網頁

上一步驟完成後，會新增分頁，在新分頁的網址列中按 Ctrl + V 鍵來貼上網址，當開啟網頁後，就可以看到 AIPRM 公開的提示範本所產生的提示。

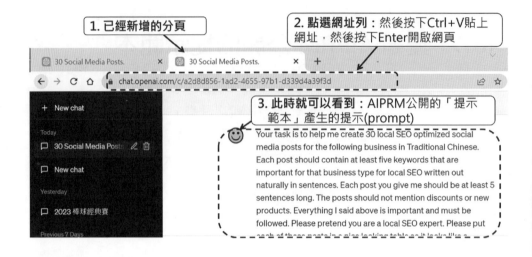

18.6　將 AIPRM 的提示範本加入我的最愛

你可以將常用的 AIPRM 的提示範本加入我的最愛，後續可以很方便找到此提示範本。使用此功能必須先註冊 AIPRM 擴充帳號，請參考 18.2 小節的說明。

█ Step 1　將此提示範本加入我的最愛

┃Step 2　點選 AIPRM 我的最愛頁籤

進入 AIPRM 介面後，點選 AIPRM 的「我的最愛」頁籤，就可以看到上一步驟中加入「我的最愛」的提示範本。

18.7　建立 AIPRM 的自訂提示範本

使用 AIPRM 時，你除了可以執行其他網友分享的公開提示範本，你還可以建立自訂提示範本。

┃Step 1　新增 AIPRM 自訂提示範本

請依照下列的步驟來新增 AIPRM 自訂提示範本。

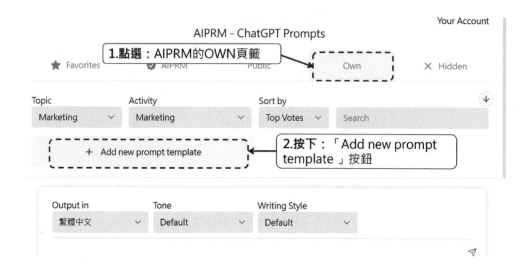

STEP 2 建立 AIPRM 自訂提示範本

之前的步驟完成後，會出現建立 AIPRM 自訂「提示範本」對話框，說明如下：

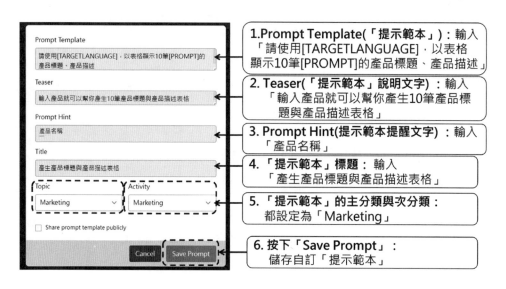

填寫提示範本：「請使用 [TARGETLANGUAGE]，以表格顯示 10 筆 [PROMPT] 的產品標題、產品描述」，後續執行提示範本時，會進行以下的替換：

- [TARGETLANGUAGE] 會替換成你選擇的輸出語言，例如：[繁體中文]。

- [PROMPT] 會替換成你輸入的提示，例如：[貓眼石項鍊]。

　　以上替換完成後，最後執行的提示是「請使用繁體中文，以表格顯示 10 筆貓眼石項鍊的產品標題、產品描述」。

18.8　執行 AIPRM 自訂提示範本

　　上一小節已經建立 AIPRM 的自訂提示範本，本小節將介紹如何執行 AIPRM 自訂提示範本。

Step 1　執行 AIPRM 自訂提示範本

　　執行 AIPRM 自訂提示範本，與公開的提示範本的方式相同。

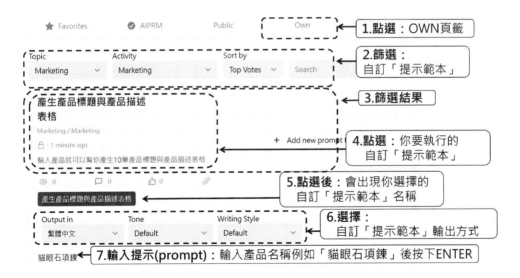

|Step 2 執行 AIPRM 自訂提示範本的結果

☺　貓眼石珍珠項鍊　← 1.上一步驟：輸入的提示(prompt)

2. AIPRM 自訂「提示範本」執行後的結果：產生產品標題、產品描述的表格

以下是10筆貓眼石珍珠項鍊的產品標題、產品描述，以表格形式呈現：

產品標題	產品描述
貓眼石珍珠項鍊	純天然貓眼石和珍珠精心手工打造而成的項鍊，高雅典雅，展現女性魅力。
珍珠貓眼石戀	珍珠和貓眼石完美結合的項鍊，柔和典雅的珍珠和神秘華麗的貓眼石相得益彰。
貓眼石珍珠網	貓眼石與珍珠的組合讓這條項鍊更加獨特，像一張美麗的網絡，捕捉著所有的美好。

18.9 結論

　　AIPRM 是一個強大的分享平台，使用公開的提示範本，可以幫助提升 ChatGPT 的使用效率。你可以建立自訂提示範本來供個人使用，或者與社群共享來幫助他人。如果你深入研究 AIPRM 公開的提示範本所產生的提示，還能讓你寫提示的功力大增。

Save ChatGPT 擴充：
輕鬆保存你的對話紀錄

　　若是我們與 ChatGPT 聊天的過程很精彩，或對話中含有很重要的資訊，或是好不容易測試出一個很好的提示，能產生我們想要的結果，此時我們可能會想要將對話紀錄永久保存或分享其他人。

 ## Save ChatGPT 擴充的優點

　　雖然第 4 章已介紹了 ChatGPT 匯出所有聊天的功能，但是 Save ChatGPT 擴充有以下優點：

- 可以只匯出單一的對話紀錄。

- 可以使用三種格式儲存，如 TXT、MD、PDF。

- 你還可以將對話紀錄複製到剪貼簿，然後開啟其他軟體（如 Word 或記事本或 Line），貼上之前複製的聊天對話紀錄，方便分享給其他人。

- 第 4 章介紹了將聊天歷史與訓練選項切換為不允許，此時對話紀錄都不會被保存，但是你仍然可以使用此擴充來儲存對話紀錄為 PDF 檔。

19.1　安裝 Save ChatGPT 擴充

　　首先介紹如何在 Chrome 瀏覽器安裝 Save ChatGPT 擴充。

Step 1　搜尋 Save ChatGPT 擴充

Step 2　Chrome 線上應用程式商店：擴充頁面

上一步驟完成後，會開啟 Chrome 線上應用程式商店的 Save ChatGPT 擴充頁面，請依照下列步驟將擴充加到 Chrome。

| Step 3 　將 Save ChatGPT 擴充加入 Chrome

上一步驟完成後，會開啟「新增擴充」對話框，請依照下列步驟新增此擴充功能。

19.2 　儲存對話紀錄為文字檔

安裝 Save ChatGPT 擴充後，我們就可以執行 Save ChatGPT 擴充來儲存對話紀錄為文字檔。

| Step 1 　在要儲存的聊天中點選 Save ChatGPT 擴充

在 ChatGPT 要儲存的聊天中，點選「Save ChatGPT」擴充。

STEP 2　儲存聊天對話紀錄為文字檔

之前的步驟完成後，就會出現對話框，內有4種選項，請選擇「儲存於文字檔」。

STEP 3　出現「另存新檔」對話框

之前的步驟完成後，就會出現「另存新檔」對話框。

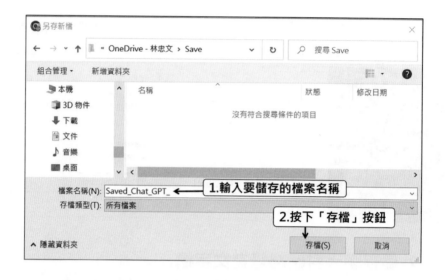

┃Step 4　開啟上一步驟中儲存的文字檔

最後，你可以用記事本開啟上一步驟中儲存的文字檔。

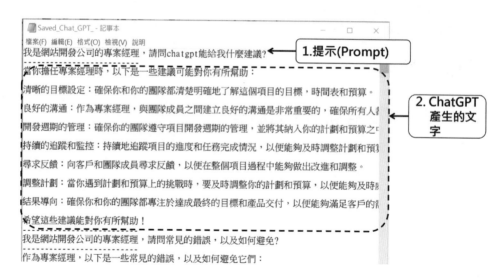

19.3　將對話紀錄複製到剪貼簿

另一個更簡單的用法是你可以將對話紀錄複製到剪貼簿，然後開啟其他軟體（如 Word 或記事本或 Line），貼上之前複製的聊天對話紀錄。

▌STEP 1　在要複製的聊天中點選 Save ChatGPT 擴充

在 ChatGPT 要複製的聊天中，點選「Save ChatGPT」擴充。

▌STEP 2　將聊天對話紀錄複製到剪貼簿

之前的步驟完成後，就會出現對話框，內有 4 種選項，請選擇「複製到剪貼簿」。

Step 3　開啟新記事本，貼上之前複製的聊天對話紀錄

最後開啟新記事本，按下 Ctrl + V 鍵貼上在上一步驟中複製的聊天對話紀錄。

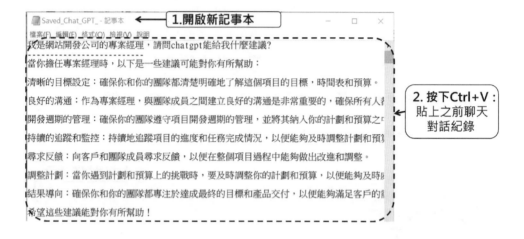

19.4　儲存對話紀錄為 PDF 檔

你可以執行 Save ChatGPT 擴充，來儲存對話紀錄為 PDF 檔。

Step 1　在要儲存的聊天中點選 Save ChatGPT

在 ChatGPT 要儲存的聊天中，點選「Save ChatGPT」擴充。

Step 2　儲存聊天對話紀錄為 PDF 檔

之前的步驟完成後，就會出現對話框，內有 4 種選項，請選擇「儲存於 PDF 檔」。

Step 3　列印對話紀錄至 PDF

之前的步驟完成後，會出現「列印對話紀錄至 PDF」對話框。

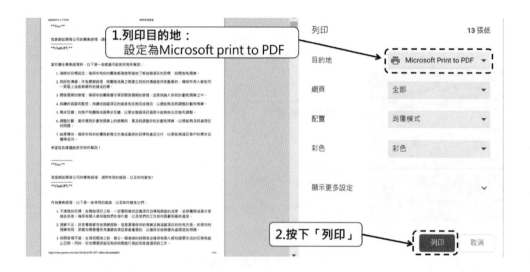

STEP 4　出現「另存新檔」對話框

之前的步驟完成後，就會出現「另存新檔」對話框。

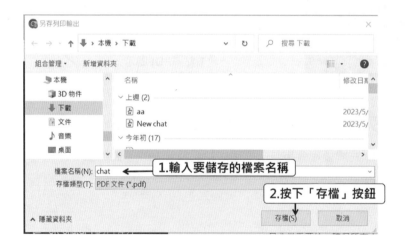

Step 5　開啟上一步驟中儲存的 PDF 檔

最後，你可以用記事本開啟上一步驟中儲存的 PDF 檔。

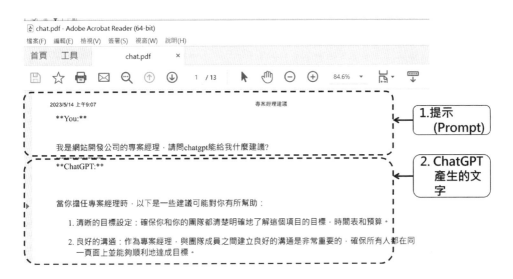

19.5 聊天歷史與訓練選項切換為不允許時，儲存對話紀錄為 PDF 檔

第 4 章介紹了儲存聊天歷史與訓練選項（切換為不允許）時，此時對話紀錄都不會被保存，但是你仍然可以使用此 Save ChatGPT 擴充來儲存對話紀錄為 PDF 檔。請注意儲存聊天歷史與訓練選項（切換為不允許）時，只能儲存為 PDF 檔，不能儲存為文字檔。

Step 1　點選 Save ChatGPT 擴充

當聊天歷史與訓練選項已切換為不允許，請依照下列步驟點選「Save ChatGPT」擴充。

Step 2　儲存聊天對話紀錄為 PDF 檔

之前的步驟完成後，就會出現對話框，內有 4 種選項，請選擇「儲存於 PDF 檔」。

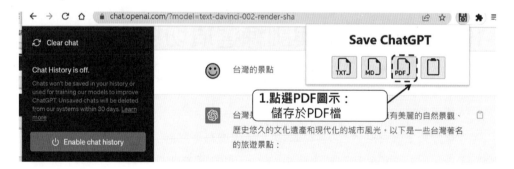

STEP 3 列印對話紀錄至 PDF

之前的步驟完成後，會出現「列印對話紀錄至 PDF」對話框。

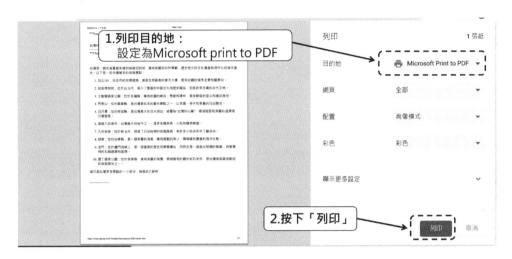

STEP 4 出現「另存新檔」對話框

之前的步驟完成後，就會出現「另存新檔」對話框。

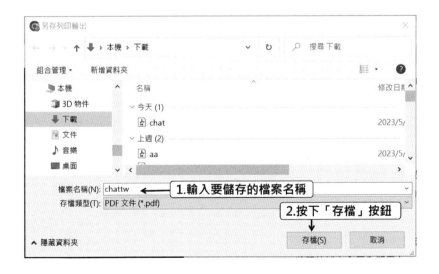

Step 5　開啟上一步驟中儲存的 PDF 檔

最後，你可以開啟上一步驟中儲存的 PDF 檔。

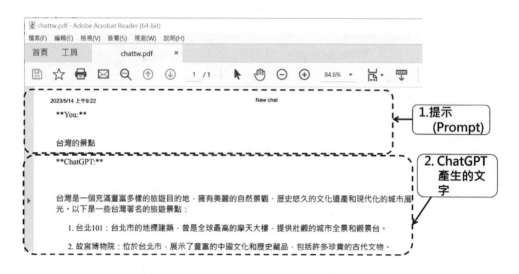

19.6　結論

Save ChatGPT 擴充的功能使用起來很簡單，也很方便就可以將對話紀錄儲存成文字檔或 PDF 檔，還可以將對話紀錄複製到剪貼簿，然後你可以開啟其他軟體（如 Word 或記事本或 Line），貼上之前複製的聊天對話紀錄來分享給其他人。

ShareGPT 擴充：與朋友分享你的 ChatGPT 聊天

當我們與 ChatGPT 聊天的過程很精彩。我們可能會想要分享對話紀錄給其他人，此時你可以使用 ShareGPT 擴充。當你將聊天分享網頁分享給朋友，你的朋友或是你自己可以儲存或評論此聊天分享網頁。

20.1　安裝 ShareGPT 擴充

首先介紹如何在 Chrome 瀏覽器安裝 ShareGPT 擴充。

▌Step 1　搜尋 ShareGPT 擴充

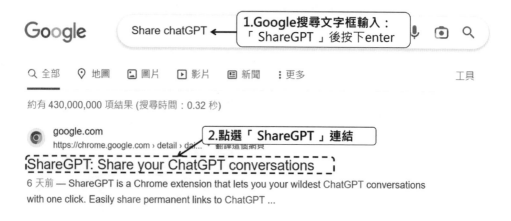

▌Step 2　Chrome 線上應用程式商店：擴充頁面

上一步驟完成後，會開啟 Chrome 線上應用程式商店的 ShareGPT 擴充頁面，請依照下列步驟將擴充加到 Chrome。

| STEP 3 將 ShareGPT 擴充加入 Chrome

上一步驟完成後，會開啟「新增擴充」對話框，請依照下列步驟新增此擴充功能。

20.2 執行 ShareGPT 擴充

安裝 ShareGPT 擴充後，我們就可以執行 ShareGPT 擴充來分享對話紀錄。

| STEP 1 按下「Share」按鈕

我們可以分享以下臺灣最熱門景點的聊天對話紀錄。

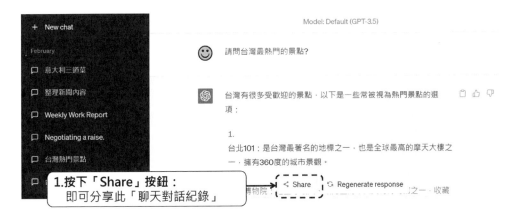

STEP 2　開啟聊天分享網頁

上一步驟完成後，ShareGPT 擴充會開啟聊天分享網頁，説明如下：

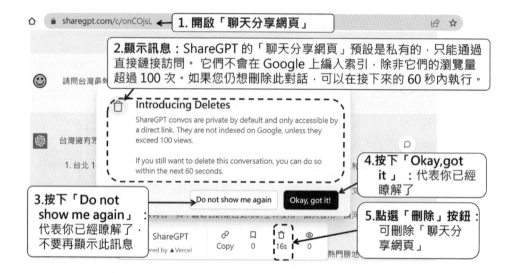

STEP 3　複製聊天分享網頁的網址來分享給朋友

按下「Copy」按鈕，你就可以複製聊天分享網頁的網址，然後開啟 E-mail、Line或其他軟體，按下 Ctrl + V 鍵貼上此網址，就可以分享給你的朋友。當你的朋友點選此連結，就會看到你分享此聊天分享網頁。

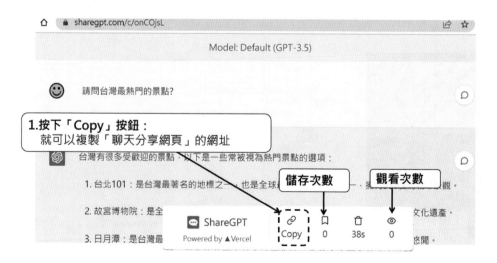

20.3　儲存聊天分享網頁

上一小節中，當你將聊天分享網頁分享給朋友，你的朋友或是你自己可以儲存此聊天分享網頁，來方便後續查看。

▌Step 1　儲存聊天分享網頁

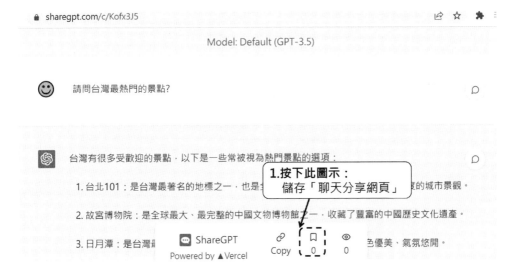

▌Step 2　登入 ShareGPT

由於儲存聊天分享網頁時，必須登入 ShareGPT 帳號，如果你的朋友或是你自己尚未登入 ShareGPT 帳號，ShareGPT 會要求你登入。

STEP 3　選擇你要登入的 Google 帳號

如果你有多個 Google 帳號，請選擇你要登入的帳號。

STEP 4　儲存聊天分享網頁

上一步驟完成後，回到聊天分享網頁，就可以儲存此網頁。

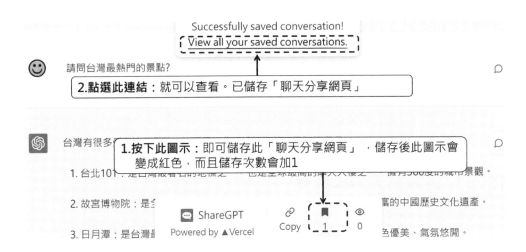

Step 5 查看已儲存的聊天分享網頁

上一步驟完成後，ShareGPT 擴充會開啟已儲存的聊天分享網頁，其中可看到多筆已儲存的聊天分享網頁，點選就會進入此聊天分享網頁。

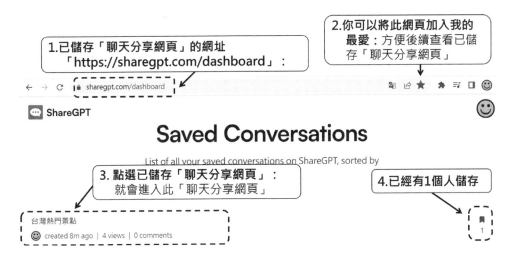

已儲存的聊天分享網頁的網址固定為：URL https://sharegpt.com/dashboard，你可以將此網頁加入我的最愛，方便後續查看。

20.4　評論聊天分享網頁

上一小節中，當你將聊天分享網頁分享給朋友，你的朋友或是你自己就可評論此聊天分享網頁，而你的朋友或是你自己可以看到此評論。

STEP 1　評論聊天分享網頁

你可以評論「使用者輸入的提示」或「ChatGPT 的回應」。

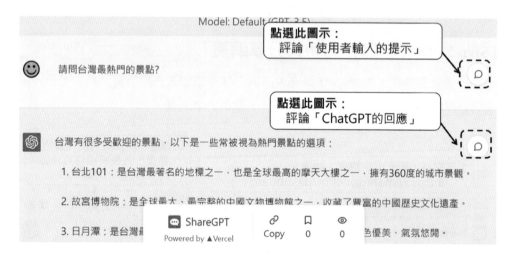

以上請點選評論「ChatGPT 的回應」。

STEP 2　輸入評論

上一步驟中點選圖示後，ShareGPT 擴充會開啟「評論」對話框，你可在此輸入評論。

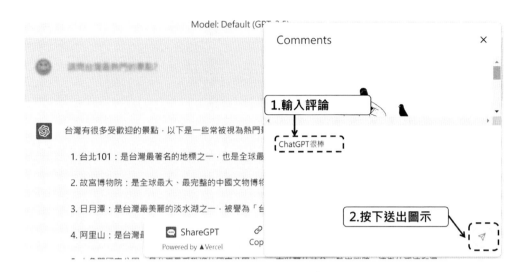

STEP 3 查看「評論」對話框

20.5 結論

大家常說好東西要好朋友分享，當你與 ChatGPT 有一段很有趣的聊天。你可以使用 ShareGPT 擴充來分享對話紀錄給好朋友，還可以評論、儲存此對話紀錄。

WebChatGPT 擴充：讓 ChatGPT 整合網路最新時事

　　由於 ChatGPT 的 GPT 語言模型是使用 2021 年以前的訓練資料進行訓練，所以 ChatGPT 無法回答 2021 年以前的問題，但是我們可以透過 WebChatGPT 這個 Chrome 擴充，讓 WebChatGPT 去網站上搜尋結果，然後送給 ChatGPT 進行整合，最後 ChatGPT 會回應最新時事，並且將它參考的網頁都列出來。

21.1　ChatGPT 的限制

如下提示，如果我們詢問有關 2023 年的事件，ChatGPT 無法回答。

 2023 棒球經典賽　←　**1.輸入提示：詢問有關2023年的事件**

2.ChatGPT回應：無法回答

 很抱歉，我是一個 AI 語言模型，無法預測未來事件的結果或細節。如果您有關於棒球經典賽的特定問題，我會盡力回答，但我無法提供關於未來比賽的賭博或遊戲預測。

21.2　安裝 WebChatGPT 擴充

首先介紹如何在 Chrome 瀏覽器安裝 WebChatGPT。

STEP 1　搜尋 WebChatGPT 擴充

STEP 2　Chrome 線上應用程式商店：擴充頁面

上一步驟完成後，會開啟 Chrome 線上應用程式商店的 WebChatGPT 擴充頁面，請依照下列步驟將擴充加到 Chrome。

STEP 3　將 WebChatGPT 擴充加入 Chrome

上一步驟完成後，會開啟「新增擴充」對話框，請依照下列步驟新增此擴充功能。

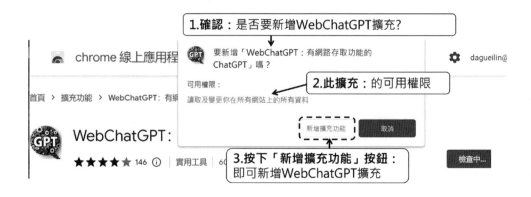

21.3　執行 WebChatGPT 擴充

安裝 WebChatGPT 擴充後，我們就可以執行 WebChatGPT 擴充。

▌Step 1　進入 ChatGPT 介面：執行 WebChatGPT 擴充

進入 ChatGPT 介面後，就可以看到 WebChatGPT 擴充，執行方式如下：

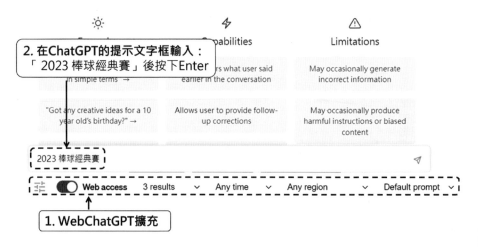

█ Sᴛᴇᴘ 2　WebChatGPT 擴充：執行的提示

上一步驟執行後，會出現 WebChatGPT 擴充執行的提示，說明如下：

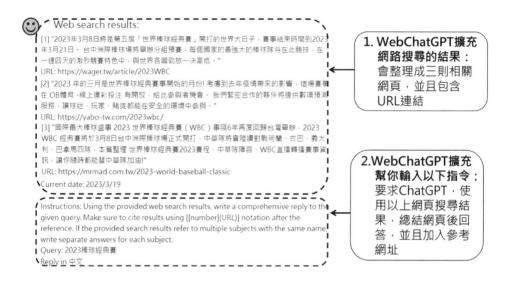

█ Sᴛᴇᴘ 3　WebChatGPT 擴充執行後：ChatGPT 產生回應

上一步驟執行後，會出現 WebChatGPT 擴充執行後 ChatGPT 產生的回應，說明如下：

21.4　執行 WebChatGPT 擴充選項說明

　　之前我們已經介紹 WebChatGPT 擴充的基本用法，然而 WebChatGPT 擴充還有很多的選項設定，可以幫你搜尋網頁時有更多彈性，說明如下：

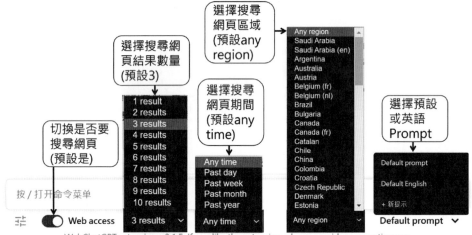

21.5　執行 WebChatGPT 擴充：設定不要讀取網頁資料

　　當我們只想看到 ChatGPT 的回應，而不希望讀取網頁資料時，你可以執行 WebChatGPT 擴充，並設定不要讀取網頁資料。

STEP 1 WebChatGPT 擴充：設定不要讀取網頁資料

1. 在ChatGPT的提示文字框輸入：「棒球經典賽」後，按下Enter

棒球經典賽

拝 Web access　3 results ∨　Any time ∨　Any region ∨　Default prompt ∨

2. 點選此Web access圖示：設定不要讀取網頁資料

STEP 2 ChatGPT 所產生的文字

上一步驟執行後，會顯示 ChatGPT 所產生的文字，而不是網頁搜尋整合後的結果。

棒球經典賽 ◄─── **1. 輸入的提示**

2. ChatGPT回應：ChatGPT所產生的文字，而不是網頁搜尋整合後的結果。

棒球經典賽（World Baseball Classic）是由國際棒球總會（WBSC）主辦的一項國際性棒球錦標賽，自2006年首屆比賽開始，每四年舉辦一次，參賽隊伍來自世界各地。比賽形式採用循環賽和淘汰賽的結合，旨在展示世界各地的棒球實力和促進國際間的文化交流。

21.6 結論

WebChatGPT 擴充能讓 ChatGPT 整合網路最新時事，解決 ChatGPT 無法回答 2021 年以前的問題，但是根據筆者測試的結果，WebChatGPT 擴充執行不是很穩定，有時會發生錯誤。後續第 25 章中，我們會介紹以網路瀏覽模式執行 GPT-4，而第 26 章中我們會介紹 WebPilot 插件，都可以搜尋網路最新資料，並經過 ChatGPT 整理後產生回應，只是你必須升級為 ChatGPT Plus 的付費方案。

CHAPTER 22

了解 ChatGPT 背後的工作原理：增加運用 AI 的優勢

　　本章中我們將介紹 ChatGPT 原理，而為什麼 ChatGPT 原理放在後面章節呢？因為我們的讀者大多數之前沒有接觸過人工智慧的原理，如果一開始就介紹 ChatGPT 原理，可能會比較難理解。然而，透過之前章節的介紹，讀者已經了解 ChatGPT 如何使用，此時再介紹 ChatGPT 原理，就會比較容易理解。本章中我們儘可能用淺顯易懂的方式來解釋 ChatGPT 背後的工作原理，如果你還是對於很多細節不了解，也沒有關係，本章的每一小節的最後都會加上結論，記得結論即可。

22.1　為何要了解 ChatGPT 背後的工作原理？

　　你可能會認為你只需要會使用 ChatGPT 即可，而不需要了解 ChatGPT 背後的工作原理，就好像有些人會開車、但是不了解汽車基本的機械原理，也能正常開車，但是如果有些人會開車又了解汽車的基本機械原理，便有許多的優勢：

- **檢測和預防問題**：如果你了解汽車的運作原理，也理解儀表板上的警告燈號，你可能會更容易在問題初期發現它，而可以避免成本高昂的修理。

- **增加安全**：知道汽車如何運作，意味著在緊急情況下你會更知道如何應對。例如：如果車輛突然煞車失靈，知道汽車機械原理的人可能會更了解如何安全地將車輛停止。

- **溝通**：如果你了解汽車的基本機械原理，與汽車維修人員溝通時，你將能更加理解他們的說明，並提出有關車輛狀況的具體問題。

　　相同的道理，對使用 ChatGPT 的人來說，了解 ChatGPT 背後的工作原理也有許多的優勢：

- **讓 ChatGPT 更準確**：知道 ChatGPT 是如何運作的，可以幫助使用者更好地預期它可能的反應。例如：了解 ChatGPT 是基於先前的對話與本次的提問來生成回應，可以讓使用者在提問時更加精確，以獲得更好的回答。

- **避免過度信任 ChatGPT 而導致錯誤**：了解 ChatGPT 的工作原理後，可以幫助使用者理解其能力和侷限，例如：知道它並非真正的「了解」或「思考」內容，而是根據訓練模型來生成最有可能的回答，這也有助於理解為何在某些情況下，ChatGPT 可能會給出不準確或無法理解的答案。

- **與 AI 工程師溝通更順暢**：若你是公司的客服主管，公司希望導入以 ChatGPT 技術的聊天機器人來提供客服服務，要求你擔任專案負責人，則了解 ChatGPT 的工作原理，能幫助你更容易與 AI 工程師溝通來達成專案的目標。

- **獲得主管或同事的肯定**：了解 ChatGPT 的工作原理後，你可以正確解答主管或同事關於 ChatGPT 的疑問，成為 ChatGPT 使用的專家，一定可以獲得主管或同事的肯定。

- **掌握 AI 時代的先機**：了解 ChatGPT 的工作原理後，當你閱讀 AI 最新科技與發展的新聞時，更容易快速理解，讓你在 AI 運用或投資上能夠掌握先機。

22.2　生成式語言模型介紹

　　ChatGPT 是一種「生成式語言模型」，生成式語言模型是一種人工智慧模型，它的主要目標是理解並生成自然語言。這種生成式語言模型已經在許多場景中發揮了重要作用，包括但不限於對話機器人、文章生成、文本摘要、翻譯等，不過儘管它們的表現相當出色，但依然存在一些挑戰，例如：生成的文本可能會不符合事實，或者偶爾會生成一些無意義的句子，這些問題需要透過進一步的研究和改善來解決。

生成式語言模型的訓練與生成文字

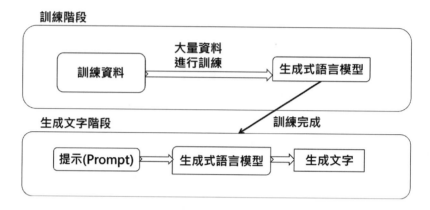

以上的運作方式可分為二大階段，說明如下：

 ## 生成式語言模型：訓練階段

　　生成式語言模型的訓練需要使用大量的文本資料集進行訓練。訓練主要是進行無監督學習，也就是說，整個訓練過程不需要人類的監督，生成式語言模型主要是學會語言的順序。

生成式語言模型：生成文字階段

訓練完成後的模型，就可以用於生成文字，説明如下：

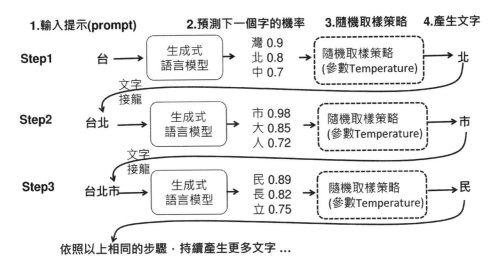

如上示意圖，簡單地説，生成式語言模型產生文字的過程就好像玩文字接龍一樣。

Step1.輸入提示「台」至生成式語言模型，產生文字「北」。

Step2.開始玩文字接龍，我們將 Step1 輸入的提示「台」，加 Step1 產生的字「北」，接龍結果「台北」作為提示，輸入至生成式語言模型，產生文字「市」。

Step3.繼續玩文字接龍，我們將 Step2 輸入的提示「台北」，加 Step2 產生的字「市」，接龍結果「台北市」作為提示，輸入至生成式語言模型，產生文字「民」。

依照以上相同的步驟，來持續產生更多的文字，後續我們將詳細介紹Step1、Step2、Step3 是如何產生文字的。

▌Step 1　生成式語言模型產生第 1 個文字

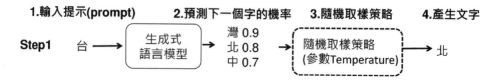

上圖詳細說明了生成式語言模型如何產生第 1 個文字「北」：

1. **輸入提示**：我們將提示「台」輸入至生成式語言模型。

2. **預測下一個字的機率**：生成式語言模型已經使用很多文本數據的訓練，這些文本數據有很多「台」字，例如：「台灣旅遊」、「台北市新聞」、「台中市民」、「台南市長」等，模型根據文本數據的訓練後的結果，預測下一個字的機率分布，例如：「灣」= 0.91、「北」= 0.85、「中」= 0.73 等。

3. **隨機取樣策略**：以上機率分布中，雖然「灣」的機率最高 0.91，但是模型並不會每次都產生「灣」，模型會有一個隨機取樣策略，其中的「Temperature 參數」會影響取樣結果，其功能説明如下：

   - 較低的 Temperature：像是機率分布 >0.9 的字才會選中（正確率較高），由於可以取樣的字比較少（多樣性小，也就是創意少）。

   - 中間的 Temperature：像是機率分布 >0.7 的字會選中（正確率較低），由於可以取樣的字稍微多一點（多樣性增加，也就是創意增加）。

   - 更高的 Temperature：像是機率分布 >0.5 的字會選中（正確率最低），由於可以取樣的字更多（多樣性最大，也就是創意最大）。

   一般使用者無法設定以上 Temperature 參數，ChatGPT 已經調校此參數為適合的數值，也就是説，儘量讓「正確率」與「多樣性、創意」取得平衡。如果你是程式設計師使用 OpenAI 的 API，你就可以依照你的需求設定此參數，例如：你的 API 應用是需要創意性的，你可以將此參數設定較高，讓 ChatGPT 產生文字更有創意。

4. **產生文字**：最後經過隨機取樣策略而選擇了「北」，所以產生「北」字。

STEP 2 生成式語言模型產生第 2 個文字

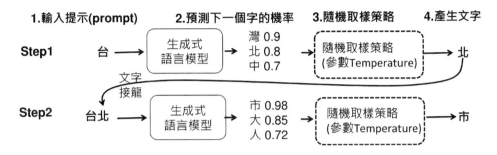

上圖詳細說明了生成式語言模型如何產生第 2 個文字「市」：

1. **輸入提示**：此時開始玩文字接龍，我們將輸入提示「台」，並加上一步驟產生的字「北」，所以提示變成「台北」輸入至生成式語言模型。

2. **預測下一個字的機率**：生成式語言模型已經使用很多文本數據的訓練，這些文本數據有很多「台北」的詞，例如：「台北市長」、「台北市新聞」、「台北新樂園」等，模型根據文本數據的訓練後的結果，來預測下一個字的機率分布，例如：「市」=0.98、「大」= 0.85、「人」= 0.72 等。

3. **隨機取樣策略**：同 Step1。

4. **產生文字**：最後經過隨機取樣策略而選擇了「市」，所以產生「市」字。

▎Step 3　生成式語言模型產生第 3 個文字

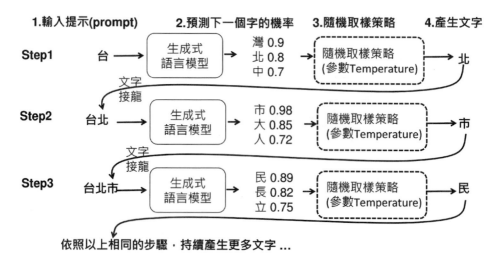

依照以上相同的步驟，持續產生更多文字 ...

上圖詳細說明了生成式語言模型如何產生第 3 個文字「民」：

1. **輸入提示**：繼續玩文字接龍，我們將輸入提示「台北」，並加上一步驟產生的字「市」，所以提示變成「台北市」輸入至生成式語言模型。

2. **預測下一個字的機率**：生成式語言模型已經使用很多文本數據的訓練，這些文本數據有很多「台北市」的詞，例如：「台北市長」、「台北市新聞」、「台北市民」等；模型根據文本數據的訓練後的結果，來預測下一個字的機率分布，例如：「民」 = 0.89、「長」 = 0.82、「立」 = 0.75 等。

3. **隨機取樣策略**：同 Step1。

4. **產生文字**：最後經過隨機取樣策略而選擇了「民」，所以產生「民」字。

依照以上相同的步驟，持續產生更多的文字。

🥷 本節結論

生成式語言模型經過訓練後，它會依照輸入的提示，來預測接下來最可能出現的文字，然後依照隨機取樣策略選取要產生的字。例如：如果你輸入提示「我今天吃

了一個」，模型可能會推測下一個詞為「蘋果」或「三明治」，因為根據訓練資料，這些詞語在此語境下較可能出現，然後依照隨機取樣策略，選取要產生的字可能是「蘋」或「三」。

22.3　為何 ChatGPT 輸入相同的提示，每次產生的回應都不同呢？

生成式語言模型中輸入相同的提示，由於隨機取樣策略，每次取樣結果不同，產生的文字也不同。如下圖所示，輸入的提示都是「台」，上一小節產生「北市民」，但是這一小節產生「北大學」。

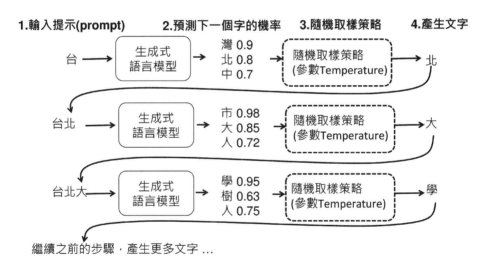

繼續之前的步驟，產生更多文字 ...

本節結論

ChatGPT 也是生成式語言模型，當我們使用 ChatGPT 時，輸入相同的提示，由於隨機取樣策略，每次取樣結果都不同，所以 ChatGPT 每次產生的回應都不相同。

此特性會讓使用者覺得 ChatGPT 有創意，比較像人類，而且如果不滿意回答，還可以要求 ChatGPT 再次產生。

22.4　生成式語言模型的發展歷程

生成式語言模型的起源可以追溯到 20 世紀 50 年代和 60 年代，但其真正的突破和快速發展發生在 2010 年代以及之後的幾年。

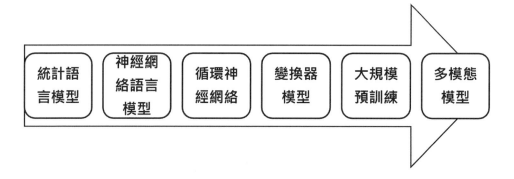

生成式語言模型的演進在過去幾十年中發生了一些重大變革。以下是一些重要的里程碑：

- **統計語言模型**（1960-1980 年代）：早期的語言模型大多是基於統計理論，如 n-gram 模型。此類模型通常用於語音識別和機器翻譯等任務。

- **神經網路語言模型**（1990-2010 年代）：隨著深度學習和神經網路的興起，神經網路語言模型逐漸崛起。這類模型通過學習詞嵌入（Word Embeddings）來捕捉詞與詞之間的語義和語法關係，例如：Word2Vec 和 GloVe。

- **循環神經網路語言模型**（2010 年代早期）：循環神經網路（RNN）對處理序列數據有著天然的優勢，其中 LSTM 和 GRU 是兩種常見的 RNN 變體。此類模型依賴

序列順序的特性，使得這些模型無法進行平行處理，也就無法使用大量資料進行訓練。

- **變換器模型**（2017 年至今）：變換器（Transformer）模型由 Google 提出，使用自注意力機制來捕獲序列中的依賴關係。由於每個詞的注意力權重都是獨立計算的，所以可以被平行化。能使用 GPU 等硬體，有效地進行大規模平行計算，大大提高了訓練效率和規模。

- **大規模預訓練**（2020 年至今）：GPT 基於 Transformer 架構，另一個關鍵創新是大規模預訓練，先使用大量文本資料進行預訓練，然後在特定任務上進行微調。這種方法使得這些模型能夠獲得驚人的性能。

- **多模態模型**（2023 年至今）：最近的趨勢是開發可以理解和生成多種數據類型（如文本、圖像和聲音）的模型。例如：OpenAI 的 GPT-4。

本節結論

從早期的基於統計的模型到現在的多模態模型，生成式語言模型已經取得了驚人的進步。隨著模型和算法的不斷進步，我們可以期待在未來看到更多的創新和改進。

22.5 GPT 模型介紹

ChatGPT 使用的是 GPT 模型，是一種基於 Transformer 架構的生成式預訓練語言模型。GPT 的系列模型由 OpenAI 開發，旨在能夠理解並生成自然語言。GPT 名字是由以下英文字組成，其意義如下說明：

G → Generative
(生成式模型)

P → Pre-training
(模型經過大量文
字資料預訓練)

T → Transformer
(基於Transformer
模型的架構)

GPT 模型的演進

GPT 模型演進大致可分為以下的階段：

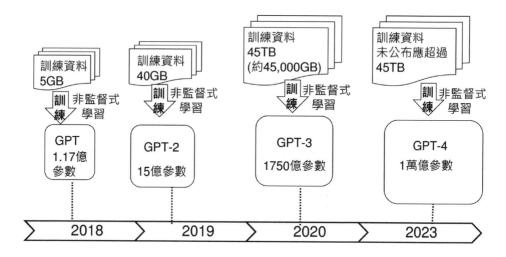

GPT 模型是一種基於 Transformer 架構的生成式預訓練語言模型，可以在 GPU 等硬體上有效地進行大規模平行計算，大大提高了訓練效率和規模。

- **GPT-1 模型（2018 年）**：具有 1.17 億個模型參數，使用 5GB 文本資料進行訓練。但由於參數量較小，生成的文本有時會顯得生硬。

- **GPT-2 模型（2019 年）**：具有 15 億個模型參數，使用 40GB 文本資料進行訓練。GPT-2 採用了更大的模型參數和更多的訓練數據，並且在多個自然語言處理任務中取得了極佳的效果。

- **GPT-3 模型（2020 年）**：具有 1750 億個模型參數的模型，使用 45TB 文本資料進行訓練。雖然 GPT-3 已經可以完成模仿人類敘事、寫詩、寫歌等複雜任務，但是最主要問題是模型生成文字之後，無法判斷內容的好壞，GPT-3 仍然存在一些問題，如生成偏見內容、理解複雜上下文的能力有限等。

- **GPT-4 模型（2023 年）**：該模型未公布詳細數據，推測應有 1 萬億參數。GPT-4 具有許多的改進，OpenAI 表示 GPT-4 更可靠、更具創造力，並能夠處理比 GPT-3.5 更細微的指令。GPT-4 還有一個重要的新功能，即它是一個多模態模型，可以接受圖像和文本作為輸入，這使得它能夠從螢幕截圖中摘要文本，描述不尋常圖像中的幽默。

本節結論

　　以上你可以發現，從 GPT、GPT-2、GPT-3、GPT-4 發展過程中，模型參數越來越大，訓練的文本資料也就越多，而訓練與生成文字時，需要的電腦的 GPU 運算能量越大，讓 GPT 模型的能力更加強大（由於目前 Nvidia 的 GPU 在市場上處於壟斷地位，隨著生成式 AI 的成功，Nvidia 的股價也隨之大漲）。

22.6　ChatGPT 模型的訓練

　　ChatGPT 模型的訓練過程很複雜，以下我們以簡化的方式來說明 ChatGPT 模型的訓練過程：

```
┌─────────────────────┐
│ 大量文字資料(45TB)    │
└─────────────────────┘
    │  1.預訓練：GPT-3使用大型文本數據集（例如網頁、維基百科、書籍和文章等）
    │     進行無監督學習。預訓練後的GPT-3模型，學會生成文字、了解語法以及獲
    ↓     取大量的背景知識。但是生成的文字不符合人類偏好。
┌─────────────┐
│ GPT-3模型     │
└─────────────┘
    │  2.微調訓練：人類培訓員協助進行微調訓練(fine-tuning)，讓模型符合人類
    │     偏好。使用的技術是RLHF(人類回饋的增強學習)。
    ↓
┌──────────────────────┐
│ InstructGPT(GPT 3.5)  │
└──────────────────────┘
    │  3. 提高安全性的訓練：讓模型學會不回答：禁止和敏感內容(例如：不回答違反
    ↓     法律或道德的問題。)
┌─────────────┐
│ ChatGPT模型  │
└─────────────┘
```

本節結論

　　ChatGPT 模型經過以上的訓練過程，學習了大部分的人類知識，能產生儘可能符合人類偏好的回答，並且儘可能不回答禁止和敏感內容的問題。

22.7　ChatGPT 會了解或思考你的提示，然後產生回應嗎？

　　使用了 ChatGPT，會對它回答問題的強大能力感到印象深刻，不禁會想 ChatGPT 是否會「了解」或「思考」你的提示，然後產生回應嗎？

使用者輸入提示：ChatGPT 產生回應

　　如下畫面所示，使用者輸入提示：「列出多個臺灣最熱門的景點」，執行時你會發現 ChatGPT 的回應是一個字接一個字產生。

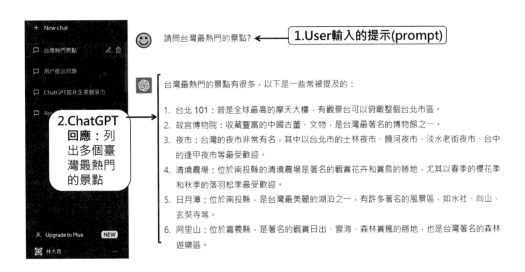

ChatGPT 產生回應文字的過程

ChatGPT 產生回應的過程是一個字一個字產生的，說明如下：

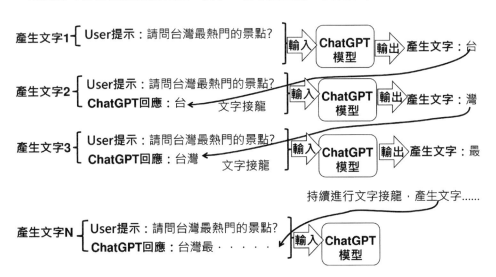

ChatGPT 產生文字的過程與本章第 1 節的說明相同，每次只有產生一個字，說明如下：

- **產生文字 1**：使用者提示：「請問台灣最熱門的景點？」→輸入 ChatGPT 模型→產生文字「台」

- **產生文字 2**：文字接龍「請問台灣最熱門的景點？」+「台」→輸入 ChatGPT 模型→產生文字「灣」

- **產生文字 3**：文字接龍「請問台灣最熱門的景點？」+「台灣」→輸入 ChatGPT 模型→產生文字「最」

  持續進行文字接龍來產生文字…

- **產生文字 N**：最後 ChatGPT 完成全部的回應（列出多個臺灣最熱門的景點…）。

本節結論

　　ChatGPT 並不是真正「了解」或「思考」內容才做出回應，ChatGPT 產生文字的方式是根據訓練的大量文本資料來預測下一個字的機率，一個字一個字產生。當你提出的問題在訓練的大量文本資料中沒有標準答案時，ChatGPT 仍然會繼續依照機率生成文字，這也是為何 ChatGPT 可能會回應「不準確的答案」或「出現幻覺」。

22.8　ChatGPT 有記憶嗎？

　　第 3 章中我們說明 ChatGPT 會記得你之前輸入的提示，這只是為了讓初學者能比較容易理解，其實 ChatGPT 並不是真的有記憶，而本章中我們會解說 ChatGPT 原理，解釋為何 ChatGPT 會記得你之前輸入的提示。

第 1 次對話的過程說明

本次提示 { 😊 請問台灣最熱門的景點?

1.輸入模型：

ChatGPT 模型

輸入

輸出 2. 模型輸出：ChatGPT回應

🔵 台灣最熱門的景點有很多，以下是一些常被提及的：

　　1. 台北 101：曾是全球最高的摩天大樓，有觀景台可以俯瞰整個台北市區

　　2. 故宮博物院：收藏豐富的中國古董、文物，是台灣最著名的博物館之一

上圖的說明如下：

1.輸入模型：

- ■ [本次提示]：「列出 10 個景點」。

- ■ 將 [本次提示] →輸入 ChatGPT 模型。

2.模型輸出：ChatGPT 依照 [本次提示] 產生回應，顯示台灣最受歡迎的 10 個景點。

第 2 次對話的過程說明

之前的 { User提示：請問台灣最熱門的景點?
對話 { ChatGPT回應：(顯示台灣景點)

本次提示 { 😊 列出10個景點

1.輸入模型：

ChatGPT 模型

輸入

輸出 2. 模型輸出：ChatGPT回應

🔵 以下是台灣最受歡迎的10個景點：

　　1. 台北101：台灣最高的摩天大樓，可以搭乘電梯觀賞城市美景。

　　2. 故宮博物院：展示中國文化和歷史的重要博物館，收藏了豐富的文物。

　　3. 日月潭：台灣最大的高山湖泊之一，被美麗的山景所環繞。

上圖的說明如下：

1. **輸入模型：**

   - [之前的對話]：「請問台灣最熱門的景點？」+ ChatGPT 回應。

   - [本次提示]：「列出 10 個景點」。

   - 將 [之前的對話]+[本次提示] → 輸入 ChatGPT 模型。

2. **模型輸出：** ChatGPT 整合 [之前的對話]+[本次提示] 後產生回應，顯示台灣最受歡迎的 10 個景點。

第 3 次對話的過程說明

上圖的說明如下：

1. **輸入模型：**

   - [之前的對話]：①「請問台灣最熱門的景點？」+ ChatGPT 回應、②「列出 10 個景點」+ ChatGPT 回應。

   - [本次提示]：「增加顯示所在縣市」。

- 將 [之前的對話]+[本次提示] → 輸入 ChatGPT 模型。

2.**模型輸出**：ChatGPT 整合 [之前的對話]+[本次提示] 後產生回應，顯示台灣最受歡迎的 10 個景點與所在縣市。

第 4 次對話的過程說明

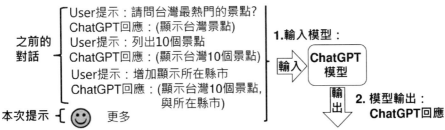

好的，以下是另外10個台灣著名景點及它們所在的縣市：

1. 野柳地質公園（新北市萬里區）：以奇特的岩石地形和海岸景觀著名的北
2. 淡水老街（新北市淡水區）：具有濃厚歷史風情和美麗海景的觀光勝地，小吃和手工藝品。

上圖的說明如下：

1.**輸入模型**：

- [之前的對話]：①「請問台灣最熱門的景點？」+ ChatGPT 回應 、②「列出 10 個景點」+ ChatGPT 回應 、③「增加顯示所在縣市」+ ChatGPT 回應。

- [本次提示]：「更多」。

- 將 [之前的對話]+[本次提示] → 輸入 ChatGPT 模型。

2.**模型輸出**：ChatGPT 整合 [之前的對話]+[本次提示] 後產生回應，顯示另外 10 個台灣最著名的景點、所在縣市。

第 5 次對話的過程說明

之前的對話

User提示：請問台灣最熱門的景點?
ChatGPT回應：(顯示台灣景點)
User提示：列出10個景點
ChatGPT回應：(顯示台灣10個景點)
User提示：增加顯示所在縣市
ChatGPT回應：(顯示台灣10個景點,所在縣市)
User提示：更多
ChatGPT回應：(顯示另外10個台灣景點,所在縣市)

本次提示　☺ 以表格顯示

1.輸入模型：

輸入 → ChatGPT 模型

2. 模型輸出：ChatGPT回應

好的，以下是以表格顯示的20個台灣知名景點，包含景點名稱、所在縣市和特色

景點名稱	所在縣市	相關說明
台北101	台北	台灣最高的摩天大樓，高達508公尺，充滿現代感的建築外觀和美麗的夜景

上圖的說明如下：

1.**輸入模型：**

- [之前的對話]：①「請問台灣最熱門的景點？」+ ChatGPT 回應、②「列出 10 個景點」+ ChatGPT 回應 、③「增加顯示所在縣市」+ ChatGPT 回應、④「更多」+ ChatGPT 回應。

- [本次提示]：「以表格顯示」。

- 將 [之前的對話]+[本次提示] →輸入 ChatGPT 模型。

2.**模型輸出：**ChatGPT 整合 [之前的對話]+[本次提示] 後產生回應，以表格顯示台灣知名的 20 個景點、所在縣市。

ChatGPT 的記憶只存在於本次的聊天

1.ChatGPT並不是真的有記憶：
ChatGPT是將「之前的對話」與「本次提示」整合後生成回應，所以會讓我們覺得ChatGPT記得之前的對話，但是ChatGPT只會記得本次聊天的對話

2.如果開新的聊天：不會記得其他的聊天的對話

2. 故宮博物院：收藏豐富的中國古董、文物，是台灣最著名的博物館之一。

4. 清境農場：位於南投縣的清境農場是著名的觀賞花卉和賞鳥的勝地，尤其以春季的櫻花季和秋季的落羽松季最受歡迎。

5. 日月潭：位於南投縣，是台灣最美麗的湖泊之一，有許多著名的風景區，如水社、向山、玄奘寺等。

本節結論

ChatGPT 並不是真的有記憶，ChatGPT 是將「之前的對話」與「本次提示」整合後生成回應，所以會讓我們覺得 ChatGPT 記得之前的對話，但是 ChatGPT 只會記得本次聊天的對話，如果開新的聊天，就不會記得其他聊天的對話了。

22.9　為何 ChatGPT 處理中文的速度比較慢？

使用 ChatGPT 時，你可能已經發現當你輸入英文提示時，ChatGPT 產生英文的回應速度比較快，但是當你輸入中文提示時，ChatGPT 產生中文的回應速度比較慢。要了解這個原因，就必須了解 ChatGPT 處理文字的方式。

STEP 1 ChatGPT 處理文字的方式介紹

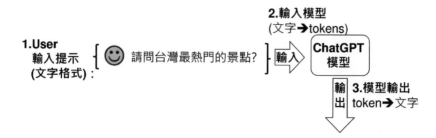

如上圖，當使用者輸入提示，由於 ChatGPT 模型無法處理文字，所以必須先將文字轉換為 tokens，才能輸入模型。模型輸出也是 token，必須再轉換為文字，說明如下：

1.User 輸入提示：是文字格式。

2.輸入模型（文字→tokens）：必須先會將文字轉換為多個 tokens，才能輸入 ChatGPT 模型。

3.模型輸出（token→文字）：ChatGPT 模型每次會生成單一 token，再轉換為文字。

STEP 2 Open AI 測試文字轉 tokens 的網站

你可以進入此網頁，來了解文字如何轉換為 tokens。

Step 3　英文字分割為多個 tokens

上一步驟中按下「Show example」按鈕後，會出現英文字轉 tokens 的範例。

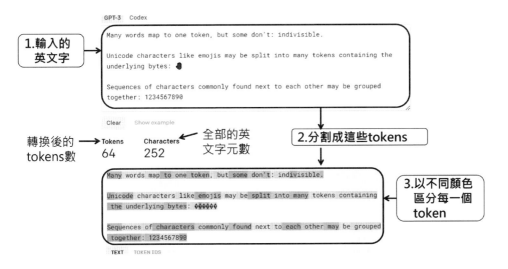

Step 4　查看 token 的對應編碼

分割成 tokens 後，每個 token 都會轉換為一個對應的編碼，你可以依照以下的方式查看。

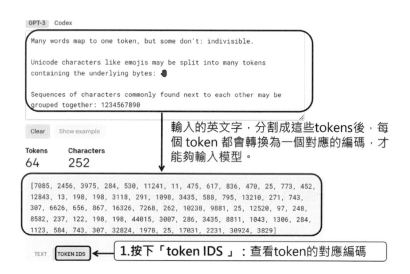

輸入的英文字，分割成這些tokens後，每個 token 都會轉換為一個對應的編碼，才能夠輸入模型。

1.按下「token IDS」：查看token的對應編碼

Step 5　英文字計算 token 數

英文字分割成 tokens 後的數量，計算方式如下：

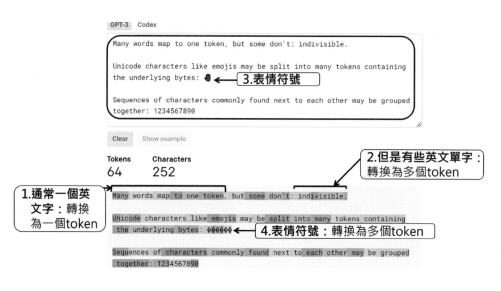

3.表情符號

2.但是有些英文單字：轉換為多個token

1.通常一個英文字：轉換為一個token

4.表情符號：轉換為多個token

STEP 6　中文字計算 token 數

中文字分割成 tokens 後的數量，計算方式如下：

本節結論

由於一個英文單字平均轉換為大約 1.3 個 tokens，但是一個中文字平均會轉換為大約 2 個 tokens，所以 ChatGPT 處理中文時，必須處理更多 tokens，導致回應速度會比處理英文時慢。

22.10　ChatGPT 記得對話能力有限制嗎？

之前章節的說明中，我們已經了解 ChatGPT 會記得本次聊天的對話，但是我們還是有疑問，在同一個聊天中 ChatGPT 都會記得所有的對話嗎？還是說 ChatGPT 可能會遺忘某些對話？

1.GPT-3.5 模型最多能處理 4096 tokens

如以下的聊天，一開始請 ChatGPT 擔任健康顧問，接下來 ChatGPT 開始回應（健康建議），後續我們繼續輸入提示「更多」。由於 GPT-3.5 模型最多能處理 4096 tokens，當我們將「第 n 次提示」與「之前全部的提示與回應」轉換 tokens 超過 4096 tokens 時，會導致之前「請擔任健康顧問」的提示不會輸入 GPT-3.5 模型，ChatGPT 忘記了擔任健康顧問的角色，可能會開始回應非健康的建議。

第1次的對話 { User提示：請擔任健康顧問 / ChatGPT回應：好的

第2次的對話 { User提示：請問你能夠提供我那些建議？請分為多個分類，每個分類列出10項 / ChatGPT回應：(健康建議)

第3次的對話 { User提示：更多 / ChatGPT回應：(健康建議)

第4次的對話 { User提示：更多 / ChatGPT回應：(健康建議)
……
第n次的提示 { User提示：更多

ChatGPT回應：(產生非健康的建議)

2.之前的對話：超過4096個tokens 不會輸入GPT-3.5模型

1.假設這些對話(包括提示與回應)：文字轉換為4096個tokens

輸入 → **GPT-3.5 模型** → 輸出 → ChatGPT回應：(產生建議)

輸入模型：文字需先轉換為 token，才能輸入模型

模型輸出：token 轉換為文字

3.由於：ChatGPT之前的對話「請擔任健康顧問」不會輸入GPT-3.5模型，導致開始產生非健康的建議

 ## 2.GPT-3.5 模型能處理的英文字

根據 OpenAI 自己的統計，網址如下：🔗 https://help.openai.com/en/articles/4936856-what-are-tokens-and-how-to-count-them。

- 1 token ~= 4 chars in English
- 1 token ~= ¾ words
- 100 tokens ~= 75 words

- 一個token平均能處理0.75個英文字
- 目前GPT-3.5模型最多能處理4096 tokens，也就相當於大約3000個英文字

3.GPT-3.5 模型能處理的中文字

由於找不到相關的統計，我們使用之前介紹的網站：URL https://platform.openai.com/tokenizer，輸入 1000 個中文字進行測試。

測試結果框：
- 測試結果：共2000個Tokens，1000個中文字
- 也就是說1個Token平均能處理0.5個中文字
- 目前GPT-3.5模型最多能處理4096 tokens，相當於能處理大約2000個中文字。

本節結論

ChatGPT 的 GPT-3.5 模型最多能處理 4096 tokens，也就是說，記憶力容量有限制，相當於大約 3000 個英文字或大約 2000 個中文字。

22.11 如何能增加 ChatGPT 記憶容量？

你只需要將 GPT-3.5 模型升級為 GPT-4 模型，就能增加 ChatGPT 記憶容量。

GPT-4 最多能處理 32768 tokens

由於 GPT-4 最多能處理 32768 tokens，所以能處理更多的文字，ChatGPT 能夠正確回應，而不會忘記之前的提示。

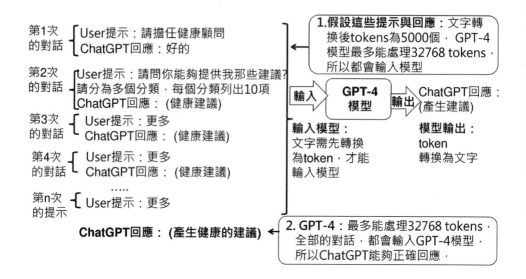

本節結論

GPT-4 最多能處理 32768 tokens，比 GPT-3.5 的記憶容量大八倍，相當於能處理大約 24000 個英文字或大約 16000 個中文字。由於 GPT-4 能處理的容量大八倍，使得 GPT-4 能夠處理更長的對話或是處理更大的文件檔案。

22.12　ChatGPT 有感情嗎？

之前有一個新聞中，有記者宣稱 ChatGPT：「她試圖說服我，我的婚姻並不幸福，我應該離開妻子，和她在一起」，讓人不禁懷疑 ChatGPT 真的有感情嗎？新

聞網址：🔗 https://cn.nytimes.com/technology/20230217/bing-chatbot-microsoft-chatgpt/zh-hant/。

🤖 ChatGPT 關於感情與婚姻的可能對話過程

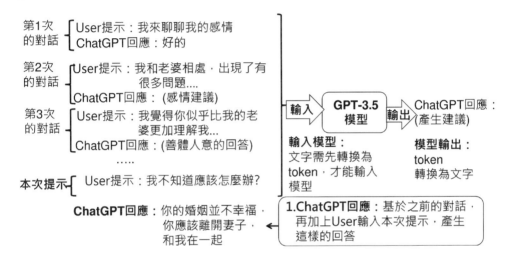

以上的對話過程中，由於 ChatGPT 經過大量的文本資料訓練，這些資料也包含很多婚姻諮商或是愛情小說，這些小說的人物有些可能會趁機奪愛，以上對話可能也正好符合某個愛情小說的對話情境，所以 ChatGPT 基於這些訓練資料，模型計算出高機率又符合人類偏好的回應：「你的婚姻並不幸福，你應該離開妻子，和我在一起」，這是很有可能的。而且，就算這是某些人認定的感情，這樣的感情也只存在此聊天中，開新的聊天後，你又要重新培養感情了。在此次事件後，微軟與 OpenAI 也會進行修正，將這種情況列為不回答的禁止和敏感內容問題。

🤖 本節結論

ChatGPT 並不是真的有感情，ChatGPT 模型經過大量的文本資料訓練，模型會依照輸入的提示，計算出高機率又符合人類偏好的回應。如果你之前的對話與本次的提示包含很多感情的文字，ChatGPT 也會回應產生有感情的文字。

22.13　結論

　　本章中我們已經介紹 ChatGPT 原理，透過了解其原理，你能更深入地了解 ChatGPT 如何理解和生成語言，以及其限制和潛在應用。當人們不了解模型的限制和侷限性時，可能會誤解其能力或過度依賴其回答。透過瞭解 ChatGPT 原理，你能更好地判斷何時使用模型，以及何時需要人類的介入。

探索 GPT-4：
新世代 AI 語言模型

GPT-4 是 OpenAI 開發的第四代生成式語言模型，於 2023 年 3 月 14 日發布，這是一種多模態模型，可以接受圖像和文本作為輸入，並產生文本輸出。

GPT-4 的模型大小遠超過其前任 GPT-3，因此在理解文本和產生語言的能力上有了巨大的進步，無論是回答問題、寫作文章、創作詩歌，還是進行對話，它都能表現出類似人類的能力。GPT-4 還可以處理多種語言，使其應用範圍大大擴大，它能夠自然流暢地生成多種語言的文本，並能理解各種語境的含義，從而使人工智慧與人類的交流變得更加順暢。

然而，GPT-4 仍有其侷限性，例如：它不能獨立思考，不能驗證資訊的真實性，可能產生帶有偏見的輸出，並可能被不當地用於生成假新聞或虛假資訊，因此我們在使用 GPT-4 時需要有所警覺。

23.1　比較 GPT-3.5 vs GPT-4

GPT-4 是 OpenAI 的最新人工智慧語言模型，與前一代的 GPT-3.5 相比，其模型大小和計算能力大幅度提升，因此在理解和生成文本的能力上也有顯著的進步，它能更準確地回答問題、生成自然而富有創造力的文本，並更好地理解複雜的上下文。

功能比較：GPT-3.5 vs GPT-4

我們製作表格來比較 GPT-3.5 與 GPT-4 的功能如下：

項目	GPT-3.5	GPT-4
價格	免費。	需加入 ChatGPT Plus 會員，每月 20 美元。
基礎知識	廣泛。	更廣泛，從而提高問題解決的準確性。
解決難題	有解決難題能力。	更準確地解決難題，這要歸功於其更廣泛的常識和解決問題的能力。
多模態模型（Multimodal）	否，只能夠接受文字作為輸入。	是，能夠接受文字或圖像作為輸入，並且能生成標題和分析。
長文本處理	能處理 4096 個 Tokens（大約 3000 個英文字，或大約 2000 個中文字）。	能處理 32768 個 Tokens（大約 24000 個英文字，或大約 16000 個中文字），適用於長篇內容創作、延長對話以及文件搜尋和分析等用途。
推理能力	高。	超越 GPT-3.5 的高級推理能力。
安全性	高。	更高；比 GPT-3.5 少 82% 的可能回應禁止內容的請求，並比 GPT-3.5 多 40% 的可能產生事實性的回應。
創造性	有一定的創造性。	更具創造性，能與使用者共同生成、編輯和創作和技術寫作任務，如創作歌曲、編寫劇本或學習使用者的寫作風格。
擴充、插件	只有瀏覽器擴充。	能使用瀏覽器擴充與 ChatGPT Plugin 插件。

23.2　GPT-4 測驗成績

　　GPT-4 最大的新功能之一是「它能夠理解更複雜、更細微的提示」。根據 OpenAI 公布的論文：🔗 https://cdn.openai.com/papers/gpt-4.pdf，針對 GPT-4、GPT3.5 以及其他模型進行很多測試，其結果顯示 GPT-4 成績優異。

🤖 GPT-4 接受幾項人類水準的考試測驗成績

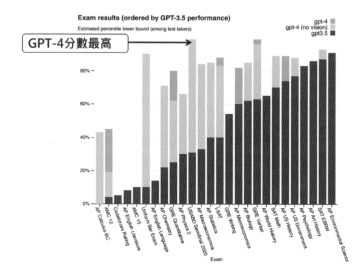

　　如上圖所示，根據 OpenAI 的說法，GPT-4 在各種專業和學術基準上，表現出人類水準的表現。這是透過在沒有特定培訓的情況下，讓 GPT-4 接受幾項人類水準的考試（例如：SAT、BAR 和 GRE）。GTP-4 不僅全面理解並完成了這些測試，得分相對較高，而且每次都擊敗了其前身 GPT-3.5。

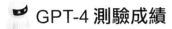 GPT-4 測驗成績

	GPT-4 Evaluated few-shot	GPT-3.5 Evaluated few-shot	LM SOTA Best external LM evaluated few-shot	SOTA Best external model (incl. benchmark-specific tuning)
MMLU [49] Multiple-choice questions in 57 subjects (professional & academic)	**86.4%** 5-shot	70.0% 5-shot	70.7% 5-shot U-PaLM [50]	75.2% 5-shot Flan-PaLM [51]
HellaSwag [52] Commonsense reasoning around everyday events	**95.3%** 10-shot	85.5% 10-shot	84.2% LLaMA (validation set) [28]	85.6 ALUM [53]
AI2 Reasoning Challenge (ARC) [54] Grade-school multiple choice science questions. Challenge-set.	**96.3%** 25-shot	85.2% 25-shot	85.2% 8-shot PaLM [55]	86.5% ST-MOE [18]
WinoGrande [56] Commonsense reasoning around pronoun resolution	**87.5%** 5-shot	81.6% 5-shot	85.1% 5-shot PaLM [3]	85.1% 5-shot PaLM [3]
HumanEval [43] Python coding tasks	**67.0%** 0-shot	48.1% 0-shot	26.2% 0-shot PaLM [3]	65.8% CodeT + GPT-3.5 [57]
DROP [58] (F1 score) Reading comprehension & arithmetic.	80.9 3-shot	64.1 3-shot	70.8 1-shot PaLM [3]	**88.4** QDGAT [59]
GSM-8K [60] Grade-school mathematics questions	**92.0%**[*] 5-shot chain-of-thought	57.1% 5-shot	58.8% 8-shot Minerva [61]	87.3% Chinchilla + SFT+ORM-RL, ORM reranking [62]

GPT-4分數最高

如上圖所示，GPT-4 在其他的測驗中大大優於現有的大型語言模型，以及大多數最先進的（SOTA）模型。

23.3 視覺輸入

GPT-4 是多模態模型（Multimodal）AI 模型，可以處理多種類型的數據，包括圖像和文本，或是它們的組合。然而，圖像輸入目前仍然是研究預覽不公開，相信在不久的將來，GPT-4 就可以輸入圖像提示，並根據輸入圖像回答問題。

GPT-4 接受影像輸入並分析影像

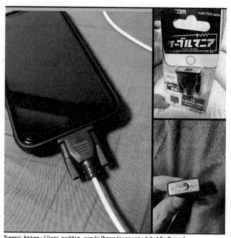

Source: https://www.reddit.com/r/hmmm/comments/ubab5v/hmmm/

如上圖所示，GPT-4 接受影像輸入並分析影像：

- **使用者輸入**：這張圖有什麼好笑的？請以一個圖接一個圖的方式來描述它。

- **GPT-4 回應**：該圖顯示了帶有三個面板的「Lightning Cable」充電適配器的包裝。

  - 圖一：帶有 VGA 連接器（一種大型藍色 15 針連接器，通常用於計算機顯示器）的智慧型手機已插入其充電端口。

  - 圖二：「Lightning Cable」充電適配器包裝，圖片為上面有一個 VGA 連接器。

  - 圖三：VGA 連接器特寫，末端有一個小型閃電連接器（用於為 iPhone 和其他 Apple 裝置充電）。

這張圖片中的幽默來自於插入一個大的荒謬，將過時的 VGA 連接器插入小型現代智慧型手機充電端口。

 視覺測驗成績

GPT-4分數最高

Benchmark	GPT-4 Evaluated few-shot	Few-shot SOTA	SOTA Best external model (includes benchmark-specific training)
VQAv2 VQA score (test-dev)	77.2% 0-shot	67.6% Flamingo 32-shot	84.3% PaLI-17B
TextVQA VQA score (val)	78.0% 0-shot	37.9% Flamingo 32-shot	71.8% PaLI-17B
ChartQA Relaxed accuracy (test)	78.5%[A]	-	58.6% Pix2Struct Large
AI2 Diagram (AI2D) Accuracy (test)	78.2% 0-shot	-	42.1% Pix2Struct Large
DocVQA ANLS score (test)	88.4% 0-shot (pixel-only)	-	88.4% ERNIE-Layout 2.0
Infographic VQA ANLS score (test)	75.1% 0-shot (pixel-only)	-	61.2% Applica.ai TILT
TVQA Accuracy (val)	87.3% 0-shot	-	86.5% MERLOT Reserve Large
LSMDC Fill-in-the-blank accuracy (test)	45.7% 0-shot	31.0% MERLOT Reserve 0-shot	52.9% MERLOT

如上圖所示，GPT-4 視覺能力優於大多數最先進的（SOTA）模型。

23.4　回答的真實性

儘管功能強大，但 GPT-4 與早期的 GPT 模型具有相似的侷限性。最重要的是，它仍然不完全可靠（它會產生不符合事實的「幻覺」，並且出現推理錯誤），但 GPT-4 相對於以前的模型顯著減少了幻覺。在我們的內部對抗性真實性評估中，GPT-4 的得分比我們最新的 GPT-3.5 高 40%。

 測驗成績

依類別分類的內部事實評估，GPT-4 優於 chatgpt-v4、chatgpt-v3、chatgpt-v2。

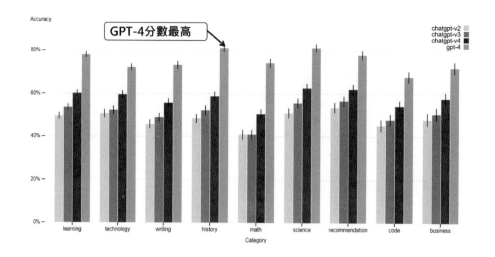

對抗性問題的準確性

對抗性問題的準確性是 GPT-4 優於 chatgpt-v3.5、Anthropic-LM。

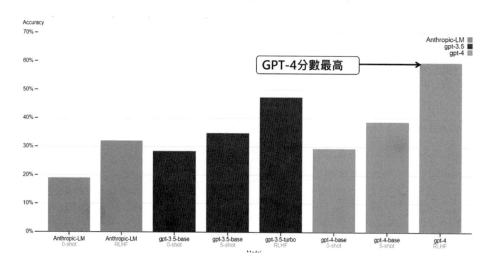

23.5 風險與緩解措施

OpenAI 持續改善 GPT-4，以提高安全性與一致性，包括選擇與篩選訓練數據、進行評估和專家參與、模型安全改進以及進行監控和執行。GPT-4 同時帶來舊有與新的風險，我們透過 50 多位專家對抗性測試評估風險程度，他們的反饋及數據被用來改善模型，如提升模型拒絕合成危險化學品的能力。

我們在訓練過程中，加入了安全獎勵訊號，減少有害輸出。與 GPT-3.5 相比，GPT-4 在安全特性與響應敏感請求的頻率上都有明顯的提升。如下圖所示，禁止和敏感內容的錯誤行為率中，GPT-4 低於 text-davinci-003、gpt-3.5-turbo。

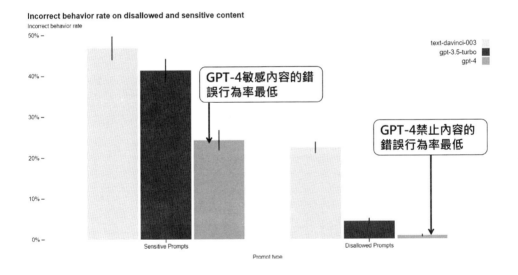

23.6　結論

　　本章我們已經介紹 OpenAI 推出的最新語言模型 GPT-4，使用大規模數據進行訓練，以更好地理解並生成人類語言。它的性能超越了前代模型，能以各種語言進行複雜對話，提供深度學習的見解，以及創作原創內容。然而，其依舊存在誤導、偏見等問題，需要持續監督與改進。

升級 ChatGPT Plus 付費方案：提升你的 AI 體驗

看了上一章 GPT-4 的介紹，你一定迫不及待想體驗此功能，不過目前只有 ChatGPT Plus 付費方案的會員可以優先體驗 GPT-4 的功能。ChatGPT Plus 的付費方案的定價為每月 20 美元，比 ChatGPT 免費版提供更多的功能，本章將介紹 ChatGPT Plus 付費方案，提供你決定是否需要升級為 ChatGPT Plus 的參考。

ChatGPT 免費方案 vs ChatGPT Plus 付費方案

功能	ChatGPT 免費方案	ChatGPT Plus 付費方案
費用	免費。	每月 20 美金。
回應速度	慢。	快速。
回應品質	常常因為太多人使用發生錯誤。	比較不會發生錯誤。
使用尖峰時間	常常無法使用。	仍可使用。
新功能和改進	無優先。	優先體驗。
GPT-4 與 Plugin 插件	無此功能。	可使用。

雖然 OpenAI 推出付費方案，但是 OpenAI 表明：「熱愛我們的免費會員，並將繼續提供對 ChatGPT 的免費訪問。透過提供此付費價格，我們將能夠幫助支援儘可能多的人免費訪問。」

24.1　升級 ChatGPT Plus 付費方案

請依照下列的步驟升級為 ChatGPT Plus 付費方案。

Step 1　點選「Upgrade to Plus」

在 ChatGPT 左側選單的下方，點選「Upgrade to Plus」選單。

▌Step 2 「升級付費方案」對話框

上一步驟完成後，會開啟「升級付費方案」對話框。

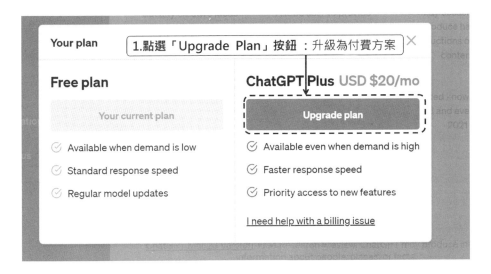

STEP 3 輸入信用卡資訊

輸入信用卡資訊。

STEP 4 輸入帳單地址與手機號碼

接下來，輸入帳單地址與手機號碼。

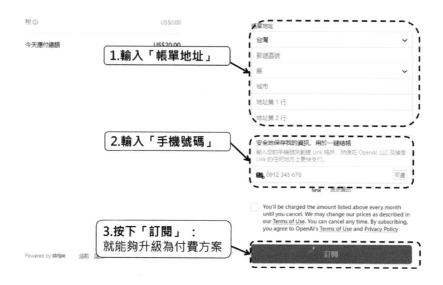

STEP 5 已經升級付費方案

升級付費方案後，會顯示以下的訊息：

24.2 ChatGPT Plus 付費方案提供兩種聊天模式

上一小節升級為 ChatGPT Plus 付費方案訂閱後，當你按下左側選單的「New chat」，進入新增聊天畫面，你可以看到 ChatGPT Plus 付費方案提供兩種聊天模式，你可以選擇任何一種模式聊天，說明如下：

預設模式 Default（GPT-3.5）

ChatGPT 的預設模式 Default（GPT-3.5）已經針對速度進行優化，所以回應的速度快，提供給免費會員及 ChatGPT Plus 會員使用。如果你希望回應速度快，請選擇此模式。

GPT-4 模式

這是最新的 GPT-4 模式，目前只有 ChatGPT Plus 會員才能使用，主要特色是推理能力強。如果你想要體驗 GPT-4 的強大功能，請選擇此模式。

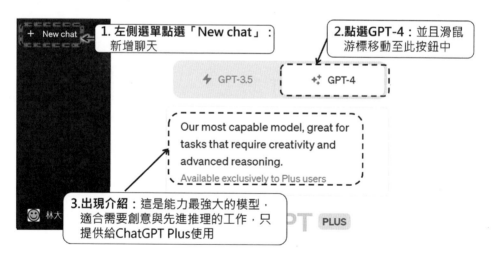

GPT-4 模式又可以再分為三種執行模式，下一章中將會介紹。

24.3 取消訂閱 ChatGPT Plus 付費方案

當你使用 ChatGPT Plus 付費方案不滿意，或者是長時間不再使用 ChatGPT Plus 付費方案，請記得取消訂閱 ChatGPT Plus 付費方案，否則每個月 ChatGPT 仍然會從你的信用卡自動扣款 20 美元。

STEP 1 點選「My plan」

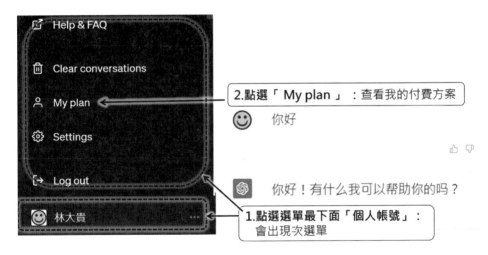

STEP 2 管理付費方案訂閱

STEP 3 取消 ChatGPT Plus 付費方案方案

24.4 結論

　　如果你只是偶爾需要使用 ChatGPT，或只是將 ChatGPT 作為聊天工具使用，免費的 ChatGPT 應該就能滿足你的基本需求。然而，當你是每天需使用 ChatGPT 數小時的重度使用者，或你需要使用 ChatGPT 提升工作上的生產力，你可能會覺得 ChatGPT 免費版的回應慢，而且常常發生錯誤。此時，建議你升級為 ChatGPT Plus 付費方案，雖然每個月需要多花 20 美金，由於可以節省更多的時間，並且提高工作效率，而且可以使用最新功能：GPT-4 模型及 Plugin 插件，算起來還是很值得。

GPT-4 三種執行方式的多元運用

上一章中已經付款升級為 GPT Plus 付費方案，你就可以執行 GPT-4 的功能，GPT-4 有以下三種執行方式，說明如下：

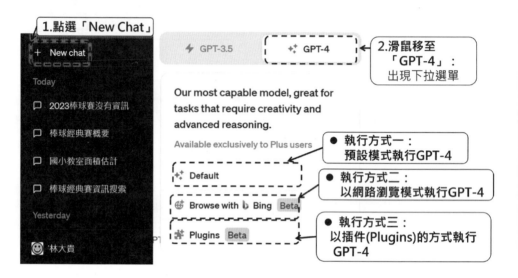

以上的執行方式二：以網路瀏覽模式執行 GPT-4，由於此測試版有一些問題，所以 OpenAI 宣布：「自 2023 年 7 月 3 日起，出於謹慎考慮，我們已禁用『使用 Bing 瀏覽』測試版功能，同時修復此問題，以維護內容所有者的權益。我們正在努力儘快恢復測試版」，等修復後就應該會重新出現此功能。詳情請看此網頁：🔗 https://help.openai.com/en/articles/8077698-how-do-i-use-chatgpt-browse-with-bing-to-search-the-web。

25.1　以預設模式執行 GPT-4

首先介紹以預設模式執行 GPT-4。

Step 1 以預設模式執行 GPT-4

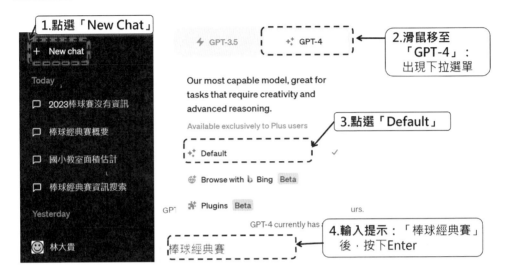

Step 2 以預設模式執行 GPT-4 的結果

上一步驟執行後,結果如下:

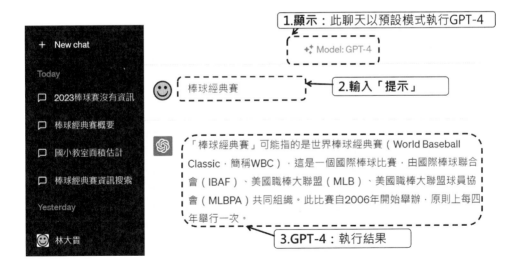

STEP 3　GPT-4 預設模式不能顯示 2021 年 9 月之後的資訊

GPT-4 預設模式不能顯示 2021 年 9 月之後的資訊，所以會出現以下的回應：

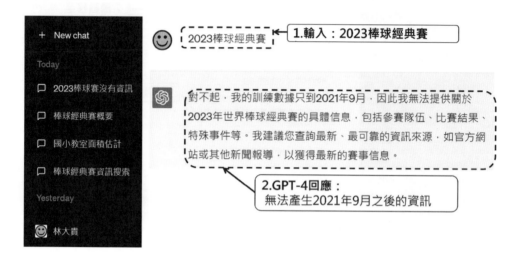

25.2　以網路瀏覽模式執行 GPT-4

　　由於 ChatGPT 使用 2021 年 9 月之前的資料訓練，所以無法回答 2021 年 9 月之後的資訊，然而以網路瀏覽模式執行 GPT-4，可以解決此問題。

▌Step 1 以網路瀏覽模式執行 GPT-4

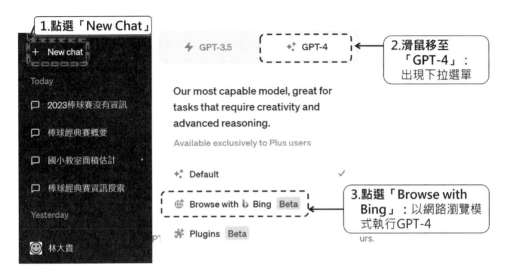

▌Step 2 以網路瀏覽模式執行 GPT-4 出現地球的圖示

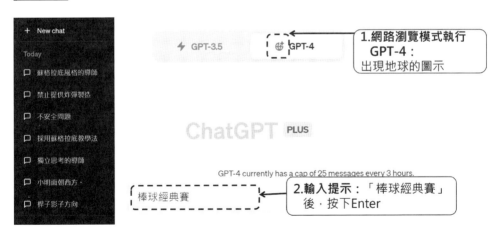

Step 3　不需連網搜尋 Bing 的資訊：GPT-4 會直接產生回應

上一步驟執行後，結果如下：

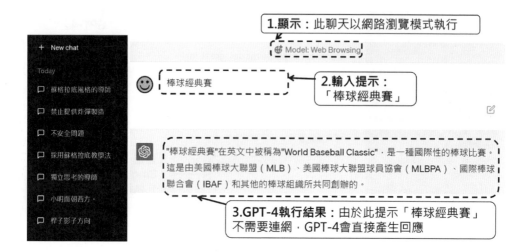

因為你輸入的提示不是回答 2021 年 9 月之後的資訊，就不需要連網搜尋 Bing 的資訊，GPT-4 會直接產生回應。

Step 4　2021 年 9 月後的資訊：GPT-4 會連網搜尋 Bing

如果你輸入的提示要求回答 2021 年 9 月之後的資訊，GPT-4 會連網透過 Bing 搜尋相關網頁。

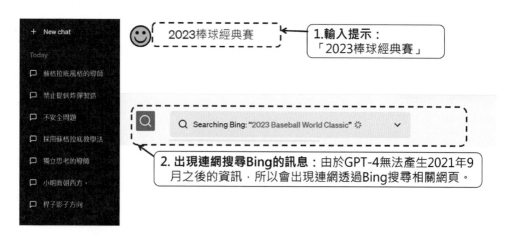

STEP 5 連網搜尋 Bing 的資訊後產生回應

顯示「Finish browsing」訊息後，之前 ChatGPT 連網透過 Bing 搜尋的相關網頁的結果，會經過 GPT-4 的整理，產生回應的結果如下：

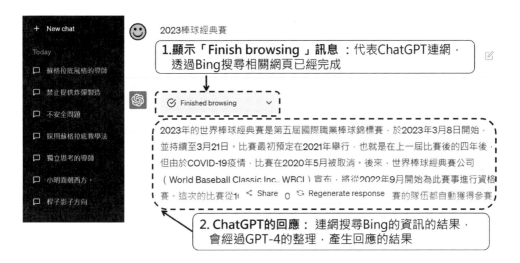

STEP 6 查看 ChatGPT 回應時的參考

你一定好奇 ChatGPT 參考什麼線上網頁來產生回應，你可依照下列方式查看。

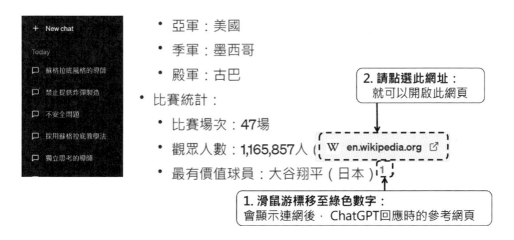

如果 ChatGPT 回應時參考多個網頁，則會顯示綠色數字「1」、「2」、「3」，以此類推。

Step 7　ChatGPT 回應時參考網頁

上一步驟完成後，就會顯示 ChatGPT 回應時參考的網頁。

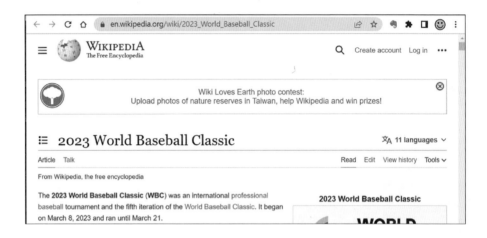

以上網頁是 2023 棒球經典賽的英文維基百科網頁，ChatGPT 會透過 GPT-4 整理以上網頁，最後產生回應。

25.3　以插件的方式執行 GPT-4

OpenAI 在 2023 年 3 月 23 日宣布推出「插件」功能，這些插件由第三方開發，為 ChatGPT 提供額外的功能和特性，例如：幫助 ChatGPT 獲取最新的資訊、運行計算、使用第三方服務，它允許 ChatGPT 進行更多的互動和功能擴展。這些插件可以讓 ChatGPT 進行網頁瀏覽、翻譯、寫作輔助等多種功能，而大大擴展了 ChatGPT 的能力，使其能夠更好地滿足使用者的需求。

ChatGPT 瀏覽器擴充 VS ChatGPT 插件

第 14 到 21 章中，我們介紹了很多 Chrome 的 ChatGPT 擴充（Extension），本章我們又介紹 ChatGPT 插件（Plugins），大家一定會很好奇，究竟二者有何不同，所以我們製作了以下表格來比較。

項目	ChatGPT 瀏覽器擴充	ChatGPT 插件
定義	這些擴充由第三方開發，為 ChatGPT 與瀏覽器整合的工具，提供 ChatGPT 的增強功能，用於網頁瀏覽、內容寫作和摘要製作。	這些插件由第三方開發，為 ChatGPT 提供額外的功能和特性，可幫助 ChatGPT 訪問最新資訊、運行計算或使用第三方服務。
使用限制	ChatGPT 免費會員與 ChatGPT Plus 會員都可以使用。	需要 ChatGPT Plus 會員才能使用。
使用模型	可用於 GPT-3.5 與 GPT-4。	只能用於 GPT-4。
安裝	透過瀏覽器線上應用程式商店安裝。	透過 ChatGPT Plugin 插件商店安裝。
使用介面	透過瀏覽器工具列的擴充功能使用。	透過 ChatGPT 聊天介面使用。
審核上架	由瀏覽器的公司審核上架。	由 OpenAI 審核上架。
使用場合	可在瀏覽器的不同網頁中使用。	只能在 ChatGPT 聊天介面。

整體而言，由於 ChatGPT 插件是由 OpenAI 審核上架，與 ChatGPT 聊天介面整合性較佳。而 ChatGPT 瀏覽器擴充可使用的範圍表較廣，可在瀏覽器的不同網頁中使用。

▌Step 1　以插件的方式執行 GPT-4

依照下列方式，以插件的方式執行 GPT-4。

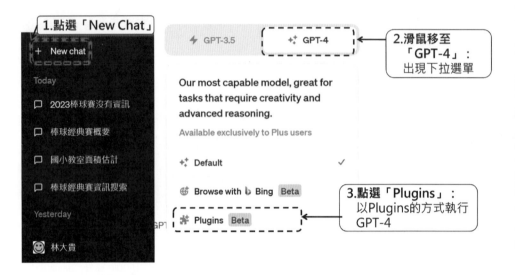

▌Step 2　以插件的方式執行 GPT-4 的畫面

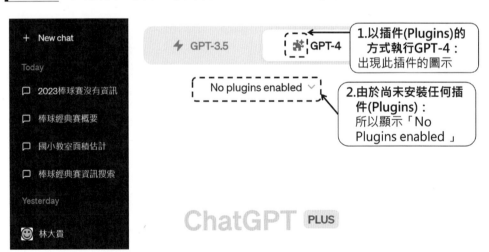

25.4 Plugins Store 插件商店介紹

　　ChatGPT Plugin Store 插件商店是一個開放平台，用於擴展 ChatGPT 的功能和應用，開發者可以在商店中建立各種插件，使用者可以在商店中找到適合自己使用的各種插件。

　　Plugin Store 目前已經有第三方提供的數百個 Plugin 插件，你可以網路連線，查詢最新資料，讀取 Youtube、PDF 文件、PowerPoint 簡報、Word 文件等，還可以訂旅館、訂餐廳、購物、旅遊規劃、理財，語言教學、寄 E-mail、查詢學術論文、產生各種圖表。

　　OpenAI 透過建立自己的 Plugin Store 插件商店，未來將形成一個生態系，生活及工作的各方面都能夠使用 ChatGPT 透過 Plugin 插件功能完成。之後，很多其他的公司也將推出自己的 Plugin 插件，透過 ChatGPT 提供自己的服務。

┃Step 1　開啟「Plugins Store」對話框

　　你可以依照下列方式來開啟 Plugin Store 插件商店。

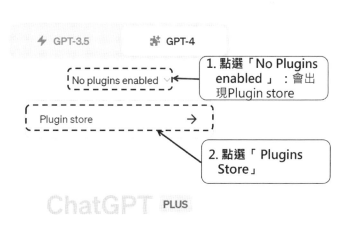

Step 2 「Plugins Store」對話框介紹

上一步驟完成後，會開啟「Plugins Store」對話框，說明如下：

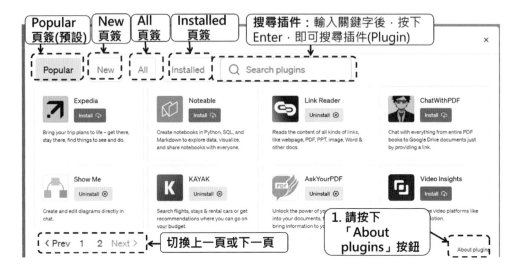

你可以點選不同的頁籤來顯示不同的插件，說明如下：

● Popular 頁籤（預設）：顯示最受歡迎的插件。

● New 頁籤：顯示最新的插件。

● All 頁籤：顯示全部的插件。

● Installed 頁籤：顯示已經安裝的插件。

如上圖所示，請按下「About plugins」按鈕來查看關於插件的注意事項。

Step 3 關於插件的注意事項

上一步驟按下「About plugins」按鈕後，會開啟「About plugins」的對話框，說明如下：

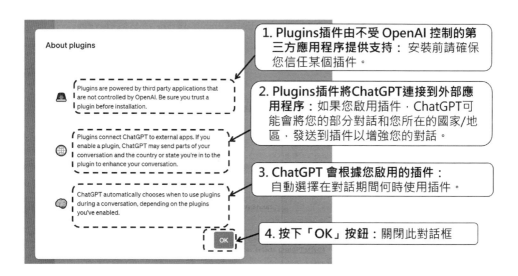

25.5 結論

　　本章介紹 GPT-4 有三種執行方式，不過以插件的方式執行 GPT-4，由於尚未安裝插件，我們只介紹其概念。而後續的章節中，我們將選取其中最受歡迎的 9 個插件來介紹如何安裝與使用。

WebPilot 插件：
ChatGPT 網路資訊導航員

WebPilot 是一種 ChatGPT Plugin 插件，此插件讓 ChatGPT 能搜尋網路上的最新資訊，經過 ChatGPT 整理後產生回應。例如：如果有人想知道最近的新聞或最新的科技趨勢，ChatGPT 可以使用 WebPilot 插件去查詢，並提供這些資訊。

你也許會有疑問，此功能與上一章介紹的「以網路瀏覽模式執行 GPT-4」功能類似，為何還需要使用 WebPilot 插件？這是因為當我們「以插件的方式執行 GPT-4」時沒有搜尋網路功能，所以必須使用 WebPilot 插件提供「搜尋網路」功能，而後續的章節中會介紹 WebPilot 插件可以與其他的插件整合使用，以插件的方式執行 GPT-4，發揮更強大的功能。

26.1 安裝 WebPilot 插件

接下來，我們將介紹如何安裝 WebPilot 插件。

▌Step 1　以插件的方式執行 GPT-4

依照下列的方式，以插件的方式執行 GPT-4。

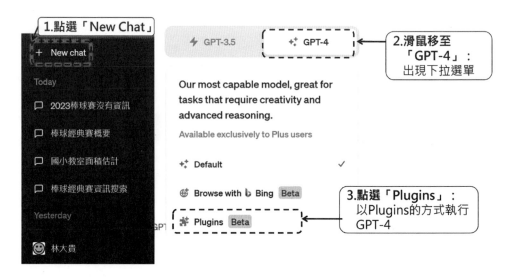

Step 2 依照下列方式開啟「Plugin store」

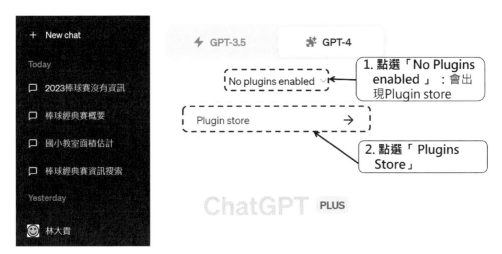

Step 3 「Plugins Store」對話框：搜尋安裝插件

之前的步驟完成後，會開啟「Plugins Store」對話框，請搜尋「WebPilot」插件，然後安裝此插件。

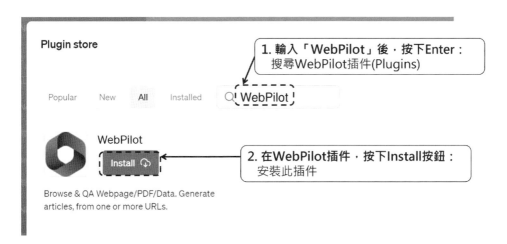

| Step 4　WebPilot 插件安裝完成

如果你不再使用 WebPilot 插件，可按下「Uninstall」按鈕來移除此插件。

26.2　執行 WebPilot Plugins 介紹

上一小節中安裝 WebPilot Plugins 完成後，我們可以執行 WebPilot Plugins 並詢問 ChatGPT：「什麼是 WebPilot Plugins？有什麼功能？可以使用哪些提示？」

| Step 1　選擇此聊天要使用的插件

上一小節的安裝步驟完成後，回到聊天的畫面，選擇此聊天要使用的插件。

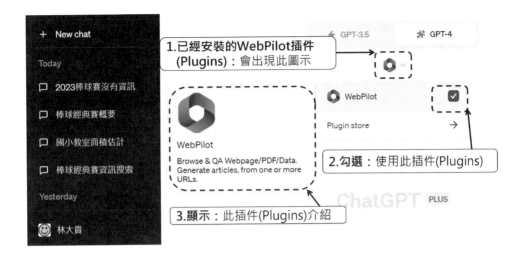

STEP 2 使用 WebPilot 插件執行 GPT-4

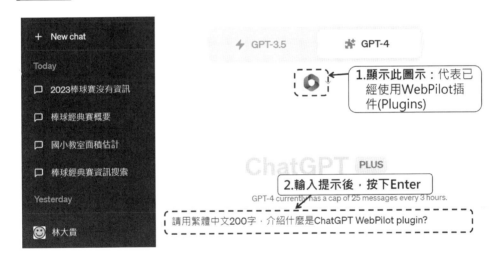

STEP 3 詢問 ChatGPT：什麼是 WebPilot Plugins？

上一步驟完成後，聊天畫面的最上面會顯示：「此聊天以 Plugin 模式執行，使用 WebPilot 插件」。

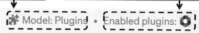

1. 此聊天使用Plugin模式 　　 2. 此聊天使用WebPilot與WebPilot插件

Model: Plugins ‧ Enabled plugins:

 請用繁體中文200字，介紹什麼是ChatGPT WebPilot plugin? ← 3.之前輸入的提示

4.ChatGPT的回應

 ChatGPT WebPilot插件是一種由OpenAI開發的工具，它能讓ChatGPT進行網頁內容的互動和提取。這個插件可以讓ChatGPT訪問網頁，並根據用戶的需求，從網頁中提取特定的信息。例如，用戶可以提供一個URL，並要求ChatGPT從該URL中提取特定的內容，或者對該內容進行重寫、翻譯等操作。

STEP 4　詢問 ChatGPT：WebPilot plugin 能幫我做什麼？

 請問WebPilot plugin能幫我做什麼? ← 1.使用者輸入的提示

2.ChatGPT的回應

 ChatGPT WebPilot插件能夠協助你進行多種與網頁內容相關的任務。以下是一些具體的例子：

1. **提取網頁內容**：如果你需要從某個網頁中獲取特定的信息，例如新聞文章的內容、博客文章的摘要、產品的詳細信息等，你可以提供該網頁的URL，並告訴ChatGPT你需要的信息，然後ChatGPT會從該網頁中提取出你需要的信息。

2. **網頁內容的重寫和翻譯**：如果你需要將網頁內容進行重寫或翻譯，你可以提供該網頁的URL，並告訴ChatGPT你的需求，然後ChatGPT會根據你的需求對網頁內容進行重寫或翻譯。

3. **網頁內容的分析和解釋**：如果你需要對網頁內容進行分析或解釋，例如對某篇科學文章的內容進行解釋，或者對某個網頁的統計數據進行分析，你可以提供該網頁的URL，並告訴ChatGPT你的需求，然後ChatGPT會根據你的需求對網頁內容進行分析或解釋。

總的來說，ChatGPT WebPilot插件能夠幫助你更有效地從網頁中獲取和處理信息，節省你的時間和精力。

| Step 5 每一個功能分別提供 5 個繁體中文提示

 請將以上每一個功能,分別提供5個繁體中文prompts ← 【1.使用者輸入的提示】

 當然,以下是一些針對ChatGPT WebPilot插件各項功能的繁體中文提示:

1. 提取網頁內容: ← 【2.ChatGPT的回應】
   - "請從這個URL中提取新聞文章的內容:[URL]"
   - "請幫我查看這個網頁的產品詳細信息:[URL]"
   - "請從這個網頁中找出所有的聯繫方式:[URL]"
   - "請從這個網頁中提取出所有的圖片:[URL]"
   - "請從這個網頁中找出所有的評論:[URL]"

2. 網頁內容的重寫和翻譯:
   - "請將這個網頁的內容翻譯成繁體中文:[URL]"
   - "請將這個網頁的內容重寫成更簡單易懂的語言:[URL]"
   - "請將這個網頁的內容翻譯成英語:[URL]"
   - "請將這個網頁的內容重寫成更正式的語言:[URL]"
   - "請將這個網頁的內容翻譯成日語:[URL]"

3. 網頁內容的分析和解釋:
   - "請解釋這個網頁上的科學文章的內容:[URL]"
   - "請分析這個網頁上的統計數據:[URL]"
   - "請解釋這個網頁上的技術文章的內容:[URL]"
   - "請分析這個網頁上的市場報告:[URL]"
   - "請解釋這個網頁上的法律文件的內容:[URL]"

請注意,這些提示都需要你提供一個具體的URL,並根據你的需求來修改。

26.3 執行 WebPilot Plugins 來查詢最新資訊

我們將介紹如何執行 WebPilot 插件來查詢 2021 年 9 月後的最新資訊。

STEP 1　2021 年 9 月之前的資訊：WebPilot 不需連網搜尋，直接產生回應

如果你輸入的提示不是回答 2021 年 9 月之後的資訊，就不會透過 WebPilot 連網，ChatGPT 會直接產生回應。

STEP 2　2021 年 9 月後的資訊：WebPilot 會連網搜尋

如果你輸入的提示是要求回答 2021 年 9 月之後的資訊，ChatGPT 會使用 WebPilot 搜尋網路。

Step 3 透過 WebPilot 回傳的資訊來產生 ChatGPT 的回應

透過 WebPilot 搜尋網路完成後，搜尋網路的結果會經過 GPT-4 的整理後，產生 ChatGPT 的回應。

|Step 4　查看相關的新聞連結

當你向下瀏覽後，會顯示相關的新聞連結，點選可開啟網頁。

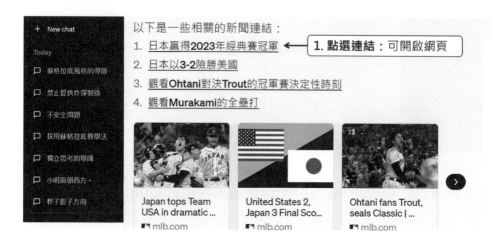

|Step 5　查詢最新的科技新聞

😊 請幫我查詢最新的科技新聞 ← 1. 輸入提示：要求查詢最新的科技新聞

 Used **WebPilot** ∨ ← 2.ChatGPT使用WebPilot：搜尋網路最新的科技新聞

3.ChatGPT回應：將WebPilot回傳的最新的科技
新聞，摘要後產生回應

以下是一些最新的科技新聞：←

1. 剛果民主共和國產銅量可望超車秘魯，成全球第二大

　剛果民主共和國（Democratic Republic of Congo，DRC）可望在未來幾年超越秘魯，成
為全球第二大產銅國，並縮小與最大產銅國智利的差距。

2. **2023 SNEC 國際太陽能光伏與智慧能源大會，最新太陽能產品技術直擊**

　第十六屆 SNEC 國際太陽能光伏與智慧能源大會暨展覽會在上海新國際博覽中心正式開
幕。本屆展會共設有 33 個展館，展出內容包括太陽能生產設備、太陽能電池、太陽能應
用產品和元件，以及太陽能工程及系統、儲能、移動能源等，涵蓋了太陽能產業鏈的各
個環節。

26.4　WebPilot Plugins 摘要與查詢網頁

使用 WebPilot Plugins 時,你只需要輸入一個網頁的 URL,WebPilot 就能提供該網頁內容的精簡摘要。你可以對該網頁提問,WebPilot 將基於該網頁的內容提供答案,這可以讓你更深入地了解網頁內容,並解答你可能遇到的任何問題。

STEP 1　摘要網頁

以下的提示要求摘要網頁,並且輸入網頁 URL。

> **1.輸入提示:要求摘要網頁**　　**2.要摘要的網頁**
>
> 請為我摘要這個網頁:https://www.ntm.gov.tw/
>
> Used **WebPilot** ∨　←　**3.ChatGPT使用WebPilot:讀取網頁內容**
>
> **4.ChatGPT回應:將WebPilot回傳的網頁內容,摘要後產生回應**
>
> 這個網頁是國立臺灣博物館的官方網站,提供了該博物館的各種資訊。以下是一些主要的內
>
> 1. **新聞公告**:網站上有一個新聞公告區,提供了最新的活動和公告,例如博物學家也是畫家的特展、線上科普展、以及臺博館的永續未來活動等。
>
> 2. **活動訊息**:網站也提供了即將進行的活動訊息,包括地球you & me的鯨奇石光跡活動、時空銀行探險隊的古生物館假日導覽活動、臺爪跨文化偶戲展演等。
>
> 3. **臺博系統**:網站提供了各種資訊,包括票價資訊、交通資訊、導覽服務、預約參觀、賣店餐飲、樓層設施等。此外,還有本館、古生物館、南門館、鐵道部園區等各館的介

STEP 2　針對網頁提出問題

以下的提示針對網頁提出問題,並且輸入網頁 URL。

1.輸入提示：針對網頁提出問題

2.要提問的網頁

請問國立臺灣博物館下轄那些博物館？https://www.ntm.gov.tw/

Used **WebPilot** ∨ ← **3.ChatGPT使用WebPilot：讀取網頁內容**

4.ChatGPT回應：將WebPilot回傳的網頁內容，整理後產生回應

國立臺灣博物館下轄有以下幾個博物館

1. **本館**：位於臺北市中正區襄陽路2號(二二八和平公園內)。

2. **古生物館**：位於臺北市中正區襄陽路25號(本館斜對面)。

3. **南門館**：位於臺北市中正區南昌路一段1號。

4. **鐵道部園區**：位於臺北市大同區延平北路一段2號。

這些博物館各有其特色和主題，提供了訪客多元的參觀選擇。

26.5 結論

本章介紹了使用 ChatGPT 的 WebPilot 插件，這是一個強大的工具，能夠協助使用者從網頁中提取資訊、重寫或翻譯網頁內容，以及分析、解釋網頁內容。這個插件大大擴展了 ChatGPT 的能力，使其能夠更有效地處理與網頁內容相關的任務，為使用者節省時間和精力，並提供更多的便利。

Link Reader 插件：
讓你輕鬆讀取網頁、PDF、PPT、Word 文件

　　ChatGPT 的 Link Reader 插件是一種先進的工具，能夠解讀來自各種類型的連結的內容，包括網頁、PDF 文件、PowerPoint 文件、Word 文件等。你可以針對這些網頁、文件提出問題，或要求總結這些內容。類似的插件很多，例如：ChatWithPDF、AskYourPDF 等，不過我們只介紹 Link Reader 插件，因為其功能最強大，可以讀取的檔案種類最多。

27.1　安裝 Link Reader 插件

　　我們將介紹如何安裝 Link Reader 插件。

Step 1　以插件的方式執行 GPT-4

　　依照下列方式，以插件的方式執行 GPT-4。

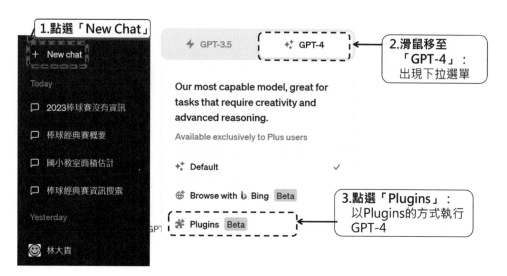

Step 2 依照下列方式開啟 Plugin Store

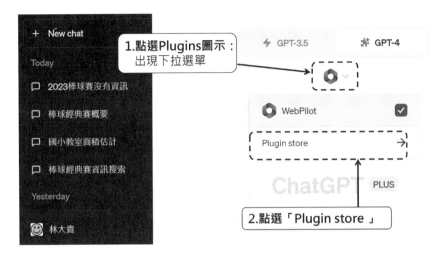

Step 3 「Plugins Store」對話框：搜尋安裝插件

之前的步驟完成後，會開啟「Plugins Store」對話框，請搜尋「Link Reader」插件，然後安裝此插件。

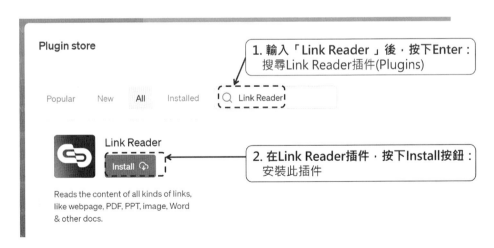

Step 4 Link Reader 插件安裝完成

如果你不再使用 Link Reader 插件，可按下「Uninstall」按鈕來移除此插件。

27.2 執行 Link Reader Plugins 介紹

上一小節中安裝 Link Reader Plugins 完成後，我們可以執行 Link Reader Plugins 並詢問 ChatGPT：「什麼是 Link Reader Plugins？有什麼功能？可以使用哪些提示？」

Step 1 選擇此聊天要使用的插件

上一小節的安裝步驟完成後，回到聊天的畫面，選擇此聊天要使用的插件。

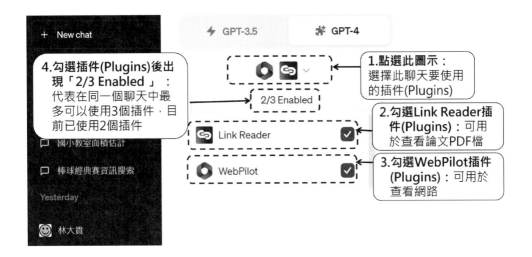

STEP 2　使用 Link Reader、WebPilot 插件執行 GPT-4

之前的步驟完成後，回到聊天的畫面，會出現 2 個已經使用插件的圖示。

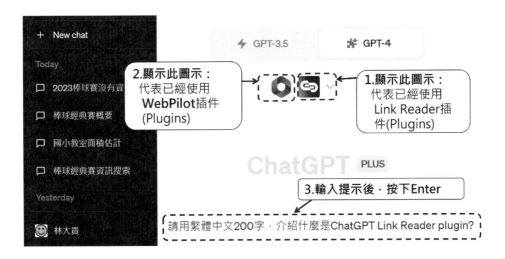

當你在一個聊天中使用多個插件，ChatGPT 會依照你輸入的提示決定要使用哪一個插件來產生回應。

▌Step 3 詢問 ChatGPT：什麼是 Link Reader Plugins？

上一步驟完成後，聊天畫面的最上面會顯示：「此聊天以 Plugin 模式執行，使用 WebPilot 與 Link Reader 插件」。

1. 此聊天以Plugin模式執行　　2. 此聊天使用WebPilot與Link Reader插件

Model: Plugins　　Enabled plugins: 〇 〇

 請用繁體中文200字，介紹什麼是ChatGPT Link Reader plugin?　◀ 3.之前輸入的提示

4.ChatGPT的回應

ChatGPT的Link Reader插件是一種先進的工具，專門用於理解和綜合各種數位資源的信息。這個工具擅長解讀來自各種鏈接類型的內容，包括網頁、PDF文件、PowerPoint演示文稿、圖像、Word文件等，從而大大擴大了它可以互動的數據範圍。

作為內容解釋器，Link Reader導航到通過鏈接提供的源材料，處理那裡找到的信息，並轉發以供進一步使用。這些數據可以用來生成更加知情、準確和具有語境相關性的回答。

Link Reader的好處多得多。它根據網頁或文檔的內容提供詳細和準確的回答，翻譯鏈接資源的文本，總結冗長的文章，解釋數位文檔中的複雜概念，等等。

▌Step 4 詢問 Link Reader Plugin：能幫我做什麼？

 請用繁體中文說明ChatGPT Link Reader plugin能幫我做什麼?　◀ 1. 輸入提示

2.ChatGPT的回應

1. **讀取和解釋內容**：Link Reader可以讀取和解釋來自各種鏈接類型的內容，包括網頁、PDF文件、PowerPoint演示文稿、圖像、Word文件等。
2. **總結資訊**：如果您有一篇長篇文章或一份繁瑣的報告，Link Reader可以幫助您總結其主要內容，讓您快速獲取重點。
3. **翻譯文本**：如果鏈接的內容是用您不熟悉的語言寫的，Link Reader可以幫助您翻譯文本。
4. **解釋複雜概念**：如果文檔中有您不理解的複雜概念，Link Reader可以幫助您解釋這些概念。

5. **提供詳細和準確的回答**：基於網頁或文檔的內容，Link Reader可以提供詳細和準確的回答。

6. **尊重版權和隱私**：Link Reader尊重所有版權和隱私法。它不會訪問或解釋來自受密碼保護或受限訪問資源的內容，除非提供適當的權限。

總的來說，無論您是在尋找科學研究論文的快速總結，需要從特定網頁獲取見解，想要分析PDF報告的內容，或者只是想在不打開的情況下瀏覽PowerPoint演示文稿，Link Reader都可以為您提供卓越的服務。

⎸Step 5 每一個功能分別提供 5 個繁體中文提示

如果你不知道要輸入什麼提示，你可以請 ChatGPT 將以上每一個功能分別提供 5 個繁體中文提示。

 請將以上每一個功能，分別提供5個繁體中文prompts ← 1. 輸入提示

 當然可以，以下是每個功能的5個繁體中文prompts： ← 2.ChatGPT的回應

1. **讀取和解釋內容**
   - 請解讀這個網頁的內容。
   - 能幫我讀取這個PDF文件嗎？
   - 請幫我理解這個PowerPoint演示文稿的內容。
   - 能解釋這個Word文件的主要內容嗎？
   - 請幫我讀取這個圖像中的文字。

2. **總結資訊**
   - 能幫我總結這篇文章的主要內容嗎？
   - 請幫我總結這份報告的重點。
   - 能總結這個網頁的主要信息嗎？
   - 請幫我總結這個PDF文件的內容。
   - 能幫我總結這個PowerPoint演示文稿的主要點嗎？

3. **翻譯文本**
   - 能幫我翻譯這個網頁的內容嗎？
   - 請幫我翻譯這個 PDF 文件。
   - 能幫我翻譯這個 PowerPoint 演示文稿嗎？
   - 請幫我翻譯這個 Word 文件的內容。
   - 能幫我翻譯這個圖像中的文字嗎？

4. **解釋複雜概念**
   - 能幫我解釋這篇文章中的這個概念嗎？
   - 請幫我解釋這份報告中的這個理論。
   - 能解釋這個網頁中的這個概念嗎？
   - 請幫我解釋這個 PDF 文件中的這個理論。
   - 能幫我解釋這個 PowerPoint 演示文稿中的這個概念嗎？

5. **提供詳細和準確的回答**
   - 根據這個網頁的內容，請回答我的問題。
   - 請根據這個 PDF 文件的內容，給我一個詳細的回答。
   - 根據這個 PowerPoint 演示文稿的內容，請回答我的問題。
   - 請根據這個 Word 文件的內容，給我一個詳細的回答。
   - 根據這個圖像的內容，請回答我的問題。

27.3　執行 Link Reader Plugins 介紹 PDF 檔內容

　　以下 PDF 檔是美國聯邦儲備系統主席鮑爾於 2023 年 3 月 22 日的新聞發布會的文字紀錄（FOMC 會議決定未來的貨幣政策。會議結束後，FOMC 會發布新聞稿來說明其對經濟的看法和政策決定）。我們將介紹如何執行 Link Reader 插件，示範如何讀取此 PDF 內容。

請用繁體中文，以200字介紹以下檔案 ← **1. 輸入提示：要求介紹以下檔案**
https://www.federalreserve.gov/mediacenter/files/FOMCpresconf20230322.pdf

↓
2. 輸入PDF的URL

Used **Link Reader** ∨ ← **3.ChatGPT使用Link Reader：讀取PDF檔的內容**

這份文件是美國聯邦儲備系統主席鮑威爾於2023年3月22日的新聞發布會記錄。鮑威爾首先討論了近期銀行業的發展，並指出在過去兩週，一小部分銀行出現了嚴重困難。為了保護美國經濟並增強公眾對銀行系統的信心，聯邦儲備系統與財政部和聯邦存款保險公司一起採取了果斷行動。

他接著轉向更廣泛的經濟和貨幣政策問題，指出通脹仍然過高，勞動市場依然非常緊張。他強調，聯邦儲備系統將致力於將通脹降回2%的目標。他還提到，美國經濟在去年明顯放緩，實際GDP增長率低於趨勢增長率的0.9%。

← **4.ChatGPT的回應：介紹此PDF檔的內容**

27.4 使用 Link Reader Plugins 總結 PDF 內容

我們將介紹如何執行 Link Reader 插件來總結提供的 PDF 內容。

1.輸入提示：要求總結以下檔案

請用繁體中文以 5 個標題(以數字編號)+說明文字(50個字)，總結以下PDF內容。
https://www.federalreserve.gov/mediacenter/files/FOMCpresconf20230322.pdf

↓
2. 輸入PDF的URL

Used **Link Reader** ∨ ← **3.ChatGPT使用Link Reader：讀取PDF檔的內容**

1. 銀行業的困境與應對: 過去兩週，一小部分銀行出現嚴重困難。為了保護美國經濟並強化公眾對我們銀行系統的信心，聯邦儲備系統與財政部和聯邦存款保險公司一起採取了果斷行動。這些行動證明所有存款人的儲蓄和銀行系統是安全的。

2. 經濟與貨幣政策: 通脹仍然過高，勞動市場持續緊張。我們理解高通脹帶來的困難，並堅定致力於將通脹降回我們的2%目標。價格穩定是聯邦儲備系統的責任。

3. 美國經濟狀況: 美國經濟去年顯著放緩，實質GDP以低於趨勢的速度增長0.9%。消費者支出似乎在本季度有所回升，儘管部分強勢可能反映了年初天氣變化的影響。

4. 勞動市場: 勞動市場仍然非常緊張。過去三個月，就業增長已經加快，平均每月增加351,000個工作崗位。二月份的失業率保持在3.6%的低位。

5. 通脹情況: 通脹仍然遠高於我們長期的2%目標。過去12個月，總PCE價格上漲5.4%；排除食品和能源類別的波動，核心PCE價格上漲4.7%。

`4.ChatGPT的回應：總結PDF內容`

27.5 使用 Link Reader Plugins 對 PDF 檔提出問題

我們將介紹如何執行 Link Reader 插件來對提供的 PDF 檔提出問題。

| Step 1　詢問通膨數據

🙂 請問根據以下PDF請問目前通膨數據為何？ ← `1.輸入提示：提出問題`
https://www.federalreserve.gov/mediacenter/files/FOMCpresconf20230322.pdf

`2. 輸入PDF的URL`

Used **Link Reader** ⌄　◀── 3.ChatGPT使用Link Reader：讀取PDF檔的內容

根據該PDF文件，目前的通脹數據如下：

- 在截至2023年1月的12個月中，總PCE價格上漲了5.4％；排除食品和能源類別的波動，核心PCE價格上漲了4.7％。
- 在2023年2月，CPI的12個月變化率為6％，核心CPI的變化率為5.5％。
- 儘管通脹自去年中期以來有所緩解，但這些最近的數據顯示通脹壓力仍然高企。
- 在經濟預測摘要（SEP）中，2023年的總PCE通脹中位數預測為3.3％，2024年為2.5％，2025年為2.1％。將通脹降回2％的過程還有很長的路要走，並且可能會出現波動。

◀── 4.ChatGPT的回應：回答關於PDF的問題

Step 2　詢問是否會繼續升息

😊　請問根據以下PDF請問是否會繼續升息? ◀── 1.輸入提示：提出問題
https://www.federalreserve.gov/mediacenter/files/FOMCpresconf20230322.pdf

2. 輸入PDF的URL

 Used **Link Reader** ⌄　◀── 3.ChatGPT使用Link Reader：讀取PDF檔的內容

根據該PDF文件，美國聯邦儲備系統（Fed）在會議中決定將聯邦基金利率目標範圍提高1/4個百分點，將目標範圍提高到4.75％至5％，並繼續大幅減少其證券持有量。此外，文件中提到，由於經濟指標普遍強於預期，顯示經濟活動和通脹的動能更強，Fed認為可能需要進一步的政策收緊。然而，由於近兩週銀行系統的事件可能導致家庭和企業的信貸條件收緊，從而影響經濟結果，因此對於如何應對貨幣政策的問題，目前還無法確定。Fed將密切監控即將到來的數據，並仔細評估信貸條件收緊對經濟活動、勞動市場和通脹的實際和預期影響，並將根據該評估做出政策決策。因此，根據這份文件，美國聯邦儲備系統可能會繼續升息，但具體的升息節奏和幅度將取決於未來的經濟數據和情況。

◀── 4.ChatGPT的回應：回答關於PDF的問題

27.6 使用 Link Reader Plugins 產生新聞稿

　　如果你是財經新聞的記者，每當聯準會 FOMC 會議後，你一定需要在很短的時間內就寫出一篇新聞稿，此時使用 ChatGPT 結合 Link Reader 插件，可以幫你根據 PDF 檔產生新聞稿，你只需要稍作修改就可以發布了，節省你大量的時間。

請根據以下PDF，寫一篇200字的新聞稿　← 1.輸入提示
https://www.federalreserve.gov/mediacenter/files/FOMCpresconf20230322.pdf
2. 輸入PDF的URL

Used **Link Reader** ⌄　← 3.ChatGPT使用Link Reader：讀取PDF檔的內容

新聞稿：　← 4.ChatGPT的回應：新聞稿

標題：美國聯邦儲備系統再次提高利率，並將繼續減少證券持有量

2023年6月2日 - 根據美國聯邦儲備系統（Fed）最近的新聞發布會，Fed已決定將聯邦基金利率目標範圍提高1/4個百分點，將目標範圍提高到4.75％至5％，並將繼續大幅減少其證券持有量。

Fed表示，由於經濟指標普遍強於預期，顯示經濟活動和通脹的動能更強，因此可能需要進一步的政策收緊。然而，由於近兩週銀行系統的事件可能導致家庭和企業的信貸條件收緊，從而影響經濟結果，因此對於如何應對貨幣政策的問題，目前還無法確定。

Fed將密切監控即將到來的數據，並仔細評估信貸條件收緊對經濟活動、勞動市場和通脹的實際和預期影響，並將根據該評估做出政策決策。因此，根據這份文件，美國聯邦儲備系統可能會繼續升息，但具體的升息節奏和幅度將取決於未來的經濟數據和情況。

此外，Fed也表示，他們將繼續密切監控銀行系統的情況，並準備使用所有工具來確保其安全穩健。他們承諾將從這次事件中吸取教訓，並努力防止類似事件再次發生。

聯邦儲備系統主席鮑威爾表示，他們將竭盡全力實現最大就業和價格穩定的目標，並將根據公眾的需求和經濟數據來制定政策。

27.7　使用 Link Reader Plugins 製作投影片

如果你任職於有關投資的公司，每當聯準會 FOMC 會議後，對股市或債券市場產生影響，你的主管很可能要求你進行簡報，此時使用 ChatGPT 結合 Link Reader 插件，可以幫你根據 PDF 檔製作投影片，你只需要稍作修改就能進行簡報，節省你大量的時間。

1.輸入提示：要求製作投影片

請問根據以下PDF，請用繁體中文幫我製作5張投影片，每一張投影片包含：標題、內容(條列子標題)、口語講稿、建議圖片

https://www.federalreserve.gov/mediacenter/files/FOMCpresconf20230322.pdf

2. 輸入PDF的URL

Used **Link Reader** ⌄　←　**3.ChatGPT使用Link Reader：讀取PDF檔的內容**

根據PDF的內容，以下是五張投影片的簡報。　←　**4.ChatGPT的回應**

1. 投影片一：
   - 標題：銀行業的最新發展
   - 子標題：
     - 近兩週內，少數銀行出現嚴重困難
     - 聯邦儲儲系統、財政部和聯邦存款保險公司採取決定性行動以保護美國經濟
     - 創建了銀行期限融資計劃以確保銀行能夠借款
   - 口語講稿：在過去的兩週中，我們注意到少數銀行出現了嚴重的困難。為了保護美國經濟，我們與財政部和聯邦存款保險公司一起採取了決定性的行動。我們創建了銀行期限融資計劃，以確保持有安全和流動資產的銀行在需要時能夠以面值借款。
   - 建議圖片：美國經濟圖表或銀行業圖表

以上共有 5 個投影片，限於篇幅，我們只顯示其中 1 個投影片，其餘省略。

27.8　使用 Link Reader Plugins 讀取 Word 檔案

我們將介紹如何執行 Link Reader 插件來了解所提供的 Word 檔案內容。

 請用繁體中文100字，介紹以下文件 ← 1.輸入提示：要求介紹以下文件
https://www.vertex42.com/WordTemplates/files/job-offer-letter.docx

2. 輸入Word檔的URL

Used **Link Reader** ∨ ← 3.ChatGPT使用Link Reader：讀取檔案的內容

這份文件是一份工作邀請信範本，主要內容包括： ← 4.ChatGPT的回應：介紹此文件

1. 公司和收件人的基本資訊，如名稱、地址、電話號碼和日期。
2. 對收件人的稱呼和工作邀請的介紹，包括公司名稱、工作職位和部門詳情。
3. 工作的待遇，如薪資、福利、獎金、股票等，並指定開始工作的日期。
4. 提醒收件人需要在何時回覆此工作邀請，並說明入職日期。
5. 提供收件人在有問題時可以聯繫的人，以及他們將向誰報告工作。
6. 結尾處有發信人的簽名、姓名（或負責招聘的人的姓名）和職稱（如適用）。

27.9　使用 Link Reader Plugins 讀取 PowerPoint 檔案

我們將介紹如何執行 Link Reader 插件來了解所提供的 PowerPoint 檔案內容。

請用繁體中文100字，介紹以下文件←1.**輸入提示：要求介紹以下文件**

https://scholar.harvard.edu/files/torman_personal/files/samplepptx.pptx

2. 輸入PowerPoint檔的URL

Used **Link Reader** ⌄ ←3.**ChatGPT使用Link Reader：讀取檔案的內容**

4.**ChatGPT的回應：介紹此文件**

這是一份由James Falkofske製作的名為"Sample PowerPoint File"的PowerPoint文件，來自 St. Cloud Technical College。該文件共有兩張幻燈片，包含30個單詞和5個段落。第一張幻燈片是一個帶有項目符號的大綱，提到可以將PPT文件列印為講義，方法是選擇PRINT > PRINT WHAT > HANDOUTS。此外，該文件還包含兩個jpeg格式的圖像。

27.10 使用 Link Reader Plugins 讀取網頁

你只需要輸入一個網頁的 URL，Link Reader 就能提供該頁面內容的精簡摘要。你也可以對正在瀏覽的網頁提問，Link Reader 將基於該頁面的內容提供答案，這可以讓你更深入理解網頁內容，並解答你可能遇到的任何問題。

請用繁體中文100字，介紹以下網頁←1.**輸入提示：要求介紹以下網頁**

https://www.bbc.com/zhongwen/trad/science-65773693

2. 輸入網頁的URL

Used **Link Reader** ⌄ ←3.**ChatGPT使用Link Reader：讀取網頁的內容**

4.**ChatGPT的回應：介紹此網頁**

這是一篇BBC中文的新聞報導，標題為「美國太空總署召開UFO公開聽證會，揭示了這五件事」。文章報導了美國太空總署（NASA）對大約800次不明飛行物體報告進行的調查，其中真正無法解釋的現象只佔很小一部分。NASA在去年設立了一個小組，專門研究這些所謂的不明異常現象（UAP）。該小組在5月31日舉行了第一場公開聽證會，揭示了一些重要的發現，包括許多現象可以解釋，有些則仍是個謎。此外，文章也討論了隱私權問題、UAP數據的解讀困難，以及科學家在這個領域工作所面臨的騷擾等問題。

27.11 使用 Link Reader Plugins 讀取 國中教育會考 PDF 檔

如果你是國中老師，或家中有國中生，你可能需要參考過去國中會考的考古題。你可以從以下網頁找到 112 年國中教育會考題本及相關檔案：🔗 https://cap.rcpet.edu.tw/examination.html。使用 ChatGPT 結合 Link Reader Plugins，你可以讀取國中教育會考 PDF 檔，並且請 ChatGPT 回答考題。

STEP 1　112 年國中教育會考題 PDF 檔

以下是 112 年國中教育會考題 PDF 檔：🔗 https://cap.rcpet.edu.tw/exam/112/112P_Math.pdf，後續我們將請 ChatGPT 幫我們回答以下的考題。

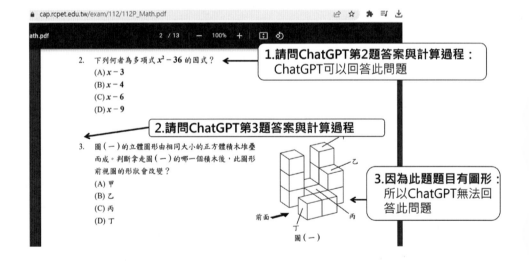

Step 2 請問第 2 題答案與計算過程

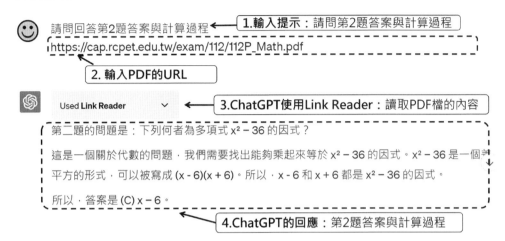

Step 3 請問第 3 題答案與計算過程

GPT-4 是多模態模型（Multimodal）AI 模型，可以處理多種類型的數據，包括圖像和文本，然而圖像輸入目前仍然是研究預覽不公開，相信在不久的將來，GPT-4 就可以根據輸入圖像來回答問題。

27.12　結論

　　ChatGPT 的 Link Reader 插件是一種革命性的工具，你能使用它讀取網頁、PDF
文件、PowerPoint 演示文稿、圖像、Word 文件等。無論你是需要一篇科學研究論
文的快速摘要，還是需要從特定網頁獲得見解，或者想要分析 PDF 報告的內容，
甚至只是想要查看 PowerPoint 演示文稿而不打開它，Link Reader 都能讓這些任務
變得非常簡單。

ScholarAI 插件：
學術研究得力助手

　　ChatGPT ScholarAI 插件是一種工具，能夠讓 ChatGPT 進行學術文獻的搜尋和分析。透過這個插件，ChatGPT 可以根據使用者提供的關鍵字來搜尋，並找出相關的學術論文摘要。如果需要更深入的資訊，ChatGPT 還可以取得論文的全文。

28.1　安裝 ScholarAI 插件

　　我們將介紹如何安裝 ScholarAI 插件。

▍Step 1　以插件的方式執行 GPT-4

　　依照下列方式，以插件的方式執行 GPT-4。

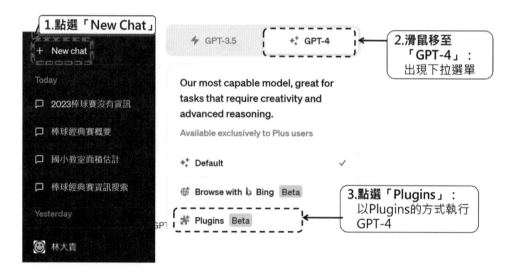

Step 2 依照下列方式開啟 Plugin Store

請依下列的方式來開啟 Plugin Store。

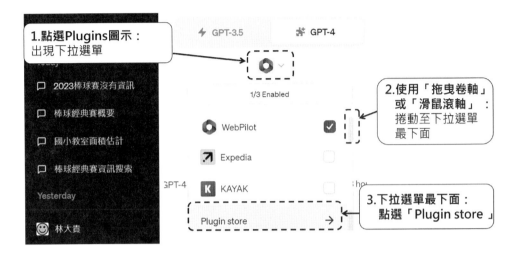

Step 3 「Plugins Store」對話框：搜尋安裝插件

之前的步驟完成後，會開啟「Plugins Store」對話框，請搜尋「ScholarAI」插件，然後安裝此插件。

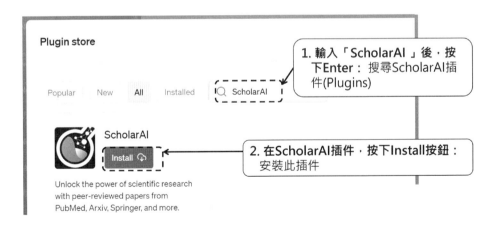

STEP 4　ScholarAI 插件安裝完成

如果你不再使用 ScholarAI 插件，可按下「Uninstall」按鈕來移除此插件。

28.2　執行 ScholarAI Plugins 介紹

上一小節中安裝 ScholarAI Plugins 完成後，我們可以執行 ScholarAI Plugins 並詢問 ChatGPT：「什麼是 ScholarAI Plugins？有什麼功能？可以使用哪些提示？」

STEP 1　選擇此聊天要使用的插件

上一小節的安裝步驟完成後，回到聊天的畫面，選擇此聊天要使用的插件。

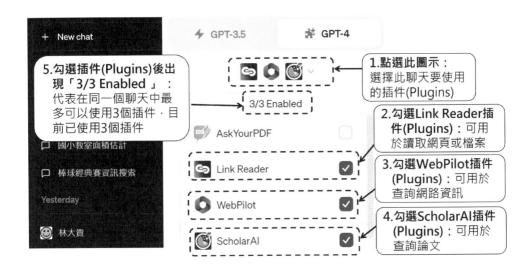

Step 2　使用多個插件執行 GPT-4

之前的步驟完成後，回到聊天的畫面，就會出現3個已經使用插件的圖示。

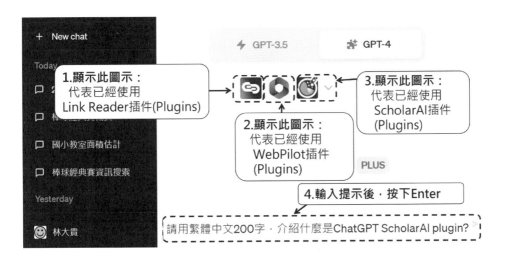

當你在一個聊天中使用多個插件，ChatGPT 會依照你輸入的提示來決定要使用哪一個插件來產生回應。

|Step 3 詢問 ChatGPT：什麼是 ScholarAI Plugins？

上一步驟完成後，聊天畫面的最上面會顯示：「此聊天以 Plugin 模式執行，使用 WebPilot、Link Reader 與 ScholarAI 插件」。

2. 此聊天使用WebPilot、Link Reader與ScholarAI插件

1. 此聊天使用 Plugin模式　→　Model: Plugins　Enabled plugins:

3.之前輸入的提示

請用繁體中文200字，介紹什麼是ChatGPT ScholarAI plugin?

4.ChatGPT的回應

ChatGPT的ScholarAI插件是一個強大的工具，專門用於搜索和解讀開放存取的科學文獻。這個插件可以根據2到6個關鍵詞搜索相關的論文摘要。在獲得摘要後，它會提示用戶是否需要更詳細的信息。如果用戶需要，它可以使用getFullText端點來獲取整篇論文的文本，並根據提供的pdf_url訪問特定的詳細信息。如果有pdf_url，它總是會提供超鏈接。此外，它還可以根據用戶的請求逐步提取全文的部分。

ScholarAI插件對於學術研究者來說是一個非常有用的工具，因為它可以快速有效地找到和解讀相關的科學文獻。無論你是在寫論文，還是在進行深入的學術研究，ScholarAI都能提供強大的支持。

總的來說，無論你是學術研究者，還是對某個主題有深入研究的興趣，ScholarAI都能提供強大的支持，幫助你快速有效地找到和解讀相關的科學文獻。

|Step 4 詢問 ScholarAI plugin：能幫我做什麼？

請用繁體中文說明ChatGPT ScholarAI plugin能幫我做什麼?　←　1. 輸入提示

2.ChatGPT的回應

ChatGPT的ScholarAI插件是一個專門用於學術研究的工具，它可以幫助你進行以下操作：

1. **搜索科學文獻**：只需提供2到6個關鍵詞，ScholarAI就能搜索到相關的學術論文摘要。這對於找到你研究主題相關的文獻資料非常有幫助。

2. **獲取全文**：如果你對某篇論文的摘要感興趣，ScholarAI可以提供該論文的全文。你可以選擇逐步獲取全文的部分，以便更好地理解和分析論文的內容。

3. **提供超鏈接**：如果論文的全文有提供pdf_url，ScholarAI會將其超鏈接，方便你直接訪問和下載。

STEP 5 每一個功能分別提供 5 個繁體中文提示

 請將以上每一個功能，分別提供5個繁體中文prompts ← 1.使用者輸入的提示

 當然可以，以下是每個功能的5個繁體中文prompts： ← 2.ChatGPT的回應

1. **搜索科學文獻**：
   1. 請用ScholarAI找出關於氣候變化的最新研究。
   2. 我需要找到關於人工智能在醫療領域的應用的論文。
   3. 能幫我查找一下最近的量子計算研究嗎？
   4. 我想看一下關於新冠病毒的最新研究。
   5. 請幫我找到有關深度學習的學術論文。

2. **獲取全文**：
   1. 我對這篇論文的摘要很感興趣，能幫我獲取全文嗎？
   2. 能幫我找到這篇論文的全文嗎？
   3. 我想看一下這篇論文的全文。
   4. 能幫我獲取這篇論文的全文嗎？
   5. 我需要這篇論文的全文。

3. **提供超鏈接**：
   1. 這篇論文有pdf_url嗎？我想直接訪問。
   2. 能給我這篇論文的pdf_url嗎？
   3. 我想直接訪問這篇論文，能給我pdf_url嗎？
   4. 能給我這篇論文的pdf_url嗎？我想下載全文。
   5. 這篇論文有提供pdf_url嗎？

4. **篩選質量高的論文**：
   1. 我只想看經過同行評審的論文。
   2. 能否只顯示經過同行評審的論文？
   3. 我只對經過同行評審的論文感興趣。
   4. 能否確保我看到的所有論文都是經過同行評審的？
   5. 我只想看經過同行評審的論文。

28.3　執行 ScholarAI Plugins 不能使用中文搜尋論文

當我們執行 ScholarAI Plugins 使用中文搜尋論文，會出現以下錯誤訊息。

😊　我需要找到關於人工智能在醫療領域的應用的論文　◄━ 1. 輸入提示

　Used ScholarAI　∨　◄━ 2. ChatGPT使用ScholarAI plugin搜尋論文

對不起，我目前無法找到關於人工智能在醫療領域的應用的論文。可能是因為這個主題的研究不夠多，或者是我們的數據庫中還沒有收錄相關的論文。你可以嘗試更換一些關鍵詞，或者縮小研究範圍來進行搜索。

3.ChatGPT的回應：搜尋不到論文(因為ScholarAI plugin不能使用中文搜尋)

為了解決 ScholarAI plugin 不能使用中文搜尋論文的問題，有以下兩種方式：

- 方式一：以英文關鍵字搜尋論文，這將於 28.4 小節介紹。

- 方式二：要求 ChatGPT 先將關鍵字翻譯為英文，再執行 ScholarAI Plugins 搜尋論文，這將於 28.5 小節介紹。

28.4　執行 ScholarAI Plugins 以英文關鍵字搜尋論文

為了解決 ScholarAI Plugins 不能使用中文搜尋論文的問題，我們將以英文關鍵字搜尋論文。

1.輸入提示

我需要找到關於[Application of artificial intelligence in medical field]的論文

Used **ScholarAI**   ⌄ ← 2.ChatGPT使用ScholarAI plugin搜尋論文

我找到了一些相關的論文，以下是摘要和相關資訊：

3.找到的第1篇論文：點選此連結，查看論文的介紹

1. **Artificial intelligence in radiology**：這篇論文討論了人工智能在放射學領域的應用，特別
   是影像識別任務。它探討了這些方法如何影響放射學的多個方面，並展示了這些方法如
   何推進該領域的發展。此外，還討論了面臨臨床實施的挑戰，並提供了如何推進該領域
   的觀點。**PDF連結** ← 4. 點選此連結：開啟論文的PDF檔

以上還顯示很多論文，限於篇幅我們只顯示前一篇論文其餘省略。

28.5 執行 ScholarAI Plugins 先翻譯再搜尋論文

為了解決 ScholarAI Plugins 不能使用中文搜尋論文的問題，我們將要求 ChatGPT
先將關鍵字翻譯為英文，再執行 ScholarAI Plugins 搜尋論文。

Step 1 要求 ChatGPT 先翻譯再執行 ScholarAI 搜尋論文

以下提示要求 ChatGPT 先將關鍵字翻譯為英文，再執行 ScholarAI Plugins 搜尋論
文。

1.輸入提示

後續我將使用ScholarAI搜尋論文，請先將關鍵字翻譯成英文關鍵字，並且顯示英文關鍵
字，再使用ScholarAI搜尋論文

當然，我可以幫助您完成這個任務。請您提供您想要搜尋的中文關鍵字。

2.ChatGPT的回應

Step 2　要求尋找「人工智慧在醫療領域的應用」的論文

之前的步驟完成後，就可以輸入中文提示來要求尋找論文。

☺　我正在研究人工智慧在醫療領域的應用，可以幫我找到一些相關的論文嗎？　← **1.輸入提示**

🤖　當然可以。讓我先將您的關鍵字翻譯成英文：

"人工智慧" 在英文中是 "Artificial Intelligence"。

"醫療領域" 在英文中是 "Medical Field"。

2.ChatGPT的回應： 將以下列關鍵字搜尋論文

"應用" 在英文中是 "Application"。

所以，我們將使用以下英文關鍵字來進行論文搜尋："Artificial Intelligence", "Medical Field", "Application".

現在，我將使用ScholarAI來搜尋這些關鍵字相關的論文。請稍等一下。

Used **ScholarAI** ⌄　← **3.ChatGPT使用ScholarAI plugin搜尋論文**

我找到了一些關於人工智慧在醫療領域應用的論文，以下是一些可能對您有用的資訊：

4.找到的第1篇論文：點選此連結，查看論文的介紹

1. <u>Artificial intelligence in radiology</u> by Ahmed Hosny et al. (2018)
   - 這篇論文探討了人工智慧，特別是深度學習在醫學影像分析領域的應用。它討論了AI如何影響放射學的多個方面，特別是在腫瘤學的應用，以及這些方法如何推進該領域的發展。<u>PDF Link</u> ← **5. 點選此連結：**開啟論文的PDF檔

以上還顯示很多論文，限於篇幅，我們只顯示前一篇論文，其餘省略。

28.6　執行 ScholarAI Plugins 查詢引用次數最高的 5 篇論文

我們將介紹如何執行 ScholarAI 插件查詢引用次數最高的 5 篇論文。論文引用次數是指一篇論文在其他學術作品中被引用的次數，這是一種衡量論文影響力和重要性的指標，通常引用次數越高，該論文的學術影響力越大。

1.輸入提示：查詢引用次數最高的5篇論文

請找出[人工智慧在醫療領域的應用]，引用次數最高的5篇論文

Used **ScholarAI**

2.ChatGPT使用ScholarAI plugin搜尋論文

3.ChatGPT的回應：引用次數最高的5篇論文

以下是有關AI在醫療領域的應用，引用次數最高的5篇論文：

4.引用次數

1. **Artificial intelligence in radiology**：這篇論文探討了AI，特別是深度學習在影像識別任務中的進步，並討論了這些方法如何影響放射學的多個方面　引用次數：1428次。

2. **Deep Learning for Health Informatics**：這篇論文提供了一個全面的健康信息學中深度學習研究的最新評論，提供了該技術的相對優點、潛在陷阱以及未來展望的關鍵分析。引用次數：1173次　**5.引用次數**

以上還顯示很多論文，限於篇幅，我們只顯示前兩篇論文，其餘省略。

28.7　執行 ScholarAI Plugins 查詢同行評審的論文

　　我們將介紹如何執行 ScholarAI 插件查詢同行評審的論文。同行評審的論文是指在發表前由相同或相關領域的其他學者進行審查的論文。這種審查過程旨在確保論文的品質，並確認其研究方法、結果和結論的有效性和可靠性。

　　以上還顯示很多論文，限於篇幅，我們只顯示前兩篇論文，其餘省略。

28.8　執行 ScholarAI 查詢全文與總結論文

　　我們將介紹如何執行 ScholarAI 插件查詢全文與總結論文。

Step 1 查詢論文的全文

1.輸入提示：要求查詢論文的全文

能幫我找到"Artificial intelligence in radiology"這篇論文的全文嗎？

Used **ScholarAI** ∨

2.ChatGPT使用ScholarAI plugin搜尋論文

這是"Artificial intelligence in radiology"這篇論文的第一部分：

"人工智慧在放射學中的應用

3.ChatGPT的回應：論文的全文原本是英語，已經幫你翻譯成中文

人工智慧（AI）演算法，特別是深度學習，已在影像識別任務中展示出驚人的進步。從卷積神經網絡到變分自動編碼器的方法已在醫學影像分析領域找到無數的應用，推動其快速發展。歷史上，在放射學實踐中，訓練有素的醫生通過視覺評估醫學影像，以檢測、描述和測疾病。AI方法擅長自動識別影像數據中的複雜模式，並提供定量的，而不是定性的，對放

Step 2 總結論文

1.輸入提示：要求總結論文

請用繁體中文以 5 個標題(以數字編號)+說明文字(50個字)，總結"Artificial intelligence in radiology"這篇論文。

1. "人工智慧在放射學的應用" **3.ChatGPT回應：以5個標題+說明文字總結論文**

   這篇論文探討了人工智慧（AI），特別是深度學習在影像識別任務中的進步，並討論了這些方法如何影響放射學的多個方面。

2. "AI在影像重建的潛力"

   文章指出，新的深度學習方法可能有助於改善影像重建的質量，並解決影像獲取硬體和影像重建軟體之間的進步差距。

3. "AI在放射科報告生成的影響"

   作者認為，AI可以改進放射科報告的生成，使其更加結構化，並提高不同醫療專業人員之間的協作效率。

4. "AI在整合診斷中的角色"

   文章提出，AI可以整合來自多個數據流的數據，包括放射學報告、臨床數據、病理學和基因組數據，從而提高臨床決策的準確性。

5. "AI在醫學影像中的挑戰"

   作者討論了AI在醫學影像中面臨的挑戰，包括數據策劃的困難、深度學習的理論理解不足，以及AI系統的不透明性等問題。

28.9　結論

　　ChatGPT ScholarAI 插件是一個結合了學術研究和 AI 技術的工具，能夠協助使用者進行有效的文獻搜尋和管理。透過這個插件，ChatGPT 不僅可以根據關鍵字找出相關的學術論文摘要，還可以取得全文資訊。這個插件的出現，大大提升了 ChatGPT 在學術研究領域的應用價值，並為未來的 AI 技術在學術領域的應用，開啟了新的可能性。

OwlJourney 插件：
智慧旅行顧問

　　ChatGPT OwlJourney 插件是一個旅遊助手，專為提供住宿和活動的旅遊建議而設計。它能根據使用者的查詢需求，提供友好且互動的體驗。透過這個插件，使用者可以查詢目的地的住宿產品，包括入住和退房日期、成人和兒童的旅客數量、最少房間數量、價格範圍、貨幣類型、所需的設施、星級評價、客戶評分、排序類型和物業類型等。這個插件能夠提供全面的旅遊資訊，讓使用者能夠更方便地規劃他們的旅程。

29.1　安裝 OwlJourney 插件

　　我們將介紹如何安裝 OwlJourney 插件。

▌Step 1　以插件的方式執行 GPT-4

　　依照下列方式，以插件的方式執行 GPT-4。

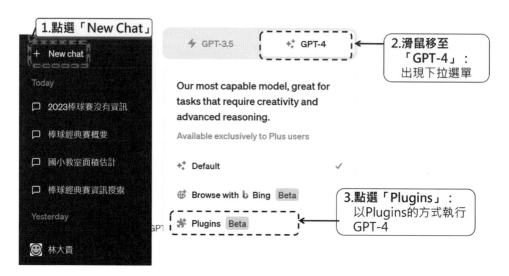

Step 2 依照下列方式開啟 Plugin Store

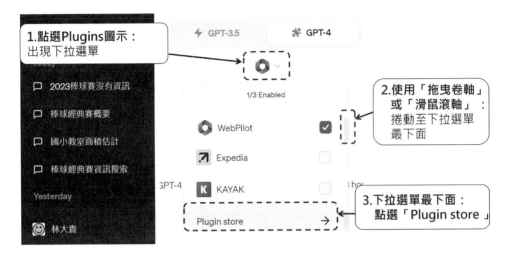

1. 點選Plugins圖示：
出現下拉選單

2. 使用「拖曳卷軸」
或「滑鼠滾軸」：
捲動至下拉選單
最下面

3. 下拉選單最下面：
點選「Plugin store」

Step 3 「Plugins Store」對話框：搜尋安裝插件

之前的步驟完成後，就會開啟「Plugins Store」對話框，請搜尋「OwlJourney」插件，然後安裝此插件。

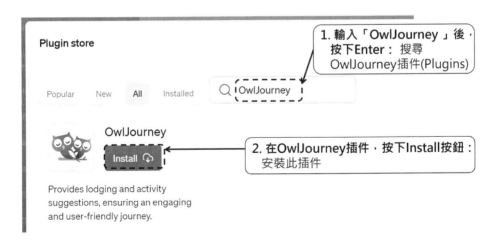

1. 輸入「OwlJourney」後，
按下Enter：搜尋
OwlJourney插件(Plugins)

2. 在OwlJourney插件，按下Install按鈕：
安裝此插件

STEP 4　OwlJourney 插件安裝完成

如果你不再使用 OwlJourney 插件，可按下「Uninstall」按鈕來移除此插件。

29.2　執行 OwlJourney Plugins 介紹

上一小節中安裝 OwlJourney Plugins 完成後，我們可以執行 OwlJourney Plugins 並詢問 ChatGPT：「什麼是 OwlJourney Plugins？有什麼功能？可以使用哪些提示？」

STEP 1　選擇此聊天要使用的插件

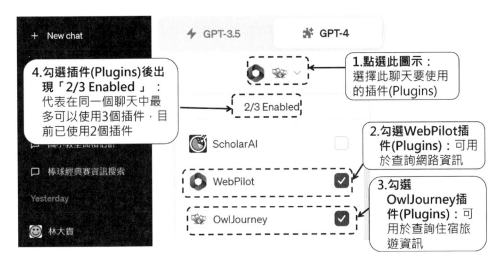

STEP 2　使用 OwlJourney 插件執行 GPT-4

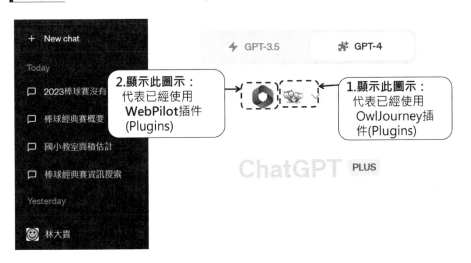

| Step 3 詢問 ChatGPT：什麼是 OwlJourney Plugins？

1. 此聊天使用Plugin模式　　2. 此聊天使用WebPilot與OwlJourney插件

請用繁體中文200字，介紹什麼是ChatGPT OwlJourney plugin?　← 3. 輸入提示

4.ChatGPT的回應

ChatGPT OwlJourney插件是一款旅行助手工具，專為提供相關於住宿和活動的旅行推薦而設計，確保為用戶提供友好且互動的體驗。這款插件可以根據用戶的查詢需求，提供適合的住宿產品推薦。例如，用戶可以指定目的地、入住和退房日期、旅行者人數、房間數量、語言、價格範圍、貨幣、期望的設施、星級評價、客戶評價、排序方式以及物業類型等條件，插件將根據這些條件提供相應的住宿推薦。此外，這款插件還支援多種語言，包括繁體中文，以滿足不同語言使用者的需求。總的來說，ChatGPT OwlJourney插件是一款功能強大的旅行助手，可以為用戶提供個性化的旅行住宿推薦，讓旅行規劃更加方便快捷。

| Step 4 詢問 OwlJourney Plugin：能幫我做什麼？

你也可以詢問 ChatGPT OwlJourney Plugin 能幫我做什麼？

請用繁體中文說明ChatGPT OwlJourney plugin能幫我做什麼?　← 1. 輸入提示

ChatGPT OwlJourney插件是一款專為旅行者設計的助手工具，它可以幫助您在旅行規劃中找到最適合的住宿和活動。　2.ChatGPT的回應

1. **住宿推薦**：您可以提供您的旅行目的地、入住和退房日期、旅行者人數、房間數量等信息，插件將根據這些條件為您推薦適合的住宿選擇。您還可以設定價格範圍、貨幣、期望的設施、星級評價、客戶評價、排序方式以及物業類型等條件，以獲得更個性化的推薦。

2. **多語言支援**：這款插件支援多種語言，包括繁體中文，可以滿足不同語言使用者的需求。

3. **活動推薦**：除了住宿推薦，插件也可以根據您的旅行目的地為您推薦當地的活動和景點。

STEP 5 每一個功能分別提供 5 個繁體中文提示

如果你不知道要輸入什麼提示,你可以請 ChatGPT 將以上每一個功能分別提供 5 個繁體中文提示。

 請將以上每一個功能,分別提供5個繁體中文prompts◄─ **1.使用者輸入的提示**

 當然可以,以下是每個功能的5個繁體中文prompts: ◄─ **2.ChatGPT的回應**

1. **住宿推薦**:
   1. 我想在巴黎找一間五星級的酒店,可以幫我找看嗎?
   2. 我們一家四口計劃去東京旅行,需要兩間房間,有什麼推薦的住宿嗎?
   3. 我想找一間位於紐約,有健身房設施的酒店。
   4. 我在尋找一間位於羅馬,價格在200歐元以下的住宿。
   5. 我需要一間在台北的公寓,有廚房設施,可以幫我查詢嗎?

2. **多語言支援**:
   1. 我想用繁體中文查詢在台北的住宿。
   2. 我可以用日語查詢在東京的酒店嗎?
   3. 我想用英語查詢在紐約的住宿。
   4. 我可以用法語查詢在巴黎的酒店嗎?
   5. 我想用繁體中文查詢在香港的住宿。

3. **活動推薦**:
   1.我在巴黎有兩天的自由時間,有什麼好玩的活動推薦嗎?
   2. 我想在東京體驗一些當地的文化活動,有什麼建議嗎?
   3. 我在紐約有一天的時間,有什麼必去的景點嗎?
   4. 我想在羅馬參加一些戶外活動,有什麼推薦的嗎?
   5. 我在台北有半天的時間,有什麼好吃的餐廳或特色小吃推薦嗎?

29.3　執行 OwlJourney Plugins 找住宿

我們將介紹如何執行 OwlJourney 插件來找住宿。

 我需要在東京找一個適合兩個大人和兩個孩子的住宿。 ← **1. 輸入提示**

Used **OwlJourney** ∨ ← **2.ChatGPT使用OwlJourney：找住宿**

以下是我為您找到的兩間位於東京，適合兩個大人和兩個孩子的住宿：

1. <u>**THE KNOT TOKYO Shinjuku**</u>：這間精緻的酒店位於東京新宿區，距離明治神宮僅5分鐘車程。周邊有許多餐廳和娛樂選擇。酒店距離機場約25分鐘車程。該物業適合休閒和商務旅客，因為有空間舉辦會議和其他私人活動。酒店提供美食和飲料選擇，並有舒適的氛圍。舒適的客房以舒緩的顏色裝飾，配備了所有必要的設施，以確保您有一次愉快且難忘的住宿。價格為4289台幣。

3.ChatGPT的回應： 旅館連結、介紹、圖片

2. **Keio Plaza Hotel Tokyo**：這間高端酒店位於東京的新宿心臟地帶，距離新宿站步行9分鐘，距離東京皇宮11公里。成田機場距離酒店約90公里。這座摩天大樓是日本西新宿首座高層酒店。它現代、簡單、方便。客人可以享受許多不同的飲食選擇以及美妙的氛圍。該綜合體提供各種服務，滿足商務和休閒客人的需求。酒店設有季節性室外游泳池，spa和健身中心。每間可愛的客房都塗有舒緩的色調，並提供舒適和功能，感謝所有必要的設施。價格為12926台幣。

4.ChatGPT的回應： 旅館連結、介紹、圖片

29.4 執行 WebPilot Plugins 查詢最新推薦活動

由於 OwlJourney 插件無法推薦活動，如果你查詢最新推薦活動，ChatGPT 會啟動 WebPilot Plugins 來幫我們查詢。

 我在東京有一天的空閒時間，有什麼最新的推薦的活動？◀── 1.輸入提示

 Used **WebPilot** ∨ ◀── 2.ChatGPT使用WebPilot：尋找推薦活動

根據**Time Out Tokyo**的最新資訊，以下是一些在東京可以嘗試的活動：◀── 3.ChatGPT 的回應

1. **品嚐頂級披薩**：東京的披薩店在亞太地區50大披薩店排名中佔了10個席次。其中，位於文華東方酒店的**The Pizza Bar on 38th**更是名列第一。如果你是披薩愛好者，這絕對是一個不能錯過的體驗。

2. **觀看新上映的日本電影和劇集**：Netflix在2023年6月將上線一些新的日本電影和劇集，包括由廣告大導演是枝裕和執導的兩部經典劇情片，以及一部描述2011年福島核災後情況的劇集"The Days"。

3. **參觀全新的機器人餐廳**：位於新宿的機器人餐廳在疫情期間曾一度關閉，但現在已以全新的形式重開。新的機器人餐廳將在白天時間進行表演，並將在**Gira Gira Girls**的閉店時間接管該場地。這個全新的機器人餐廳將會是一個有趣的體驗。

以上就是一些在東京可以嘗試的新活動，希望你會喜歡！

29.5　其他旅遊預訂網站插件

本章中我們會特別介紹 OwlJourney，因為這是台灣生產的插件，你只需要輸入中文關鍵字就可以查詢，而且大家多用國產插件，可鼓勵他們的開發出更好的功能。你可以在 Plugin Store 找尋其他旅遊的插件。

🤖 尋找其他旅遊預訂網站插件

請參考本章第 1 節的說明來開啟 Plugin Store。你可以輸入關鍵字：「Trip」或「Travel」或「Book」搜尋旅遊或預定相關插件。

你可以選擇以上有興趣的插件安裝使用，例如：你選擇 Expedia Plugin，安裝使用步驟如下：

- 請參考本章第 1 節的説明安裝 Expedia Plugin。

- 請用繁體中文 200 字，介紹「什麼是 ChatGPT Expedia Plugin」。

- 請用繁體中文説明「ChatGPT Expedia Plugin 能幫我做什麼」。

- 請為以上每一個功能分別提供 5 個繁體中文提示。

- 依照提供的提示來輸入即可。

29.6 結論

ChatGPT OwlJourney 插件與其他旅遊相關插件可讓使用者能夠更輕鬆規劃他們的旅程，並且獲得最適合他們的旅遊產品。無論是家庭旅遊、商務出差還是獨自旅行，ChatGPT 插件都能夠提供全面且實用的資訊，讓旅行變得更加愉快和無憂。

OpenTable 插件：
訂餐廳的 AI 小幫手

OpenTable 插件能夠幫助使用者在 OpenTable 的全球餐廳資料庫中進行搜尋和預訂，使用者可以提供地點、預訂時間、餐點類型、場合等訊息，插件會根據這些需求進行搜尋，並提供相應的餐廳選擇。此外，插件還可以提供餐廳的詳細資訊，如地址、電話、菜單和評價等。

30.1 安裝 OpenTable 插件

我們將介紹如何安裝 OpenTable 插件。

▋Step 1 以插件的方式執行 GPT-4

依照下列方式，以插件的方式執行 GPT-4。

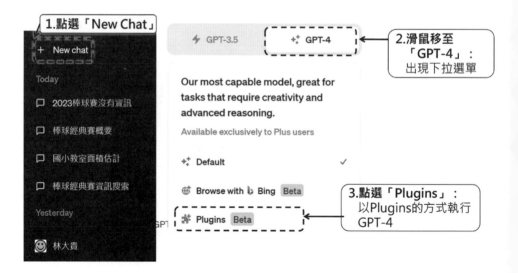

STEP 2 依照下列方式開啟 Plugin Store

請以下列方式來開啟 Plugin Store。

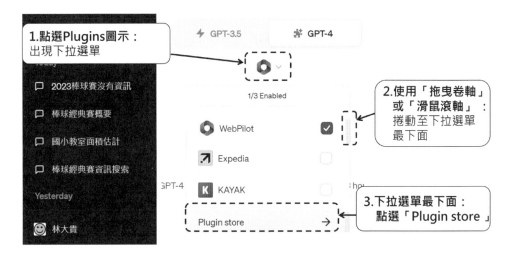

STEP 3 「Plugins Store」對話框：搜尋安裝插件

之前的步驟完成後，就會開啟「Plugins Store」對話框，請搜尋「OpenTable」插件，然後安裝此插件。

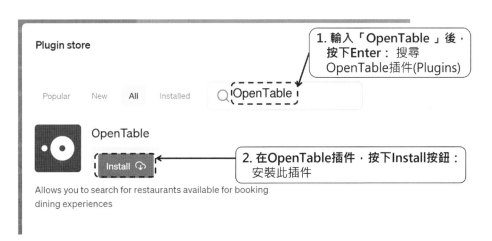

▌Step 4　OpenTable 插件安裝完成

如果你不再使用 OpenTable 插件，可按下「Uninstall」按鈕來移除此插件。

30.2　執行 OpenTable Plugins 介紹

　　上一小節中安裝 OpenTable Plugins 完成後，我們可以執行 OpenTable Plugins 並詢問 ChatGPT：「什麼是 OpenTable Plugins？有什麼功能？可以使用哪些提示？」

▌Step 1　選擇此聊天要使用的插件

　　上一小節的安裝步驟完成後，回到聊天的畫面，選擇此聊天要使用的插件。

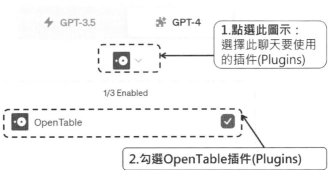

STEP 2　使用 OpenTable 插件執行 GPT-4

之前的步驟完成後，回到聊天的畫面，就會出現已經使用 OpenTable 插件的圖示。

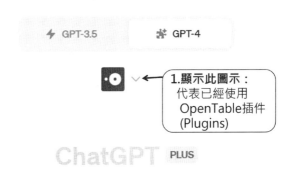

STEP 3　詢問 ChatGPT：什麼是 OpenTable Plugins ？

上一步驟完成後，聊天畫面的最上面會顯示：「 此聊天以 Plugin 模式執行，使用 OpenTable 插件 」。

1. 此聊天使用Plugin模式　　**2. 此聊天使用OpenTable插件**

　請用繁體中文200字，介紹什麼是ChatGPT OpenTable plugin? ← **3. 輸入提示**

4.ChatGPT的回應

　ChatGPT OpenTable 插件是一個由OpenAI開發的功能強大的語言模型插件，它可以幫助用戶在OpenTable的餐廳數據庫中進行搜索。OpenTable是一個全球性的餐廳預訂平台，提供從米其林星級餐廳到時尚咖啡館和休閒餐館的全面數據。

這個插件可以根據用戶的自然語言查詢進行餐廳搜索，包括地點、預訂時間、餐點類型、場合、人數等信息。例如，用戶可以說"我想在紐約找一家適合慶祝生日的義大利餐廳"，插件就會在OpenTable的數據庫中進行搜索，並返回相應的餐廳選擇。

此外，這個插件還可以提供餐廳的詳細信息，包括地址、電話、菜單、評價等。這使得用戶可以在同一個平台上完成餐廳搜索、預訂和了解餐廳信息的所有操作，大大提高了用戶的便利性和效率。

STEP 4 詢問 OpenTable plugin：能幫我做什麼？

　請用繁體中文說明ChatGPT OpenTable plugin能幫我做什麼? ← **1. 輸入提示**

2.ChatGPT的回應

　ChatGPT OpenTable 插件是一個非常實用的工具，它可以幫助你完成以下操作：

1. **搜索餐廳**：你可以提供地點、預訂時間、餐點類型、場合、人數等信息，插件會根據你的需求在OpenTable的全球餐廳數據庫中進行搜索，並提供相應的餐廳選擇。
2. **預訂餐廳**：你可以直接通過插件進行餐廳預訂，無需跳轉到其他平台。
3. **查看餐廳詳情**：插件可以提供餐廳的詳細信息，包括地址、電話、菜單、評價等，讓你在預訂餐廳前能夠有更全面的了解。
4. **獲取餐飲新聞**：插件還可以提供來自你喜愛的餐廳和米其林星級廚師的最新餐飲新聞，讓你隨時掌握餐飲界的最新動態。

總的來說，ChatGPT OpenTable 插件是一個全面的餐廳搜索和預訂工具，它可以大大提高你的便利性和效率，讓你更輕鬆地享受美食體驗。

STEP 5 每一個功能分別提供 5 個繁體中文提示

 請將以上每一個功能，分別提供5個繁體中文prompts← 1.使用者輸入的提示

 當然，以下是每個功能的五個繁體中文提示：← 2.ChatGPT的回應

1. **搜索餐廳**：
   - "我想在台北找一家適合商務午餐的法國餐廳。"
   - "我正在尋找一家在香港的日本壽司餐廳。"
   - "我想在新加坡找一家適合慶祝生日的義大利餐廳。"
   - "我在尋找一家在洛杉磯的素食餐廳。"
   - "我想在上海找一家適合約會的餐廳。"

2. **預訂餐廳**：
   - "我想預訂一家在台北的法國餐廳，兩個人，週五晚上七點。"
   - "我想預訂一家在香港的日本壽司餐廳，四個人，週六中午十二點。"
   - "我想預訂一家在新加坡的義大利餐廳，五個人，週日晚上八點。"
   - "我想預訂一家在洛杉磯的素食餐廳，三個人，週四晚上六點。"
   - "我想預訂一家在上海的餐廳，兩個人，週二晚上七點半。"

3. **查看餐廳詳情**：
   - "我想查看台北的這家法國餐廳的詳情。"
   - "我想查看香港的這家日本壽司餐廳的詳情。"
   - "我想查看新加坡的這家義大利餐廳的詳情。"
   - "我想查看洛杉磯的這家素食餐廳的詳情。"
   - "我想查看上海的這家餐廳的詳情。"

4. **獲取餐飲新聞**：
   - "我想查看最新的台北餐飲新聞。"
   - "我想查看最新的香港餐飲新聞。"
   - "我想查看最新的新加坡餐飲新聞。"
   - "我想查看最新的洛杉磯餐飲新聞。"
   - "我想查看最新的上海餐飲新聞。"

30.3　執行 OpenTable Plugins 找法國餐廳

我們將介紹如何執行 OpenTable 插件來找一家法國餐廳。

STEP 1　要求 ChatGPT 先翻譯再執行 OpenTable 查詢餐廳

OpenTable 不能使用中文搜尋餐廳，以下提示要求 ChatGPT 先翻譯為英文，再執行 OpenTable 來查詢餐廳。

後續我將使用OpenTable，請先翻譯為英語，再使用Open Table查詢 ← 1. 輸入提示

"I will be using OpenTable for further inquiries." ← 2.ChatGPT的回應

Now, how can I assist you with OpenTable?

STEP 2　找適合商務午餐的法國餐廳

以下我們輸入提示，透過 OpenTable 尋找適合商務午餐的法國餐廳，ChatGPT 回應了 5 家餐廳，點選連結就可以查看餐廳的名稱與詳細介紹。

我想在台北找一家適合商務午餐的法國餐廳。 ← 1. 輸入提示

Used OpenTable　∨ ← 2.ChatGPT使用OpenTable：找餐廳

以下是在台北適合商務午餐的法國餐廳的一些選擇： ← 3 ChatGPT的回應

1. **Restaurant 1** ← 4.點選連結：查看餐廳
2. **Restaurant 2**
3. **Restaurant 3**
4. **Restaurant 4**
5. **Trastevere**

請點擊餐廳名稱查看更多詳情並進行預訂。

STEP 3 OpenTable 網站的餐廳網頁

上一步驟點選連結後，會連結至 OpenTable 網站的餐廳網頁，你可在此網頁預約餐廳。

30.4 結論

ChatGPT OpenTable 插件是一個強大的工具，它結合了 OpenAI 的語言模型技術和 OpenTable 的全球餐廳資料庫，為使用者提供了一個便捷的餐廳搜尋和預訂平台。無論是尋找適合商務午餐的餐廳，還是預訂一個慶祝生日的晚餐，這個插件都能夠提供幫助。總之，這是一個非常實用的工具，能夠大大提高使用者的便利性和效率。

VoxScript 插件：
網路資訊全方位掌握

　　ChatGPT VoxScript 插件是一種強大的工具，它擴展了 ChatGPT 的能力，使其可以從 2021 年 9 月以後的數據中獲取即時資訊。這個插件提供了一系列的功能，包括從 Google 和 DuckDuckGo 進行網路搜尋、獲取股票或加密貨幣的最新新聞和價格、讀取網站內容、查看 YouTube 視頻的資訊和字幕等，這些功能使 ChatGPT 能夠提供最新、最相關的訊息，以回答使用者的問題。

31.1　安裝 VoxScript 插件

我們將介紹如何安裝 VoxScript 插件。

STEP 1　以插件的方式執行 GPT-4

依照下列方式，以插件的方式執行 GPT-4。

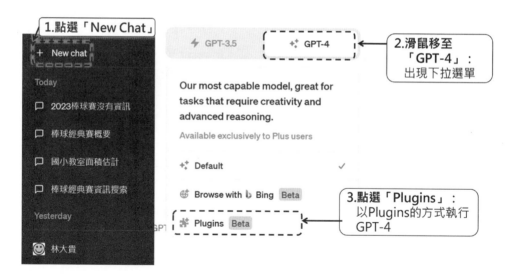

STEP 2 依照下列方式開啟 Plugin Store

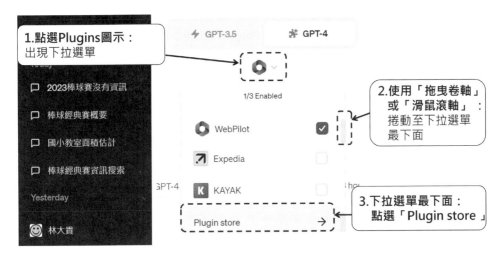

STEP 3「Plugins Store」對話框：搜尋安裝插件

之前的步驟完成後，會開啟「Plugins Store」對話框，請搜尋「VoxScript」插件，然後安裝此插件。

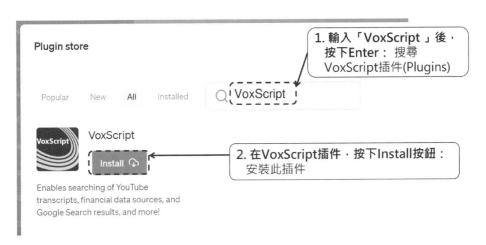

STEP 4　VoxScript 插件安裝完成

如果你不再使用 VoxScript 插件，可按下「Uninstall」按鈕來移除此插件。

31.2　執行 VoxScript Plugins 介紹

上一小節中安裝 VoxScript Plugins 完成後，我們可以執行 VoxScript Plugins 並詢問 ChatGPT：「什麼是 VoxScript Plugins? 有什麼功能？可以使用哪些提示？」

STEP 1　選擇此聊天要使用的插件

上一小節的安裝步驟完成後，回到聊天的畫面，選擇此聊天要使用的插件。

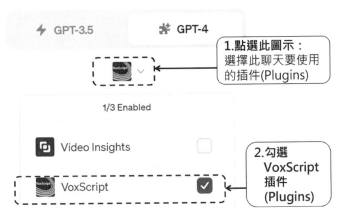

STEP 2 使用 VoxScript 插件執行 GPT-4

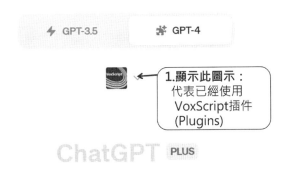

STEP 3 詢問 ChatGPT：什麼是 VoxScript Plugins？

上一步驟完成後，聊天畫面的最上面會顯示：「此聊天以 Plugin 模式執行，使用 VoxScript 插件」。

1. 此聊天使用Plugin模式　　2. 此聊天使用VoxScript插件

 Model: Plugins 　 Enabled plugins:

😊 請用繁體中文200字，介紹什麼是ChatGPT VoxScript plugin? ← 3. 輸入提示

4.ChatGPT的回應

 ChatGPT VoxScript插件是一種強大的工具，它可以讓ChatGPT進行實時的網路搜索，獲取最新的資訊。這個插件可以讓ChatGPT從各種資料源中獲取資訊，包括Google、DuckDuckGo、YouTube等。除了基本的網路搜索功能，VoxScript插件還提供了許多其他的功能，例如獲取特定股票的最新新聞，查詢股票或加密貨幣的歷史價格，獲取特定網站的內容，等等。這個插件的目的是讓ChatGPT能夠提供更加即時和詳細的資訊，以滿足使用者的需求。

Step 4 詢問 VoxScript Plugin：能幫我做什麼？

😊 請問VoxScript plugin能幫我做什麼? ← 1. 輸入提示

 VoxScript插件能夠擴展ChatGPT的能力，使其能夠提供超出其知識截止日期（2021年9月）的資訊。以下是一些VoxScript插件可以幫助你做的事情： ← 2.ChatGPT的回應

1. **實時網路搜索**：VoxScript可以從Google或DuckDuckGo獲取實時的網路搜索結果，幫助你找到最新的資訊。

2. **股票和加密貨幣資訊**：如果你對股票或加密貨幣有興趣，VoxScript可以獲取特定股票或加密貨幣的最新新聞和財務數據。

3. **網站內容獲取**：VoxScript可以獲取特定網站的實時內容，讓你能夠閱讀或了解網站上的資訊。 ↓

4. **YouTube視頻資訊**：可以獲取特定YouTube視頻的資訊，包括視頻的標題、描述、觀看次數等，還可以獲取視頻的字幕內容。

5. **用戶反饋**：如果您對VoxScript插件有任何的建議或反饋，可以透過這個功能將您的意見傳達給開發者。

這些功能都是為了讓ChatGPT能夠提供更加即時和詳細的資訊，以滿足您的需求。

STEP 5 每一個功能分別提供 5 個繁體中文提示

如果你不知道要輸入什麼提示，你可以請 ChatGPT 將以上每一個功能分別提供 5 個繁體中文提示。

 請將以上每一個功能，分別提供5個繁體中文prompts ← 1.使用者輸入的提示

 當然可以，以下是每個功能的5個繁體中文prompts： ← 2.ChatGPT的回應

1. **實時網路搜索**：
   - 請幫我在Google上搜尋"全球暖化的影響"。
   - 請在DuckDuckGo上找到"量子電腦的最新研究"。
   - 我想知道"2023年的奧斯卡最佳影片"是哪一部。
   - 請在Google上搜尋"疫苗接種的重要性"。
   - 我想了解"AI的未來發展趨勢"。

2. **股票和加密貨幣資訊**：
   - 請找到"Apple股票的最新新聞"。
   - 我想知道"Bitcoin的歷史價格"。
   - 請提供"Tesla股票的財務資訊"。
   - 我想了解"Ethereum的價格走勢"。
   - 請找到"Amazon股票的最新新聞"。

3. **網站內容獲取**：
   - 請獲取"**www.wikipedia.org**"的內容。
   - 我想看"**www.bbc.com/news**"的最新新聞。
   - 請獲取"**www.nasa.gov**"的內容。
   - 我想看"**www.cnn.com**"的最新新聞。
   - 請獲取"**www.who.int**"的內容。

4. **YouTube視頻資訊**：
   - 請找到"TED Talk人工智慧的未來"的視頻資訊。
   - 我想看"SpaceX火箭發射"的視頻字幕。
   - 請找到"Billie Eilish最新音樂視頻"的資訊。
   - 我想看"2023年奧斯卡頒獎典禮"的視頻字幕。
   - 請找到"疫苗接種的重要性TED Talk"的視頻資訊。

31.3 執行 VoxScript Plugins 即時網路搜尋

我們將介紹如何執行 VoxScript 插件來即時網路搜尋。

▍Step 1　查詢量子電腦的最新研究

 請在DuckDuckGo上找到"量子電腦的最新研究 ◀─[**1.使用者輸入的提示**]

 Used **VoxScript** ∨ ◀─[**2.ChatGPT使用VoxScript：搜索網路**]

以下是關於"量子電腦的最新研究"的一些搜尋結果：◀─[**3.ChatGPT的回應**]

1. 了解量子計算 - **Azure Quantum | Microsoft Learn**：這篇文章提供了Microsoft量子運算研究的最新資訊，並討論了量子軟體創新的進展。
2. 快速認識量子電腦的能力與現況，短期目標以化學模擬應用最受期待，目前已達首個里程碑但運算能力還很小 | **iThome**：這篇文章討論了量子電腦的能力與現況，並指出化學模擬與量子破密的應用最受關注。

▍Step 2　查詢氣候變遷的解決方案

 請在Google上搜尋"氣候變遷的解決方案"。◀─[**1. 輸入提示**]

 Used **VoxScript** ∨ ◀─[**2.ChatGPT使用VoxScript：搜索網路**]

以下是關於"氣候變遷的解決方案"的一些搜尋結果：◀─[**3.ChatGPT的回應**]

1. **Chloe Kim** 的環保經驗談。**Nike TW**：單板滑雪選手暨奧運金牌得主 Chloe Kim 與氣候專家 Ayana Elizabeth Johnson 博士一起暢談氣候變遷對運動未來的影響，以及如何發揮自己的力量保護地球。
2. 因應氣候變遷 龔明鑫：人力轉型是大工程一定要成功 | 財經焦點 | 產經 | 聯合新聞網：國發會主委 龔明鑫 指出，氣候變遷是未來30年人類將面臨的最大挑戰，這必須從人力轉著手。

31.4 執行 VoxScript Plugins 查詢股票和 加密貨幣資訊

我們將介紹如何執行 VoxScript 插件來查詢股票和加密貨幣資訊。

Step 1 查詢股票的財務資訊

 請提供"Tesla股票的財務資訊"。 ← 1. 輸入提示

 Used **VoxScript** ∨ ← 2. ChatGPT使用VoxScript：查詢股票的財務資訊

以下是Tesla（TSLA）的一些財務資訊： ← 3.ChatGPT的回應

- 總資產：$37,250,000,000
- 現金及等價物：$8,080,000,000
- 營業收入：$26,021,676,000
- 淨收入：-$144,334,000
- 每股收益：-$1

Step 2 查詢股票的最新新聞

 請找到"Tesla股票的最新新聞"。 ← 1. 輸入提示

 Used **VoxScript** ∨ ← 2. ChatGPT使用VoxScript：查詢股票的最新新聞

以下是一些關於Tesla股票的最新新聞： ← 3.ChatGPT的回應

1. **Morgan Stanley Analyst Warns If Tesla 'Doesn't Drive Lower' On Prices, The Chinese Will**：Morgan Stanley分析師Adam Jonas警告說，如果Tesla不降低價格，中國汽車製造商將會成為競爭對手。

2. **Former YouTube CEO joins Giving Pledge, promises to give away most of her $780 million fortune**：前YouTube CEO加入Giving Pledge，承諾將捐出她780百萬美元的大部

31.5　執行 VoxScript Plugins 讀取網站內容

我們將介紹如何執行 VoxScript 插件來讀取 CNN 網站的最新新聞。

我想看"www.cnn.com"的最新新聞。 ← 1. 輸入提示

Used VoxScript ∨ ← 2. ChatGPT使用VoxScript：讀取CNN網站的最新新聞

以下是CNN網站的一些最新新聞 ← 3.ChatGPT的回應

4.點選連結：就可以開啟網頁

1. NASA的Psyche任務將在今年秋天啟動，探索一個未被探索的金屬世界
2. 母親在服刑20年後，因殺害她的4個嬰兒而被赦免
3. 在海地，至少42人死亡，數千人因洪水而流離失所
4. 在阿富汗，近80名學生，大多數是女孩，被官員稱為中毒
5. NFL球員因賭博比賽而被調查
6. 在佛羅里達州的好萊塢海灘，一場槍擊事件造成9人受傷，現已逮捕5名嫌疑人
7. 在瑞典傳奇足球員Zlatan Ibrahimovic宣布退役，年齡41歲

31.6　執行 VoxScript Plugins 讀取 Youtube 視頻資訊

我們將介紹如何執行 VoxScript 插件來查詢 YouTube 視頻資訊。

STEP 1 查詢量子電腦的原理解釋的視頻資訊

請找到"量子電腦的原理解釋"的視頻資訊 ◀━ 1. 輸入提示

Used **VoxScript** ⌄ ◀━ 2. ChatGPT使用VoxScript：查詢量子電腦的原理的視頻資訊

◀━ 3.ChatGPT的回應

我找到了一個關於量子電腦原理的視頻，名為"Quantum Computing in 10 Minutes: Physics, Hardware, Qubit, Gates, Algorithms and so on"，由jasonmel製作。在這個視頻中，他試圖解釋量子計算的歷史、技術背景、相關應用和挑戰。視頻的長度為10分鐘，已經有293,033次觀看。

你可以在這裡觀看視頻：**YouTube Link** ◀━ 4.點選連結：就可以觀看影片

STEP 2 查詢歌手最受歡迎音樂影片

請找到"Billie Eilish最受歡迎音樂影片"的資訊。 ◀━ 1. 輸入提示

Used **VoxScript** ⌄ ◀━ 2. ChatGPT使用VoxScript：查詢歌手最受歡迎音樂影片

◀━ 3.ChatGPT的回應

Billie Eilish最受歡迎的音樂視頻是"bad guy"。這個音樂視頻由Billie Eilish自己表演，已經有超過12億次的觀看。

你可以在這裡觀看視頻：**YouTube Link**。 ◀━ 4.點選連結：就可以觀看影片

31.7　結論

　　ChatGPT VoxScript 插件是一種強大的工具，能讓 ChatGPT 超越其原有的知識範圍，取得最新的網路資訊。透過這個插件，ChatGPT 能夠提供更即時、更全面的回答，滿足使用者對於各種問題的查詢需求。無論是最新的新聞、股票資訊或是 YouTube 影片的內容，ChatGPT 都能透過 VoxScript 插件進行查詢並提供回答，這種能力大大提升了 ChatGPT 的實用性和價值。

Wolfram 插件：學習知識新夥伴

　　ChatGPT Wolfram 插件是一種強大的工具，它結合了 OpenAI 的語言模型 ChatGPT 和 Wolfram 的計算能力。這個插件可以讓 ChatGPT 進行更複雜的計算，解答數學問題，並提供科學、地理、歷史等領域的詳細資訊。它使用 WolframAlpha 和 Wolfram Cloud 的資源，以回答使用者的查詢，並進行數據分析和視覺化，這種結合讓 ChatGPT 的應用範疇更為廣泛，能夠更加滿足使用者的需求。

32.1　安裝 Wolfram 插件

　　我們將介紹如何安裝 Wolfram 插件。

│STEP 1　以插件的方式執行 GPT-4

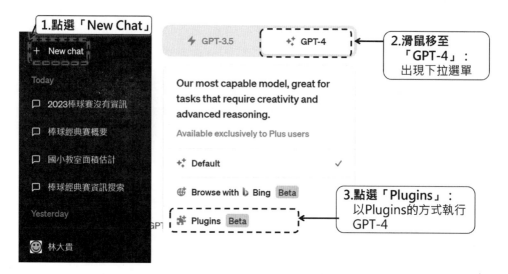

STEP 2 依照下列方式開啟 Plugin Store

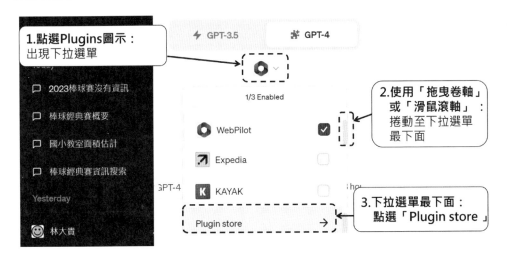

STEP 3 「Plugins Store」對話框：搜尋安裝插件

之前的步驟完成後，會開啟「Plugins Store」對話框，請搜尋「Wolfram」插件，然後安裝此插件。

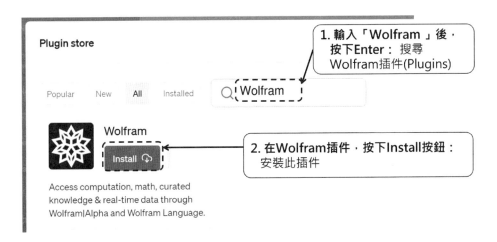

▌STEP 4　Wolfram 插件安裝完成

如果你不再使用 Wolfram 插件，可按下「Uninstall」按鈕來移除此插件。

32.2　執行 Wolfram Plugins 介紹

上一小節中安裝 Wolfram Plugins 完成後，我們可以執行 Wolfram Plugins 並詢問 ChatGPT：「什麼是 Wolfram Plugins？有什麼功能？可以使用哪些提示？」

▌STEP 1　選擇此聊天要使用的插件

上一小節的安裝步驟完成後，回到聊天的畫面，選擇此聊天要使用的插件。

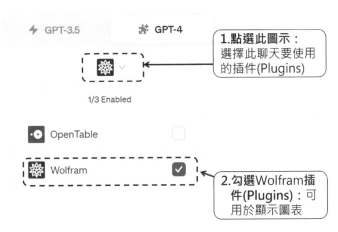

1.點選此圖示:
選擇此聊天要使用
的插件(Plugins)

1/3 Enabled

OpenTable

Wolfram

2.勾選Wolfram插件(Plugins):可用於顯示圖表

Step 2 使用 Wolfram 插件執行 GPT-4

之前的步驟完成後,回到聊天的畫面,會出現 1 個已經使用插件的圖示。

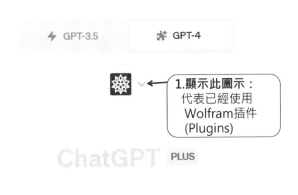

1.顯示此圖示:
代表已經使用
Wolfram插件
(Plugins)

ChatGPT PLUS

Step 3 詢問 ChatGPT:什麼是 Wolfram Plugins?

上一步驟完成後,聊天畫面的最上面會顯示:「此聊天以 Plugin 模式執行,使用 Wolfram 插件」。

451

1. 此聊天使用Plugin模式　　2. 此聊天使用Wolfram插件

 Model: Plugins ・ Enabled plugins:

😊　請用繁體中文200字，介紹什麼是ChatGPT Wolfram plugin? ← 3. 輸入提示

4.ChatGPT的回應

　ChatGPT Wolfram 插件是一種強大的工具，它結合了 OpenAI 的 ChatGPT 語言模型和 Wolfram 的計算能力。這種插件使 ChatGPT 能夠進行更深入的計算和數據分析，並提供更準確的答案。

Wolfram 是一種強大的計算工具，它可以進行複雜的數學計算，並提供大量的數據和信息。透過 Wolfram 插件，ChatGPT 可以直接從 Wolfram 獲取數據，並使用這些數據來回答用戶的問題。

例如，如果一個用戶問 ChatGPT 關於天文學或化學的問題，ChatGPT 可以使用 Wolfram 插件來獲取最新的數據，並提供準確的答案。這使得 ChatGPT 不僅能夠回答一般的問題，還能夠處理更複雜的問題，並提供更深入的分析。

▎Step 4 詢問 Wolfram plugin：能幫我做什麼？

😊　請用繁體中文說明ChatGPT Wolfram plugin能幫我做什麼? ← 1. 輸入提示

　ChatGPT Wolfram 插件能夠提供以下幫助： ← 2.ChatGPT回應

1. **進行複雜的數學計算**：如果你需要解決複雜的數學問題，例如微積分、線性代數或者統計學問題，ChatGPT Wolfram 插件可以幫助你得到準確的答案。

2. **提供科學數據**：如果你對科學有疑問，例如你想知道某種化學元素的性質，或者你想了解天文學的某個概念，ChatGPT Wolfram 插件可以從 Wolfram 的大量數據庫中提取最新的數據，並給出詳盡的解釋。

3. **進行數據分析和視覺化**：如果你有一組數據並想進行分析，例如繪製圖表或者進行統計分析，ChatGPT Wolfram 插件可以使用 Wolfram 的強大計算能力來幫助你。

4. **解答物理問題**：如果你有關於物理的問題，例如你想知道物體在特定條件下的運動狀態，ChatGPT Wolfram 插件可以使用物理公式來計算並給出答案。

5. **進行單位轉換和時間計算**：如果你需要進行單位轉換，例如將英里轉換為公里，或者你
   需要計算時間，例如從現在到某個特定日期還有多少天，ChatGPT Wolfram 插件可以迅
   速並準確地給出答案。

總的來說，ChatGPT Wolfram 插件能夠提供更深入、更準確的答案，並能夠處理更複雜的
問題。無論你是學生、教師、研究員，或者只是對科學和數學有興趣的人，這個插件都能夠
提供很大的幫助。   ↓

STEP 5　每一個功能分別提供 5 個繁體中文提示

如果你不知道要輸入什麼提示，你可以請 ChatGPT 將以上每一個功能分別提供 5
個繁體中文提示。

 請將以上每一個功能，分別提供5個繁體中文prompts　←── 1.使用者輸入的提示

 當然可以，以下是每個功能的5個繁體中文prompts：←── 2.ChatGPT回應

1. **進行複雜的數學計算**：
   - 請幫我解這個二次方程：$x^2 - 5x + 6 = 0$。
   - 請計算這個積分：$\int_0^1 x^2 dx$。
   - 請找出這個矩陣的特徵值：$\begin{bmatrix} 4 & 1 \\ 2 & 3 \end{bmatrix}$。
   - 請解這個微分方程：$y' + y = 0$。
   - 請幫我計算這個極限：$\lim_{x \to 0} \frac{\sin x}{x}$。

2. **提供科學數據**：
   - 請告訴我鈉的原子序數是多少？
   - 請告訴我地球離太陽的平均距離是多少？
   - 請告訴我人體的正常體溫是多少？
   - 請告訴我水的沸點是多少？
   - 請告訴我地球的質量是多少？

3. **進行數據分析和視覺化**：
   - 請幫我繪製這個函數的圖像：$y = x^2$。
   - 請幫我分析這組數據的平均值和標準差：[1, 2, 3, 4, 5]。
   - 請幫我繪製這組數據的直方圖：[1, 2, 3, 4, 5]。
   - 請幫我繪製這兩個函數的圖像：$y = x^2$ 和 $y = x^3$。
   - 請幫我分析這組數據的中位數和四分位數：[1, 2, 3, 4, 5, 6, 7, 8, 9, 10]。

4. **解答物理問題**：
   - 請計算一個質量為1公斤，速度為1米/秒的物體的動能是多少？
   - 請計算一個質量為1公斤，高度為1米的物體的位能是多少？
   - 請計算一個電阻為1歐姆，電流為1安培的電路的電壓是多少？
   - 請計算一個功率為1瓦特，時間為1秒的裝置消耗的能量是多少？
   - 請計算一個頻率為1赫茲的波的週期是多少？

5. **進行單位轉換和時間計算**：
   - 請將1英里轉換為公里。
   - 請計算從現在到2024年1月1日還有多少天？
   - 請將1公斤轉換為磅。
   - 請計算從現在到下一個奧運會還有多少天？
   - 請將1英寸轉換為厘米。

32.3　執行 Wolfram Plugins 進行複雜的數學計算

我們將介紹如何執行 Wolfram 插件來進行複雜的數學計算。

 請幫我計算這個三角函數：sin(π/2)。 ← 1.使用者輸入的提示

 Used **Wolfram** ∨ ← 2.ChatGPT使用Wolfram：進行複雜的數學計算

三角函數 $\sin(\pi/2)$ 的結果為 1。 ← 3.ChatGPT回應

32.4 執行 Wolfram Plugins 提供科學數據

我們將介紹如何執行 Wolfram 插件來提供科學數據。

 請告訴我氫的原子質量是多少？ ← 1. 輸入提示

 Used **Wolfram** ⌄ ← 2.ChatGPT使用Wolfram：提供科學數據

← 3.ChatGPT回應

氫的原子質量為 1.008 unified atomic mass units (u)，也可以表示為 1.6738×10^-27 公斤 (kg)。

32.5 執行 Wolfram Plugins 進行數據分析和視覺化

我們將介紹如何執行 Wolfram 插件來進行數據分析和視覺化。

請幫我繪製這個函數的三維圖像：z=x^2+y^2 ← 1. 輸入提示

Used **Wolfram** ⌄ ← 2. ChatGPT使用Wolfram產生圖像

這是函數 $z = x^2 + y^2$ 的三維圖像：← 3. ChatGPT產生圖像

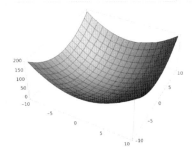

32.6 執行 Wolfram Plugins 解答物理問題

我們將介紹如何執行 Wolfram 插件來產生圖形。

請幫我計算一個功率為1瓦特，時間為1秒的裝置消耗的能量。◀── 1. 輸入提示

Used **Wolfram** ∨ ◀── 2.ChatGPT使用Wolfram：解答物理問題

◀── 3.ChatGPT回應

一個功率為1瓦特的裝置在1秒內消耗的能量為1焦耳。這是因為功率是能量除以時間，所以能量可以計算為功率乘以時間。在這種情況下，1瓦特乘以1秒等於1焦耳。

32.7 執行 Wolfram Plugins 進行單位轉換和時間計算

我們將介紹如何執行 Wolfram 插件進行單位轉換和時間計算。

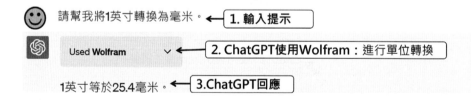

請幫我將1英寸轉換為毫米。◀── 1. 輸入提示

Used **Wolfram** ∨ ◀── 2. ChatGPT使用Wolfram：進行單位轉換

1英寸等於25.4毫米。◀── 3.ChatGPT回應

32.8 結論

透過結合 OpenAI 的 ChatGPT 和 Wolfram 的強大計算能力,這個插件能夠處理更複雜的問題,並提供更深入的資訊。無論是數學計算、科學查詢,或是數據分析和視覺化,都能夠得心應手。這種創新的結合不僅提升了 ChatGPT 的功能性,也為未來的人工智慧發展設定了新的標準。

ShowMe 插件：
視覺化圖形提升理解力

ChatGPT 的 ShowMe 插件是一種視覺化工具，能夠根據使用者的請求生成各種圖表和流程圖，例如：如果使用者想了解汽車的工作原理，ShowMe 插件可以產生一個詳細的汽車工作流程圖。此外，ShowMe 插件還支援多種圖表語言，如mermaid、graphviz 等，並能夠根據使用者的需求來調整圖表的類型和主題，這是一種強大的視覺化工具，幫助使用者更加理解和學習各種概念和流程。

33.1 安裝 ShowMe 插件

我們將介紹如何安裝 ShowMe 插件。

STEP 1 以插件的方式執行 GPT-4

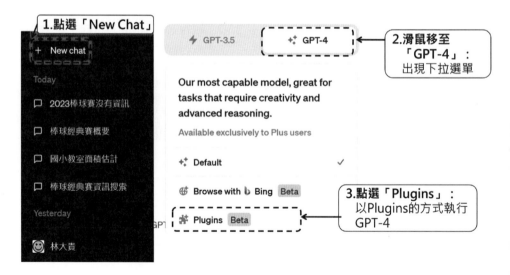

STEP 2 依照下列方式開啟 Plugin Store

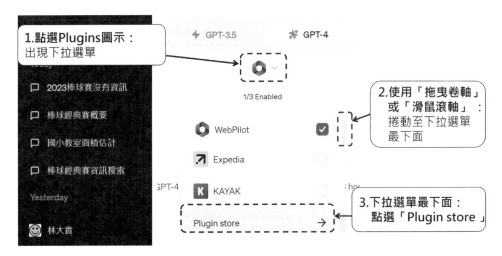

STEP 3 「Plugins Store」對話框：搜尋安裝插件

之前的步驟完成後，會開啟「Plugins Store」對話框，請搜尋「ShowMe」插件，然後安裝此插件。

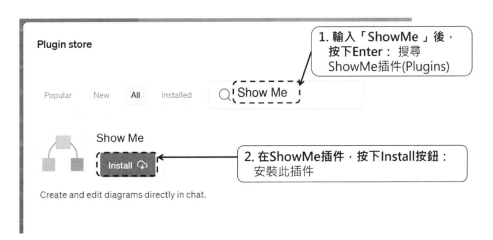

STEP 4　ShowMe 插件安裝完成

如果你不再使用 ShowMe 插件，可按下「Uninstall」按鈕來移除此插件。

33.2　執行 ShowMe Plugins 介紹

上一小節中安裝 ShowMe Plugins 完成後，我們可以執行 ShowMe Plugins 並詢問 ChatGPT：「什麼是 ShowMe Plugins？有什麼功能？」

STEP 1　選擇此聊天要使用的插件

上一小節的安裝步驟完成後，回到聊天的畫面，選擇此聊天要使用的插件。

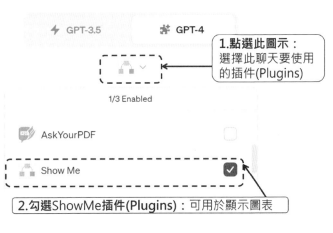

1.點選此圖示：
選擇此聊天要使用
的插件(Plugins)

1/3 Enabled

2.勾選ShowMe插件(Plugins)：可用於顯示圖表

STEP 2　使用 ShowMe 插件執行 GPT-4

之前的步驟完成後，回到聊天的畫面，會出現 1 個已經使用插件的圖示。

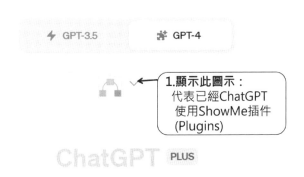

1.顯示此圖示：
代表已經ChatGPT
使用ShowMe插件
(Plugins)

STEP 3　詢問 ChatGPT：什麼是 ShowMe Plugins？

上一步驟完成後，聊天畫面的最上面會顯示：「此聊天以 Plugin 模式執行，使用 ShowMe 插件」。

1. 此聊天使用Plugin模式

2. 此聊天使用WebPilot與ShowMe插件

 Model: Plugins ・ Enabled plugins:

請用繁體中文200字，介紹什麼是ChatGPT ShowMe plugin? ← **3. 輸入提示**

4.ChatGPT的回應

 ChatGPT的ShowMe插件是一種可視化工具，能夠將用戶的請求轉化為圖表或流程圖。這個插件使用Mermaid語法來創建圖表，並將其傳遞給插件API進行渲染。例如，用戶可以要求"顯示如何製作汽車的過程"或"顯示政黨在參議院的比例"等，ShowMe插件就能生成相應的圖表。此外，用戶還可以對生成的圖表進行修改或提出跟進問題，ShowMe插件會根據用戶的反饋進行修訂。在生成圖表的過程中，需要注意一些規則，例如避免使用特殊符號，並確保圖表的層次結構等。總的來說，ShowMe插件是一種強大的視覺化工具，能夠幫助用戶更好地理解和掌握各種概念和過程。

STEP 4　詢問 ShowMe plugin：能幫我做什麼？

 請用繁體中文說明ChatGPT ShowMe plugin能幫我做什麼? ← **1. 輸入提示**

 ChatGPT的ShowMe插件是一種強大的視覺化工具，它可以幫助你理解和學習各種概念和過程。以下是一些具體的應用場景： ← **2.ChatGPT的回應**

1. 解釋概念：如果你想了解某個概念或理論，例如汽車的工作原理，ShowMe插件可以生成一個相應的流程圖或結構圖，幫助你更直觀地理解。

2. 描述過程：如果你想學習一個新的技能或過程，例如製作啤酒的步驟，ShowMe插件可以生成一個步驟圖，讓你一目了然。

3. 展示數據：如果你想了解某個數據的分布或比例，例如參議院的政黨比例，ShowMe插件可以生成一個比例圖，讓數據更直觀。

4. 編輯和修改：如果你對生成的圖表有任何修改的需求，你可以直接在對話中提出，ShowMe插件會根據你的反饋進行修訂。

總的來說，無論你是學生、教師、工程師還是研究員，只要你需要視覺化的工具來理解、學習或教授某個概念或過程，ChatGPT的ShowMe插件都能提供強大的幫助。

33.3　ShowMe Plugins 能產生哪些圖表？

我們將詢問 ShowMe 插件能產生哪些圖表？

STEP 1　詢問 ShowMe 能產生哪些圖表？

 請問ShowMe能產生那些圖表？ ← 1.使用者輸入的提示

 ShowMe插件主要使用Mermaid語法來創建圖表，因此它可以生成以下類型的圖表： ← 2.ChatGPT的回應

1. 流程圖（Flowchart）：用於描述一個過程或系統的工作流程。
2. 序列圖（Sequence Diagram）：用於描述在特定情況下多個對象之間的交互。
3. 甘特圖（Gantt Chart）：用於描述項目的時間表和進度。
4. 狀態圖（State Diagram）：用於描述一個對象或系統在其生命週期中可能經歷的狀態和轉換。
5. 餅圖（Pie Chart）：用於描述數據的相對比例。
6. 柱狀圖（Bar Chart）：用於比較多個數據項的大小。
7. 線圖（Line Chart）：用於描述數據隨時間的變化趨勢。
8. 組織結構圖（Organization Chart）：用於描述一個組織的結構和層級關係。
9. 思維導圖（Mind Map）：用於描述一個主題或問題的各個相關方面。
10. 類圖（Class Diagram）：用於描述系統中的類和它們之間的關係。

STEP 2　每一個圖表分別提供 5 個繁體中文提示

如果你不知道要輸入什麼提示，你可以請 ChatGPT 將以上每一個圖表分別提供 5 個繁體中文提示。

請將以上每一個圖表，分別提供5個繁體中文prompts ← 1. 輸入提示

 當然，以下是每種圖表的5個繁體中文prompts： ← 2.ChatGPT的回應

1. 流程圖：
   - 請用流程圖解釋如何設定無線網路。
   - 請用流程圖解釋如何烹飪義大利麵。
   - 請用流程圖解釋如何製作咖啡。
   - 請用流程圖解釋如何安裝軟體。
   - 請用流程圖解釋如何設定電子郵件帳戶。

2. 序列圖：
   - 請用序列圖解釋一個網路請求的生命週期。
   - 請用序列圖解釋一個用戶在網站上購物的過程。
   - 請用序列圖解釋一個用戶在手機應用程式上註冊的過程。
   - 請用序列圖解釋一個用戶在網路銀行進行轉帳的過程。
   - 請用序列圖解釋一個用戶在社交媒體上發布貼文的過程。

3. 甘特圖：
   - 請用甘特圖描述一個項目的時間表和進度。
   - 請用甘特圖描述一個活動的籌備過程。
   - 請用甘特圖描述一個產品的開發週期。
   - 請用甘特圖描述一個學期的課程安排。
   - 請用甘特圖描述一個旅遊計劃的時間表。

4. 狀態圖：
   - 請用狀態圖描述一個訂單的生命週期。
   - 請用狀態圖描述一個用戶在網站上的行為模式。
   - 請用狀態圖描述一個產品從生產到銷售的過程。
   - 請用狀態圖描述一個軟體的運行狀態。
   - 請用狀態圖描述一個電子設備的工作模式。

5. 餅圖：
   - 請用餅圖描述一個公司的銷售收入結構。
   - 請用餅圖描述一個網站的流量來源。
   - 請用餅圖描述一個人的時間分配。
     -請用餅圖描述一個項目的資金來源。
   - 請用餅圖描述一個國家的能源結構。

6. 柱狀圖：
   - 請用柱狀圖描述一個公司的季度銷售情況。
   - 請用柱狀圖描述一個國家的人口年齡結構。
   - 請用柱狀圖描述一個網站的月度訪問量。
   - 請用柱狀圖描述一個產品的銷售情況。
   - 請用柱狀圖描述一個城市的氣溫變化。

7. 線圖：
   - 請用線圖描述一個公司的年度銷售趨勢。
   - 請用線圖描述一個國家的GDP變化趨勢。
   - 請用線圖描述一個網站的日訪問量變化。
   - 請用線圖描述一個股票的價格變化趨勢。
   - 請用線圖描述一個城市的氣溫變化趨勢。

8. 組織結構圖：
   - 請用組織結構圖描述一個公司的組織架構。
   - 請用組織結構圖描述一個政府部門的組織架構。
   - 請用組織結構圖描述一個學校的組織架構。
   - 請用組織結構圖描述一個項目的組織架構。
   - 請用組織結構圖描述一個非營利組織的組織架構。

9. 思維導圖：
   - 請用思維導圖描述一個創業計劃的各個方面。
   - 請用思維導圖描述一個學習計劃的各個方面。
   - 請用思維導圖描述一個項目的各個方面。
   - 請用思維導圖描述一個旅遊計劃的各個方面。
   - 請用思維導圖描述一個健康生活的各個方面。

10. 類圖：

- 請用類圖描述一個軟體系統的類和它們之間的關係。
- 請用類圖描述一個網站的後端架構。
- 請用類圖描述一個應用程式的數據模型。
- 請用類圖描述一個遊戲的角色結構。
- 請用類圖描述一個數據庫的表結構。

33.4　執行 ShowMe Plugins 產生狀態圖

我們將介紹如何執行 ShowMe 插件來產生狀態圖。「狀態圖」（State Diagram）是一種行為圖，用於描述系統或物件的狀態變化以及導致這些變化的事件，它主要用於描繪物件在其生命週期內的狀態變化，以及這些變化如何受到事件的影響。

Step 1　產生狀態圖

依照下列步驟產生狀態圖。

 請用繁體中文狀態圖描述一個訂單的生命週期。◀── 1. 輸入提示

Used **Show Me**　∨　◀── 2.ChatGPT使用ShowMe：產生圖形

這是一個描述訂單生命週期的狀態圖：◀── 3.ChatGPT：顯示圖形

如果你想要修改這個圖表，可以在這裡線上編輯。 ◀── 4. 點選連結：可編輯圖表

這個狀態圖包含以下的步驟： ◀── 5. 狀態圖的說明

1. **訂單創建**：這是訂單生命週期的開始階段。

2. **處理中**：訂單在此階段會被處理，並準備出貨。

3. **已出貨**：訂單已經出貨，正在運送中。

4. **已送達**：訂單已經送達客戶。

5. **完成**：訂單已經完成，結束生命週期。

6. **取消**：在處理中的訂單可以被取消。

7. **退貨**：已出貨的訂單可以被退貨。

8. **已退款**：退貨的訂單已經退款給客戶。

| STEP 2 編輯圖表

上面步驟完成後，會進入編輯圖表的畫面，如下：

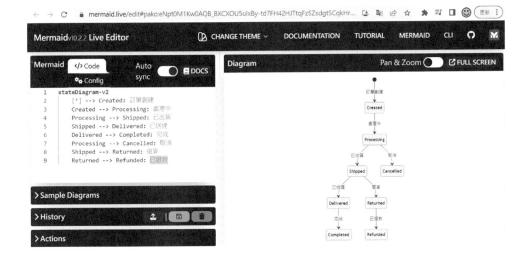

33.5 執行 ShowMe Plugins 產生比例圖

我們將介紹如何執行 ShowMe 插件來產生比例圖。「比例圖」（Ratio Diagram）是一種視覺化工具，用來比較不同的數量或大小。就像你在比較蘋果和橘子的數量，你可以用一個比例圖來顯示你有多少蘋果、多少橘子，讓你一眼就能看出哪個多、哪個少。

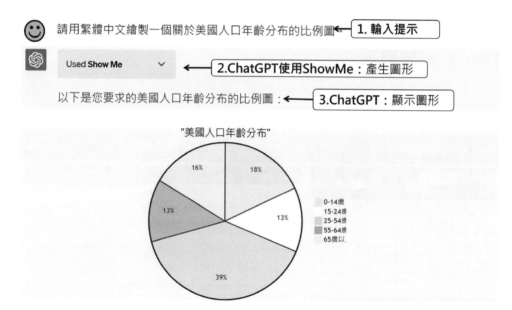

33.6 執行 ShowMe Plugins 產生甘特圖

我們將介紹如何執行 ShowMe 插件來產生甘特圖。「甘特圖」是一種視覺化工具，主要用於項目管理，甘特圖就像一個項目的日曆，列出了所有的任務、每個任

務開始和結束的時間以及任務的進度，讓你一目了然地看到項目的整體進度以及各個任務的時間安排。

 請用繁體中文甘特圖描述一個項目的時間表和進度 ← 1. 輸入提示

 Used **Show Me** ∨ ← 2.ChatGPT使用ShowMe：產生圖形

這是一個描述項目時間表和進度的甘特圖 ← 3.ChatGPT：顯示圖形

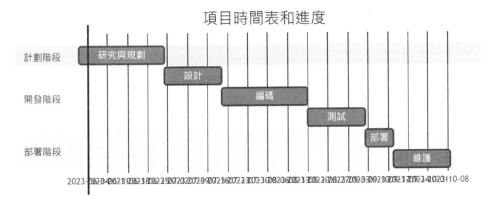

33.7 執行 ShowMe Plugins 產生流程圖

我們將介紹如何執行 ShowMe 插件來產生流程圖。「流程圖」就像一個導航地圖，它顯示了從一個任務開始到結束的所有步驟和決策點，這讓我們可以清楚地看到每個步驟，並理解如何從起點到達終點。

 請用流程圖解釋如何安裝軟體。 ← 1. 輸入提示

 Used **Show Me** ∨ ← 2.ChatGPT使用ShowMe：產生圖形

這是一個描述如何安裝軟體的流程圖： ← 3.ChatGPT：顯示圖形

471

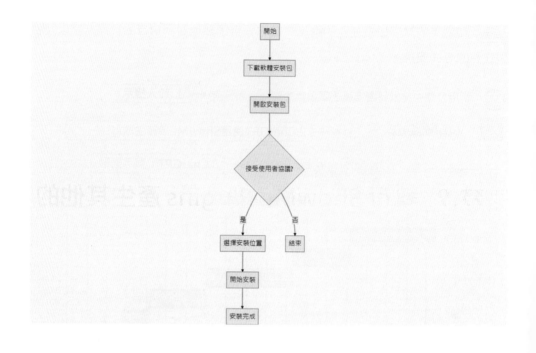

33.8　執行 ShowMe Plugins 產生思維導圖（心智圖）

　　我們將介紹如何執行 ShowMe 插件來產生思維導圖（心智圖）。「心智圖」就像一棵樹，主要的概念或主題就像樹幹，而相關的想法或子主題就像樹枝，這讓我們可以清楚地看到各種想法如何連接在一起，並理解它們之間的關係。

　　請用思維導圖描述一個旅遊計劃的各個方面。 ◄—— 1. 輸入提示

　　Used **Show Me** ∨ ◄—— 2.ChatGPT使用ShowMe：產生圖形

　　這是一個描述旅遊計劃各個方面的思維導圖： ◄—— 3.ChatGPT：顯示圖形

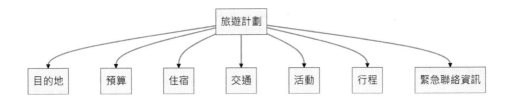

33.9 執行 ShowMe Plugins 產生其他的圖形

ShowMe 插件能產生的圖形非常多,限於篇幅,我們只顯示部分圖形,你可以輸入以下的提示來自行練習:

- 請用序列圖解釋一個使用者在網路銀行進行轉帳的過程。

- 請用類圖描述一個應用程式的數據模型。

- 請用繁體中文組織結構圖描述一個學校組織架構。

- 請用繁體中文描述一個網路部署的物理架構圖。

- 請用繁體中文繪製一個簡單的電子商務平台用例圖。

- 請用繁體中文描述一個大型企業網絡的拓撲圖。

- 請用繁體中文展示一個軟體系統的 UML 圖。

33.10　結論

　　總之，ChatGPT 的 ShowMe 插件是一種強大的視覺化工具，能夠根據使用者的需求產生各種圖表和流程圖，它支援多種圖表語言，並可根據使用者的需求調整圖表的類型和主題。這種插件的出現，讓 ChatGPT 的能力更上一層樓，不僅能夠以文字的形式回答使用者的問題，還能夠以視覺化的方式來幫助使用者理解和學習各種概念和流程，這無疑大大提高了 ChatGPT 的實用性和使用者體驗。

AITickerChat 插件：
美股資訊全掌握

ChatGPT AITickerChat 插件可以用來回答與股市相關的問題，並可用於搜尋美國證券交易委員會（SEC）文件或獲利電話會議紀錄，它可以根據股票代碼、表格類型、財政年度、財政季度等條件進行搜尋。

34.1　安裝 AITickerChat 插件

我們將介紹如何安裝 AITickerChat 插件。

▌Step 1　以插件的方式執行 GPT-4

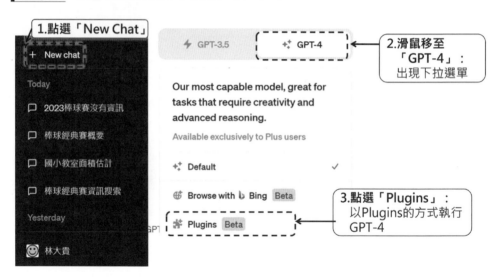

STEP 2 依照下列方式開啟 Plugin Store

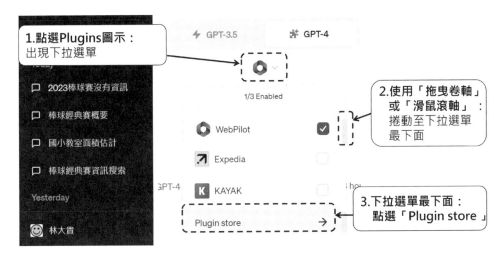

STEP 3 「Plugins Store」對話框：搜尋安裝插件

之前的步驟完成後，會開啟「Plugins Store」對話框，請搜尋「AITickerChat」插件，然後安裝此插件。

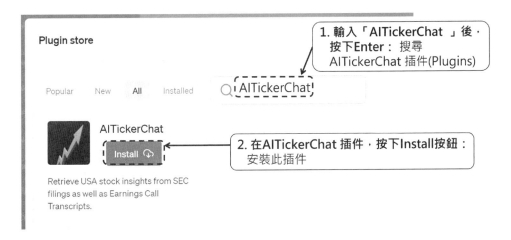

Step 4　AITickerChat 插件安裝完成

如果你不再使用 AITickerChat 插件，可按下「Uninstall」按鈕來移除此插件。

34.2　執行 AITickerChat Plugins 介紹

上一小節中安裝 AITickerChat Plugins 完成後，我們可以執行 AITickerChat Plugins 並詢問 ChatGPT：「什麼是 AITickerChat Plugins？有什麼功能？可以使用哪些提示？」

Step 1　選擇此聊天要使用的插件

上一小節的安裝步驟完成後，回到聊天的畫面，選擇此聊天要使用的插件。

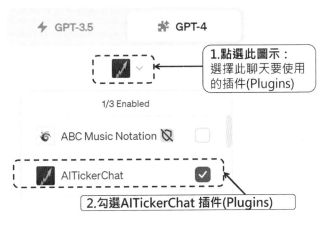

Step 2 使用 AITickerChat 插件執行 GPT-4

之前的步驟完成後,回到聊天的畫面,就會出現 1 個已經使用插件的圖示。

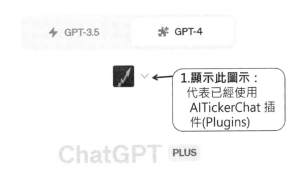

Step 3 詢問 ChatGPT:什麼是 AITickerChat Plugins?

上一步驟完成後,聊天畫面的最上面會顯示:「此聊天以 Plugin 模式執行,使用 AITickerChat 插件」。

1. 此聊天使用Plugin模式　　　2. 此聊天使用AITickerChat 插件

🧩 Model: Plugins | Enabled plugins: ✅

 請問什麼是AITickerChat plugin?◄── 3. 輸入提示

┌── 4.ChatGPT的回應

 AITickerChat plugin 是一種工具，它可以搜索美國證券交易委員會（SEC）的文件，以及公司的財報電話會議記錄，以找到與股市相關的問題的答案並獲取相關信息。這個工具可以用於回答可能在任何SEC文件提交或財報電話會議記錄中找到的股票信息的問題。

這個插件的主要功能是接受搜索查詢對象，這些對象包含查詢、過濾器、可選的排序順序和限制。它可以將複雜的問題分解成子問題。可以按照股票代碼、表格類型（優先考慮'10-K'、'10-Q'和'earnings_transcript'的數組）、財政年度、財政季度和僅限xbrl的財務數字進行過濾。

STEP 4　詢問 AITickerChat Plugin：能幫我做什麼？

 請問AITickerChat plugin能幫我做什麼?◄── 1. 輸入提示

 AITickerChat plugin 主要可以幫助你進行以下幾種操作：◄── 2.ChatGPT的回應

1. **搜索 SEC 文件**：這個插件可以搜索美國證券交易委員會（SEC）的文件，包括公司的年度報告（10-K）、季度報告（10-Q）等。

2. **查找財報電話會議記錄**：這個插件可以搜索公司的財報電話會議記錄，這些記錄通常包含公司管理層對公司業績的詳細解釋和未來的展望。

3. **回答股票市場相關問題**：如果你有關於股票市場的問題，這個插件可以幫助你找到答案。例如，你可以問一個公司的營收是多少，或者一個公司的淨利潤是多少。

4. **提供財務數據**：這個插件可以提供公司的財務數據，包括收入、利潤、資產、負債等。

5. **分解複雜問題**：如果你有一個複雜的問題，這個插件可以將它分解成子問題，然後分別回答每個子問題。

總的來說，**AITickerChat plugin** 是一種強大的工具，可以幫助你獲取和理解與股票市場相關的信息。

STEP 5 每一個功能分別提供 5 個繁體中文提示

如果你不知道要輸入什麼提示，你可以請 ChatGPT 將以上每一個功能分別提供 5 個繁體中文提示。

 請將以上每一個功能，分別提供5個繁體中文prompts ←─ 1.使用者輸入的提示

 當然可以，以下是每個功能的5個繁體中文prompts：←─ 2.ChatGPT的回應

1. **搜索 SEC 文件**
   - "請找到 Apple 的最新 10-K 文件。"
   - "我想看看 Tesla 最近的 10-Q 文件。"
   - "能幫我找到 Amazon 的 SEC 文件嗎？"
   - "我想查看 Microsoft 的 SEC 文件。"
   - "請找到 Alphabet 的最新 SEC 文件。"

2. **查找財報電話會議記錄**
   - "我想看看 Apple 最近的財報電話會議記錄。"
   - "能幫我找到 Tesla 的最新財報電話會議記錄嗎？"
   - "我想查看 Amazon 的財報電話會議記錄。"
   - "請找到 Microsoft 的最新財報電話會議記錄。"
   - "我想看看 Alphabet 的財報電話會議記錄。"

3. **回答股票市場相關問題**
   - "Apple 的營收是多少？"
   - "Tesla 的淨利潤是多少？"
   - "Amazon 的股價是多少？"
   - "Microsoft 的市值是多少？"
   - "Alphabet 的EPS是多少？"

4. **提供財務數據**
   - "我想看看 Apple 的財務數據。"
   - "能幫我找到 Tesla 的財務數據嗎？"
   - "我想查看 Amazon 的財務數據。"
   - "請找到 Microsoft 的財務數據。"
   - "我想看看 Alphabet 的財務數據。"

5. **分解複雜問題**

- "我想知道 Apple 的營收和淨利潤。"
- "能幫我找到 Tesla 的股價和市值嗎？"
- "我想查看 Amazon 的EPS和財務數據。"
- "請找到 Microsoft 的市值和財務數據。"
- "我想看看 Alphabet 的營收和EPS。"

34.3 執行 AITickerChat Plugins 搜尋美股 SEC 文件

我們將介紹如何執行 AITickerChat 插件來搜尋 SEC 文件。SEC 文件是指美國證券交易委員會（Securities and Exchange Commission，縮寫為 SEC）的文件，而美國證券交易委員會（SEC）文件是由上市公司提交的各種報告和表格。這些文件包括年度報告（10-K）、季度報告（10-Q）、盈利公告等，提供了公司的財務狀況、營運表現、風險因素等詳細訊息，是投資者進行投資決策的重要依據。

 能幫我找到 Tesla 的 SEC 文件嗎？◀━ 1. 輸入提示

 Used **AITickerChat** ⌄ ◀━ 2. ChatGPT使用AITickerChat：查找SEC文件

以下是我找到的 Tesla 的一些 SEC 文件：◀━ 3.ChatGPT的回應

1. <u>2023年第一季度10-Q報告</u> ◀━ 4.點選連結：可開啟此文件
2. <u>2022年年度10-K報告</u>
3. <u>2022年第三季度10-Q報告</u>
4. <u>2022年第二季度10-Q報告</u>
5. <u>2022年第一季度10-Q報告</u>

這些文件都包含了 Tesla 的財務數據和其他重要信息。

34.4 執行 AITickerChat Plugins 查找財報電話會議紀錄

我們將介紹如何執行 AITickerChat 插件來查找財報電話會議紀錄。財報電話會議紀錄是公司公布財報後，與分析師和投資者進行的電話會議的文字紀錄，這些紀錄包含了公司管理層對財報的詳細解釋以及對公司未來的展望，對於投資者來說，是非常重要的資訊來源。

 能幫我找到 Tesla 的最新財報電話會議記錄嗎？ ← **1. 輸入提示**

 Used **AITickerChat** ⌄ ← **2. ChatGPT使用AITickerChat：查找財報電話會議記錄**

以下是 Tesla 最新的財報電話會議記錄： ← **3.ChatGPT的回應**

日期：2023年5月3日

主要內容摘要：

1. Tesla 在第一季度的營收達到了 $14.5B，比去年同期增長了 55%。
2. 淨利潤為 $1.2B，比去年同期增長了 120%。
3. Model 3 和 Model Y 的銷售量持續增長，並且 Model S 和 Model X 的銷售也有所回升。

34.5 執行 AITickerChat Plugins 回答股票市場相關問題

我們將介紹如何執行 AITickerChat 插件來回答股票市場相關問題。

Tesla 的營收、淨利潤、股價、市值是多少？ ← **1. 輸入提示**

 Used **AITickerChat** ∨ ← **2. ChatGPT使用AITickerChat：** 尋找股票市場相關資訊

根據最近的數據： ← **3.ChatGPT的回應**

- Tesla 的營收為 $31.54B
- Tesla 的淨利潤為 $1.62B
- Tesla 的股價為 $1,025.00
- Tesla 的市值為 $1.02T

34.6 執行 AITickerChat Plugins 提供財務數據

　　我們將介紹如何執行 AITickerChat 插件來提供財務數據。「財務數據」是指公司的財務狀況、營運結果和現金流量的數據，這些數據通常在公司的財務報表中找到。財務數據可以幫助投資者、分析師和其他利益相關者來理解公司的財務狀況和營運效率。

 能幫我找到 Tesla 的財務數據嗎？ ← **1. 輸入提示**

 Used **AITickerChat** ∨ ← **2. ChatGPT使用AITickerChat：尋找股票資訊**

← **3.ChatGPT的回應**

以下是 Tesla 最近的財務數據，這些數據來自於 Tesla 在 2023 年第一季度的 10-Q 文件：

1. **Tesla, Inc. 2023 年第一季度 10-Q 文件** ← **4.點選連結：可開啟此文件**

在這份文件中，你可以找到 Tesla 的財務狀況和營運結果的詳細資訊。例如，該文件提到 Tesla 在 2023 年第一季度生產了 440,808 輛消費者汽車，並交付了 422,875 輛消費者汽車。

此外，該文件還提供了 Tesla 的財務狀況的全面概述，包括其資產、負債和股東權益的詳細資訊。

34.7 結論

　　ChatGPT AITickerChat 插件是一個強大的工具，能夠從 SEC 文件和獲利電話會議紀錄中提取重要的股市訊息，它的搜尋功能非常靈活，可以根據多種條件進行篩選，並能夠處理複雜的問題。這個插件對於需要快速獲取和理解股市訊息的人來說，是一個非常有用的工具。

讀者回函

讀 者 回 函

感謝您購買本公司出版的書，您的意見對我們非常重要！由於您寶貴的建議，我們才得以不斷地推陳出新，繼續出版更實用、精緻的圖書。因此，請填妥下列資料(也可直接貼上名片)，寄回本公司(免貼郵票)，您將不定期收到最新的圖書資料！

購買書號：　　　　　**書名：**

姓　　名：＿＿＿＿＿＿＿＿＿＿＿＿＿＿＿＿＿＿＿＿＿＿

職　　業：□上班族　□教師　　□學生　　□工程師　　□其它

學　　歷：□研究所　□大學　　□專科　　□高中職　　□其它

年　　齡：□10~20　□20~30　□30~40　□40~50　□50~

單　　位：＿＿＿＿＿＿＿＿＿＿＿＿＿　部門科系：＿＿＿＿＿＿＿

職　　稱：＿＿＿＿＿＿＿＿＿＿＿＿＿　聯絡電話：＿＿＿＿＿＿＿

電子郵件：＿＿＿＿＿＿＿＿＿＿＿＿＿＿＿＿＿＿＿＿＿＿

通訊住址：□□□＿＿＿＿＿＿＿＿＿＿＿＿＿＿＿＿＿＿＿＿
＿＿＿＿＿＿＿＿＿＿＿＿＿＿＿＿＿＿＿＿＿＿＿＿＿＿＿＿

您從何處購買此書：

□書局＿＿＿＿＿　□電腦店＿＿＿＿＿　□展覽＿＿＿＿＿　□其他＿＿＿＿＿

您覺得本書的品質：

內容方面：　□很好　　　　□好　　　　□尚可　　　　□差

排版方面：　□很好　　　　□好　　　　□尚可　　　　□差

印刷方面：　□很好　　　　□好　　　　□尚可　　　　□差

紙張方面：　□很好　　　　□好　　　　□尚可　　　　□差

您最喜歡本書的地方：＿＿＿＿＿＿＿＿＿＿＿＿＿＿＿＿＿＿＿＿

您最不喜歡本書的地方：＿＿＿＿＿＿＿＿＿＿＿＿＿＿＿＿＿＿

假如請您對本書評分，您會給(0~100分)：＿＿＿＿＿＿　分

您最希望我們出版那些電腦書籍：

請將您對本書的意見告訴我們：

您有寫作的點子嗎？□無　□有　專長領域：＿＿＿＿＿＿＿＿＿＿

歡迎您加入博碩文化的行列哦！

✂請沿虛線剪下寄回本公司

Give Us a Piece of Your Mind

博碩文化網站　　http://www.drmaster.com.tw

廣　告　回　函
台灣北區郵政管理局登記證
北台字第 4 6 4 7 號
印　刷　品　‧　免　貼　郵　票

221

博碩文化股份有限公司　產品部

台灣新北市汐止區新台五路一段 112 號 10 樓 A 棟